BMW

PASSION POWER PERFEKTION

BMW

PASSION POWER PERFEKTION

HALWART SCHRADER

Motor
buch
Verlag

Bildnachweis

ALPINA Burkard Bovensiepen: 188, 189 u, 190-195, 217 o · Archiv Halwart Schrader: 9 u, 10, 11 o, 53 u, 57 o, 69 ur, 70 ol, 75 o, 75 u, 76 o, 84 r, 111 u, 147 u, 151 ol, 151 ur, 146, 147 o, 162 u, 181, 207 o, 237 or, 240 m, 226, 227, 229, 230-234, 236 r · Archiv Rainer Simons: 11 ur, 16/17 o, 204 u · L'Argus: 117 ur · BMW Group Press Club, BMW Mobile Tradition, BMW Classic: 9 o, 12, 13, 14-16, 26-31, 32-43, 44 (außer or), 45 (außer ol), 46, 47, 53 o, 54 o, 59 ur, 59 ul, 60, 64, 65 u, 66, 67, 68 (außer Bracq und Castiglioni), 70 alle außer Hahnemann, 71-73, 75 m, 66, 67 u, 78-83, 84 l, 85-92, 93 o, 93 u, 94-106, 107 o, 108-113, 114-125, 126-144, 145 m, 147 u, 149 ul, 152-153, 155 o, 155-161, 163-180, 182 u, 183-187, 189 o, 196-203, 204 o, 205, 206, 207 u, 208 alle außer or, 209-216, 217 m, 217 u, 218-225, 236, 237 m, 237 u, 238 o, 238 r, 239, 240 o, 240 u, 241-249, 35 o, 235 lu · BMW UK: 238 ul · Boyke Boyer: 182 or, ol · Paul Bracq: 69 u 2 v.r, 88 ol · CEP/Total: 198 u · Classicpassion / Ultimate Carpage: 57 m · Deutsches Museum: 11 ul · EMW Forum.com: 55 u · Fahrzeugbilder.de: 55 o · Markus Hoffmann, BMW Presse: 45 u · Jörg Kaiser: 50 u · Peter Kurze / Archiv Botzenhardt: 49 u, 50 o, 50 m, 51 u, 52, 91, 94 m · Joachim Lehmann 208 or · Mark McArdie / Creative Commons: 225 ur · Motor Klassik: 51 o · Andy Nolan: 65 o · Rolls-Royce plc: 56, 61, 62, 63 · Rover Group: 58, 59 o · Andy Schwietzer: 44 or, 45 ol · 7-forum: 8
m: mitte; o: oben; u: unten; r: rechts; l: links

Einbandgestaltung: Luis dos Santos

ISBN 978-3-613-03378-8

Sie finden uns im Internet unter:
www.motorbuch-verlag.de

1. Auflage 2011

Innengestaltung: Julia Voigt · Lektorat: Joachim Kuch
Druck und Bindung: Bechtel-Druck GmbH & Co. KG, 73061 Ebersbach/Fils
Printed in Germany

INHALTSVERZEICHNIS

Danke

An dieser Stelle möchte der Autor der Bayerische Motoren Werke AG seinen Dank für die großzügige Unterstützung aussprechen, die seine journalistische Arbeit im Verlauf von fünf Jahrzehnten erfahren hat. Sie führte von der ersten Ausgabe des BMW Journals im Jahre 1962 über eine Vielzahl von Büchern über das Unternehmen und die Fahrzeuge der weiß-blauen Marke bis zu diesem 2011 entstandenen Werk. Ohne den BMW Group Press Club sowie die ihm vorangegangenen Institutionen im Medien- und Kommunikationsbereich, ohne das kollegiale Verständnis seitens deren Mitarbeiter und Mitarbeiterinnen für die oft ausgefallenen Informationswünsche und ohne den so oft bereitwillig gewährten, keineswegs selbstverständlichen Zugang zu Archiven und Sammlungsbeständen wäre manches BMW Buchprojekt nie zustande gekommen.

ALLES PUR: PASSION, POWER, PERFEKTION

Die Geschichte der Bayerischen Motoren Werke und der BMW Automobile

Weltweit nicht mehr als drei oder vier Automarken, deren Wurzeln in die Zeit vor dem Ersten Weltkrieg zurückreichen, haben ein Profil aufzuweisen, das sich im Laufe der Jahrzehnte so ungewöhnlich, wenn nicht dramatisch konturierte wie das bei BMW der Fall ist. Konventionelles Mittelmaß oder ein am Massenmarkt orientiertes Industrieschema kennzeichnet kein einziges Produkt dieser Marke, von den ersten Wartburg- und Dixi-Wagen über Flugmotoren und Motorräder bis hin zu den Qualitätsautomobilen von Weltrang. Ein BMW war zu keiner Zeit nur irgendeine Fahrmaschine mit austauschbarer Identität – und der berühmte Slogan von der »Freude am Fahren« konnte kaum zutreffender gewählt werden. Sich für BMW zu entscheiden, bedeutete stets, die bessere Alternative erkannt zu haben.

Es sind bereits zahlreiche Bücher über die Marke BMW, über die interessante Unternehmensgeschichte und die Produkte mit dem weiß-blauen Emblem veröffentlicht worden. Wenn ich hier ein weiteres vorlege, dann nicht etwa, weil es neue Erkenntnisse zur Markenhistorie gäbe, sondern weil ein so großes und noch immer zunehmendes Interesse an allem besteht, was mit BMW zu tun hat. Ich habe deshalb versucht, eine kompakte, von allzu langen Daten- und Tabellenwerken weitgehend freigehaltene, zusammenfassende Dokumentation über die BMW Group, ihre Herkunft, ihre Standorte, ihre Philosophie, ihre Produkte und deren Besonderheiten, last but not least auch über ihre bedeutenden Erfolge im Motorsport zu erstellen.

Vergnügliche Lektüre wünscht Ihnen, liebe Leserin, lieber Leser,

Ihr
Halwart Schrader

Ein weiss-blaues Emblem setzt Akzente

Die Geschichte der Marke BMW wurzelt in vielen verschiedenen Böden. Sie verlief nicht immer geradlinig und ist durch Höhen und Tiefen gekennzeichnet. Aber gerade ein solches Spannungsfeld verleiht ihr Profil und Faszination.

Nur eine Schreibmaschinenseite umfasst der Geschäftsbericht des BMW Vorstandes über das Jahr 1928. Dabei geht es um eines der wichtigsten Jahre in der Geschichte der Bayerischen Motoren Werke: Der bisherige Motoren- und Motorradhersteller wurde zum Autoproduzenten: »Unsere Erfahrungen auf dem Gebiete des Motorradbaues veranlassten uns, die Erzeugung von Kleinwagen aufzunehmen, für die ein aussichtsreicher Inlandsmarkt gegeben erscheint. Wir haben zu diesem Zwecke die Fahrzeugfabrik Eisenach erworben, die nach der Lizenz der Austin Motor Company den 3/15 PS Dixi-Wagen erzeugt. Wir haben dadurch große Entwicklungskosten und Zeitverluste vermieden. Seit dem 1. Oktober 1928 wird das Werk Eisenach als Zweigniederlassung unserer Firma betrieben. Neben der serienmäßigen Herstellung dieser kleinen Wagen ist die Fabrik auch mit der Erzeugung verschiedener Spezialartikel nutzbringend und dauernd beschäftigt.«

Motorräder sollen den Flugmotorenbau stützen

Groß geworden war die BMW AG mit Flugzeugmotoren. Nach Ende des Ersten Weltkrieges war zwar wieder eine bescheidene Wiederaufnahme der Produktion für die Luftfahrt möglich, aber kaum tragfähig, denn es bestanden große Einschränkungen durch die Klauseln im Vertrag von Versailles. Deutschland hatte 1918 den Krieg verloren, und die Siegermächte waren durchaus nicht bestrebt, die wirtschaftliche Gesundung ihres einstigen Gegners zu fördern. Die Zwanziger Jahre, im Rückblick so gern als die »goldenen« bezeichnet, brachten für die Wirtschaft Europas eine Fülle tiefgreifender Veränderungen. Der für alle Beteiligten verhängnisvolle Krieg 1914-18 hatte vor allem in Frankreich und Deutschland industrielle Entwicklungen unterbrochen; in den meisten Ländern Europas herrschten Unsicherheit und innenpolitische Instabilität. Die ersten Konsolidierungsversuche wurden durch die monetäre Inflation wieder zunichte gemacht. Im Dezember 1922 kostete ein Liter Benzin 686 Mark, und in ein paar Monaten addierte sich, was man für einen Laib Brot, einen Liter Milch und sechs Eier zu bezahlen hatte, auf fünf Millionen...

Der Flugzeug- bzw. Flugmotorenbau der Münchner Firmen Rapp und Otto bildete die Keimzelle der Bayerischen Motoren Werke. Ein Foto von der Propellerfertigung bei Rapp, aufgenommen im Jahre 1914.

Aussichtsreich erschien für die junge Firma BMW ein Engagement auf dem Zweiradsektor. Erst als Motoren-Zulieferer, dann als Produzent kompletter Maschinen. Ab Spätherbst 1923 stand das BMW Emblem für Motorräder, die nach einer innovativen Konzeption entstanden und innerhalb kurzer Zeit einen hohen Bekanntheitsgrad ereichten; mehr darüber in einem der nachfolgenden Kapitel.

Kapitalerhöhung schafft Kaufkraft

Und so heißt es dann auch im Geschäftsbericht zum 25-jährigen Bestehen von BMW: »Zur Stützung des Flugmotorenbaus, der bei dem geringen Umfang des damaligen deutschen Luftverkehrs allein nicht lebensfähig gewesen wäre, nahm die Gesellschaft in den folgenden Jahren die Entwicklung und den Bau von Motorrädern auf. Dem gleichen Zwecke diente der Erwerb der Fahrzeugfabrik Eisenach aus den Händen der Gothaer Waggonfabrik AG«.

Zehn Millionen Reichsmark kostete BMW die Übernahme des Dixi-Automobil-Werkes der 1896 gegründeten Eisenacher Fahrzeugfabrik, die am 1. Oktober 1928 in die Hände der Münchner überging. Der Kauf war insoweit interessant, als die Eisenacher über eine Baulizenz des kleinen Austin Seven verfügten. Dieser war sozusagen der Großvater des 1959 präsentierten Austin Mini. Da die Firma BMW jedoch nicht über genügend Finanzkraft verfügte, um sich neben der aussichtsreichen Expansion in der Motorradsparte auch im Automobilbau zu engagieren, musste eine Kapitalerhöhung vorgenommen werden. Allerdings begab sich BMW damit in die Abhängigkeit von Bankmanagern, und die gedachten an den sich anbahnenden Geschäften kräftig mitzuverdienen.

Links: Eine Kolonne Dixi Heeres-Lastwagen vor dem Hauptgebäude der Fahrzeugfabrik Eisenach, 1914. Vor 1903 trugen die hier gebauten Motorfahrzeuge den Namen »Wartburgwagen«.

Rückblick: Die Fahrzeugfabrik Eisenach

Die Entwicklung des Automobilbaus unter der Marke BMW hätte sich in anderen Bahnen vollzogen, wenn 1928 nicht die Übernahme der Fahrzeugfabrik Eisenach durch die Bayerischen Motoren Werke erfolgt wäre. Vielleicht hätte der Einstieg etwas später, nach der Weltwirtschaftskrise, stattgefunden. Die Produktionsstätte in Eisenach gehörte der Gothaer Waggonfabrik. Zu den modernsten in Deutschland zählte der Betrieb gerade nicht. Das Vabanquespiel der Großaktionäre Camillo Castiglioni und Jakob Schapiro, die auch an der Gothaer Waggon Beteiligungen hielten und den für sie profitablen Besitzwechsel in die Wege geleitet hatten, hätte für Eisenach wie für München auch verhängnisvoll ausgehen können. Aber es gab da eine günstige Konstellation: München brachte ein kompetentes Management in die Ehe ein, und in Eisenach verfügte man über das richtige Produkt.

In den 1920er Jahren waren in Eisenach gebaute Dixi hauptsächlich leichte Nutzfahrzeuge, Lieferwagen und Taxis. Die beiden Fließheck-Kombis rechts gehörten zur Flotte der Jenacher Tagespost.

Ohne den kleinen Dixi wäre die Automobilfabrik in Eisenach keine gute Partie gewesen. Der in Austin-Lizenz gefertigte Kleinwagen stellte eine vielversprechende Konstruktion dar; die Tatsache, dass von ihm in 16 Monaten mehr als 9000 Stück abgesetzt worden waren, rechtfertigte die Übernahme.

Die Gründung der Fahrzeugfabrik Eisenach und der Marke Dixi ging auf die Initiative Heinrich Ehrhardts zurück. Er wurde 1840 als Sohn eines Lokomotivführers geboren und zeigte schon als Knabe einen Hang zu mechanischem Spielzeug, das er sich zum Teil selbst anfertigte. Ehrhardt wurde das, was die Amerikaner einen »Selfmademan« nennen, er war ein Autodidakt. Er schaffte es, sich vom kleinen Handwerker in seinem Geburtsort St. Blasii, Thüringen, zu einem der bedeutendsten Industriemagnaten Deutschlands emporzuarbeiten.

Die Geschichte des Dixi schließt die der Marke Wartburg ein. Die Wartburg-Werke gehörten bis 1903 zu Ehrhardts Firmengruppe. Mit Krupp war der Thüringer um die Jahrhundertwende einer der mächtigsten Industriellen in der Ära Kaiser Wilhelm II. Die Eisenacher Firma und weitere Ehrhard-Betriebe im Rheinland und in Westfalen stellten Geschütze, Panzerplatten, Munition und Werkzeugmaschinen her, auch Fahrräder (mit denen unter anderem die mobilen Heerestruppen ausgerüstet wurden). Die Fahrzeugfabrik Eisenach in Thüringen nahm 1896 ihe Geschäftstätigkeit auf.

Alternative und umweltfreundliche Antriebe schon anno 1902: Elektro-Motorkutsche »Wartburg«.

Motorstart vom Sitz aus

Der allem Neuen gegenüber aufgeschlossene und investitionsfreudige Unternehmer Ehrhardt war auch an der Produktionsaufnahme eines Automobils interessiert. Um keine Zeit mit der Entwicklung einer neuen Konstruktion zu verlieren, ging er den von anderen schon mehrfach praktizierten Weg und bemühte sich um die Baulizenz eines bewährten Fabrikats. Er fand es bei der Société Voitures Automobiles Decauville in Frankreich, frisch gegründete Tochtergesellschaft eines Konzerns, der seit 1854 im Maschinenbau tätig war.

Die Decauville Voiturelle wurde von einem 3,5-PS-Zweizylindermotor angetrieben. Der Wartburg Lizenz Decauville war ein Erfolg; die Fahrzeugfabrik Eisenach konnte hierauf ihre weitere Automobilproduktion aufbauen. Dem Modell 1 mit luftgekühltem 3- bis 4-PS-Zweizylindermotor folgte bald das Modell 2 mit wassergekühltem 5-PS-Motor und Zweiganggetriebe. Originell war die seitlich angebrachte Anlasskurbel, die es dem Fahrer gestattete, den Wagen zu starten, ohne seinen Sitz zu verlassen.

Erstes Auto mit Fünfganggetriebe

Bei Decauville war man 1900 zur Frontmotorbauweise mit Kardanantrieb übergegangen; die Motoren hatten 8,5 und 10 PS Leistung. Auch in Eisenach folgte man dieser Konstruktionsweise. 1902 entstand ein Vierzylindermodell mit Fünfganggetriebe, vermutlich das erste Auto mit einer solchen Zahl von Getriebeuntersetzungen überhaupt. Das Programm bestand Ende 1902 aus sechs verschiedenen Serienmodellen, alle von hoher Qualität. Doch diese Diversifikation, verbunden mit einem Auftragsrückgang seitens der Militärbehörden, brachte hohe finanzielle Einbußen mit sich. Heinrich Ehrhardt wurde bedrängt, sich aus der Geschäftsleitung zurückzuziehen und den Chefsessel freizumachen.

Nur hochwertiges Material

In Eisenach kam der Automobilbau nach dem Weggang Ehrhardts keineswegs zum Stillstand. Man verpflichtete den Konstrukteur Willy Seck für die Entwicklung neuer Fahrzeuge, die Ende 1903 unter der neuen Markenbezeichnung Dixi erschienen. Der erste Auftritt vor großem Publikum erfolgte auf der Internationalen Automobilausstellung 1904 in Berlin, wo man die neuen Modelle S6 und S12 zeigte (das S stand für den Namen des Konstrukteurs). Die Dixi-Motoren hatten obenliegende Einlass- und seitlich stehende Auslassventile, das Chassis bestand aus Stahlrohren, der Antrieb auf die Hinterachse geschah per Kardanwelle.

Nur sehr hochwertiges Material kam zur Verwendung. Kurbel- und Nockenwellen schmiedete man aus Nickelstahl, alle Zahnräder bestanden aus Chromnickelstahl. Differenzial und Getriebe saßen als Baueinheit auf der Hinterachse und besaßen Wasserkühlung. Das Kupplungspedal war mit einem Ventil in der Ansaugleitung verbunden, das beim Auskuppeln die Drehzahl senken ließ, weil die Gaszufuhr gedrosselt wurde.

BMW 3/20 PS, gebaut von 1932 bis 1934 in diversen Karosserieversionen. Sein 788-ccm-Vierzylindermotor leistete, wie auch die Typenbezeichnung aussagt, 20 PS.

Ganz links: Mit einem BMW Motor wurde 1925-26 dieser Frontantriebs-Prototyp der Schwäbischen-Hüttenwerke versehen.

Links: Der erste von BMW gebaute 3/15 PS, Nachfolger des kleinen Dixi, verlässt die Werkshalle.

Größere und stärkere Modelle folgten, auch nahm man die Herstellung von Flugmotoren auf. Im April 1909 stellte Georg Schwarz der Öffentlichkeit seine neueste Schöpfung vor, den Dixi R8, ein seitengesteuerter 1,6-Liter-Vierzylinder. Die R-Reihe wurde bis 1914 um eine Anzahl von Varianten diverser Größen ergänzt: R5, R9, R10, R12, R16. Die Besonderheit ihrer Motoren war die so genannte L-Bauart: Die stehend angeordneten Ein- und Auslassventile lagen sich nicht mehr gegenüber (T-Bauart), sondern an einer Seite. Mit der Marke Dixi ging es in den Jahren nach dem Ersten Weltkrieg wie mit vielen anderen stark bergab. In der Bewerbung um die Austin-Kleinwagen-Lizenz sahen die Gesellschafter die einzige Chance, die Krise zu überleben. Aber sie mussten aufgeben.

Die Dixi-Übernahme durch BMW fiel zusammen mit einer Kapitalerhöhung von zehn auf 16 Millionen Reichsmark, die dem Vorstandschef Franz-Josef Popp und seinen beiden Kollegen Max Friz und Richard Voigt von der Generalversammlung am 7. Juli 1928 bestätigt worden war. Der 13-köpfige Aufsichtsrat befürwortete die Kaufabsichten, genehmigte und unterstützte die Auto-Pläne. Schließlich war Aufsichtsrats-MItglied Dr. Emil Georg von Stauss Direktor der Deutschen Bank Berlin und damit einer der wichtigsten Geldgeber. Auch zwei weitere Herren im Aufsichtsrat zeigten Interesse an dem Einstieg ins Auto-Geschäft: BMW Privatinvestor Camillo Castiglioni, von Stauss' Stellvertreter, der schon seit mehreren Jahren im Automobilgeschäft Fuß zu fassen versuchte, und Carl Schippert, Direktor der Daimler Benz AG in Stuttgart. Der schwäbische Konzern, so war geplant, sollte später die Karosserieproduktion für BMW Kleinwagen übernehmen. Denn der Einstieg von BMW ins Kleinwagenge-

Diese Version des 1929 bis 1932 in Eisenach gebauten ersten BMW war besonders beliebt. Sein 748-ccm-Motor entsprach dem, der zuvor als Austin-Lizenz im identischen Dixi zu finden gewesen war. Das Auto wurde 15.948 Mal gebaut.

schäft lag durchaus im Interesse des großen schwäbischen Autounternehmens, das in seinem Vertriebsnetz eine Programmerweiterung nach unten aufnehmen wollte. Tatsächlich standen Anfang der Dreißiger Jahre BMW Automobile im Schaufenster des Mercedes-Händlers... Der Kleinwagenmarkt war sehr viel interessanter als das Geschäft mit Luxusfahrzeugen, für die es in jener schweren Zeit kaum noch eine Klientel gab. Es existierte nur mehr eine sehr kleine, wohlhabende Oberschicht, die Geld für repräsentative Großwagen aus deutscher Produktion hatte.

Produktionsstart in Berlin

Der Winzling wurde von einem wassergekühlten Vierzylindermotor mit 750 ccm Hubraum und 15 PS angetrieben, der Rahmen bestand aus einfachen, zusammengenieteten Blechpressstücken. Vorn und hinten führten Starrachsen die Räder. Die Ganzstahlkarosserie hatte man nach dem Vorbild des kleinen Rosengart-Wagens aus Frankreich, ebenfalls eine Austin-Seven-Lizenz, entwickelt.

Als Produktionsstandort für diese erste BMW Limousine mietete man eine Fabrikhalle von der Firma Ambi-Budd in Berlin. Im März 1929 verließen die ersten kompletten BMW 3/15 PS die Betriebshalle. In ganz Deutschland warteten die Händler ungeduldig auf das erste BMW Automobil.

BMW trotzt der Weltwirtschaftskrise

Mit allen ihr zur Verfügung stehenden Kräften stemmte sich die BMW AG 1929 gegen den Trend. Wenige Monate, nachdem General Motors die Adam Opel AG aufkaufte, geriet der mächtige US-Konzern in den Mittelpunkt des 25. Oktober 1929, des berüchtigten »Schwarzen Freitag«. An der Börse herrschte Panik, Banken mussten schließen, Firmen brachen zusammen, innerhalb weniger Wochen gab es Millionen Arbeitslose. Trotz der Weltwirtschaftskrise verkaufte BMW 2009 Autos. Qualität und Zuverlässigkeit des kleinen, aus dem Dixi hervorgegangenen BMW 3/15 PS – nachgewiesen durch das hervorragende Abschneiden während der Alpenfahrt 1929 – überzeugten die Käufer. »Der Wagen ist so aus-

geglichen, dass die Nach- und Garantiearbeiten noch nicht 1 Promille des Umsatzes betrugen«, bilanzierte der Vorstand stolz. Auch im Motorradgeschäft stand BMW auf der Gewinnerseite. Zwölf Prozent mehr Zweiräder aus München waren verkauft worden.
Nur der Sparte Flugzeugmotoren ging es weniger gut: Mitte 1929 kürzte die Regierung die Mittel für die Luftfahrt völlig unerwartet und derart drastisch, dass der Triebwerksmarkt praktisch zusammenbrach. Die staatliche Industriebeihilfe für die Luftfahrt war nur noch ein Tropfen auf den heißen Stein. Die Bilanz aber bewies, dass der Vorstand auf die richtigen Pferde gesetzt hatte.

Aus dem Stand auf Platz vier
Durch seine Zuverlässigkeit und Sparsamkeit sprach der preisgünstige 3/15 PS immer mehr Käufer an: Mit sechs Liter Benzin auf 100 Kilometer war man wirtschaftlicher als mit der Bahn unterwegs, und die 2200 Reichsmark für den Zweitürer konnten sogar auf Raten bezahlt werden. Innerhalb kürzester Zeit hatte es BMW geschafft, ein breites Spektrum an Kleinwagen auf die Räder zu stellen.
Bis zum Frühjahr 1930 vergrößerte BMW das Auto-Angebot durch einen offenen Zweisitzer, ein zwei- oder viersitziges Kabriolett und den Eil-Lieferwagen. 1931 kamen der 18 PS starke Roadster »Wartburg« sowie ein Coupé hinzu, 1931 flossen mit dem Modell DA 4 technische und optische Überarbeitungen in die Serie ein.

Prominenter Teilnehmer an der Balkan-Rallye 1934 am Steuer eines BMW 315/1 Roadsters: Prinz Paul, Prinzregent von Jugoslawien, ein enthusiastischer Motorsportler.

1930 rangierten die BMW Kleinwagen aus Eisenach auf Platz vier der deutschen Zulassungsstatistik. Dennoch kam der Automobilabsatz nicht so recht in Fahrt. Erst nach der Machtübernahme durch die Nationalsozialisten 1933 begann die deutsche Wirtschaft wieder Aufschwung zu nehmen: Die Zahl der im In- und Ausland verkauften Automobile stieg auf 216 Prozent des Vorjahresabsatzes, die Marke BMW wuchs überdurchschnittlich. Und vom zunehmenden Flugverkehr profitierte BMW gleich zweifach. Einmal als Produzent von Triebwerken, die ein deutliches Nachfrageplus erleben, ein zweites Mal als Mitbesitzer der Deutschen Lufthansa.

Im Hof der BMW Reparaturwerkstatt, Niederlassung Berlin, 1935. Ein Kraftfahrzeugmechaniker verdiente damals 92 Pfennig in der Stunde, Fachkräfte mit Meisterbrief erhielten 290 Mark brutto im Monat.

Ab 1934: Klasse statt Masse

Der Jubel verflog, als bekannt wurde, dass Adolf Hitler das Ziel eines »Volkswagens« verfolgte – ohne Beteiligung der bestehenden deutschen Automobilindustrie. Maximal 1000 Mark sollte Hitlers Auto fürs Volk kosten. Um mit diesem Projekt konkurrieren zu können, war der von BMW selbst entwickelte neue 3/20 zu groß und zu teuer. Unbeeindruckt von Hitlers Absichten konzentrierte sich BMW auf höhere Klassen. Ab 1934 produzierte die Marke nur noch Wagen mit Sechszylindermotor. Gebaut wurden sie sämtlich in Eisenach. Das anspruchsvolle Segment bedeutete natürlich auch weniger Verkäufe. BMW rutschte 1934 in den Zulassungszahlen auf Platz sechs, ein Jahr später auf Platz sieben und konnte sich ab 1938 gerade auf Platz acht halten. Dafür stieg das Renommee von BMW beträchtlich, die sportlichen Erfolge der Wagen waren spektakulär.

1933 erschien mit dem BMW 303 das erste Modell einer langen und ruhmreichen Tradition von Sechszylindern. Als erstes Automobil erhielt der 303 die charakteristische Doppelniere als Kühlergrill. Der völlig neu entwickelte 1,2 Liter Reihenmotor erwies sich als robustes, dabei extrem leise laufendes Aggregat, das 30 PS entwickelte und den Viersitzer bis zu 90 km/h schnell machte. Der 303 bot allerdings zu wenig Hubraum, um BMW in höhere Klassen zu positionieren. Deshalb vergrößerte man den 1,2 Liter zuerst auf 1,5, später auf 1,9 Liter mit 45 PS Leistung. Damit war der BMW 319 geboren. Er hatte schon eine automatisch betätigte Kühlerjalousie und hydraulische Teleskopstoßdämpfer.

Im Februar 1936 debütierte der BMW 326 als stilistisch und technisch innovatives Flaggschiff des Münchner Unternehmens. Auf einem neu entwickelten Tiefbett-Kastenrahmen mit torsionsstabgefederter Hinterachse sowie nach unten verlegter Querblattfeder an der Vorderachse war ein neues Mittelklasse-Modell entstanden.

Der 326 gehörte zu den modernsten Autos seiner Zeit. Als erster BMW besaß er eine strömungsgünstig geformte Karosserie, ein hydraulisches Bremssystem und ein verdeckt liegendes Reserverad. Der Motor war ein 2,0-Liter-Sechszylinder mit zwei Vergasern, dessen 50 PS von einem teilsynchronisierten Vierganggetriebe mit Freilauf im 1. und 2. Gang übertragen wurde.

Der von 1937 bis 1940 als Cabrio und Coupé 1396 Mal gebaute BMW 327 war eines der schönsten Automobile seiner Zeit. Leistung, Komfort und Zuverlässigkeit setzten Maßstäbe.

Ein Sportwagen wird zur Legende

Der 326 blieb nicht die einzige Sensation des Jahres 1936. Die nächste bahnte sich am 14. Juni auf dem Nürburgring an – mit dem ersten Auftritt des brandneuen BMW 328: »Unheimliches holte Henne aus seinem neuen 2 Liter. Welch prachtvolle Beschleunigung! Er schießt davon, die lange Gerade hinunter und hinein in die Kurven und Kehren des Rings... der Sportwagen ist schneller als die gesamte Kompressor-Konkurrenz! Weit überlegen geht Henne als Sieger durchs Ziel...«

Der von Ernst Henne gefahrene BMW 328 war das Ergebnis einer Blitzentwicklung. Die Konstrukteure, Techniker und Gestalter in München hatten wenig Zeit und Geld gehabt, diesen Sportwagen zu verwirklichen. Man musste sich auf das Wesentliche beschränken, und vielleicht lag darin das Geheimnis des Erfolgs. Binnen kurzer Zeit dominierte der BMW 328 seine Klasse auf uner-

hörte Weise, selbst deutlich leistungsstärkere Konkurrenten wurden deklassiert. 80 PS in der Serienversion bei nur 830 kg Gewicht verhalfen dem eleganten Roadster zu beeindruckender Kraftentfaltung.
Von April 1936 bis Oktober 1939 entstanden 464 Exemplare des BMW 328. Bis 1940 ist die Teilnahme an 172 nationalen und internationalen Rennen überliefert mit einer Bilanz von insgesamt 141 Siegen.

Reisewagen für die neue Autobahn
Gegen Ende der Dreißiger Jahre waren die Bayerischen Motoren Werke zu einem der renommiertesten Hersteller von Automobilen in Deutschland geworden. Innerhalb von nur zehn Jahren war es gelungen, vom Produzenten eines einfachen Lizenz-Kleinwagens zu einer Manufaktur von Automobilen zu werden, die anspruchsvollen Kunden eine breite Palette sportlicher Wagen bot. Nachdem BMW 1937 mit dem Sport-Kabriolett vom Typ 327, dem bald eine elegante Coupé-Variante folgte, an die Peripherie der Luxuswagenanbieter gestoßen war, fehlte eigentlich nur noch eine große und repräsentative Limousine im Angebot der BMW Wagen.
Zum Jahreswechsel 1937-38 entschloss man sich, einen solchen Wagen nicht von Grund auf neu zu entwerfen, sondern sich bei der Konstruktion an dem viertürigen 326 zu orientieren. 1939 kam der 335 auf den Markt, eine vergrößerte Ausführung des 326 mit verlängertem Radstand und neuem 3,5-Liter-Sechszylindermotor. Er war vor allem für die neuen Autobahnen und die dort möglichen hohen Reisegeschwindigkeiten konzipiert. Die Maschine, deren seitliche Nockenwelle nicht mehr durch eine Rollenkette, sondern durch Stirnräder angetrieben wurde, leistete 90 PS, gut für Tempo 145. Die Drehstabfedern saßen nun längs an der hinteren Starrachse, das Viergang-Getriebe war erstmals vollsynchronisiert.

7,5 Prozent Dividende
Während die Autos mit der signifikanten Doppelniere als Kühlergrill publikumswirksam in ganz Europa und sogar Übersee Preise und Pokale gewannen, besann sich BMW auf sein ursprüngliches Kerngeschäft, den Flugmotorenbau. 1934 wurde die BMW Flugmotorenbau GmbH gegründet, die in München und Eisenach Triebwerke für die Luftfahrt herstellte. Kurz vor Beginn des Krieges erwarb BMW die zum Siemens-Konzern gehörenden Brandenburgischen Motorenwerke in Berlin-Spandau, die auf eine lange Tradition im Flugmotorenbau zurückblicken konnten. Zum 25-jährigen Firmenjubiläum vermeldete die BMW AG eine durchschnittliche Dividende von 7,5 Prozent seit Bestehen der Gesellschaft.
Die Nachfrage der Luftwaffe führte 1940 zu einer Kapitalerhöhung der BMW AG um 7,5 Millionen auf 22,5 Millionen RM. Die volle Summe floss in die BMW Flugmotorenbau GmbH. BMW war praktisch nur noch ein reiner Rüstungsbetrieb, und was während des Krieges an Autos und Motorrädern produziert wurde, diente ausschließlich

Der Motorsport unterlag im Dritten Reich staatlicher Monopolisierung. Eine ideologische Verbrämung zeigten auch die Renn-Plakate.

BMW war 1937-1940 gemeinsam mit dem Autohersteller Stoewer in Stettin Produzent eines Geländewagens mit Allradantrieb und Vierradlenkung. Auf Anordnung der Regierung wurde die Fertigung bei BMW zugunsten der Flugmotorenproduktion gestoppt; 3225 Fahrzeuge waren bis dahin entstanden.

Schon früh hatte man bei BMW erkannt, dass Erfolge im Motorsport die beste Werbung darstellten. Links eine Kundenzeitschrift von 1940.

Der 1936 eingeführte 2,0-Liter-Sechszylindermotor bewährte sich im Sportwagen 328, in etlichen anderen Pkw-Modellen, im Geländewagen 325 und als Stationärmotor vieltausendfach. Bei Bristol wurde er noch bis 1960 nachgebaut.

Für lediglich 5500 Reichsmark erhielt man 1939 tatsächlich diesen schönen, technisch ausgereiften und qualitativ sehr hochwertigen BMW Reisewagen Modell 326. Er konkurrierte mit dem Mercedes 170, dem Opel Super 6 und dem Wanderer W24. Als während der Kriegsjahre Benzin zur streng rationierten Mangelware wurde, rüstete man nicht nur den BMW 326 auf Holzgasbetrieb um (rechts). Was hinter den Fronten überhaupt noch auf den Straßen bewegt werden durfte, qualmte sich auf diese Art durch die Krisenzeit...

Rechts: Letzter und größter BMW vor Kriegsausbruch: der 3,5 Liter BMW 335, nur 415 Mal gebaut.

der Kriegswirtschaft. In den Werken München, Berlin und Eisenach wurden bis 1945 Zehntausende von Flugmotoren gebaut, darunter mit dem Jet-Antrieb 003 eines der ersten serienmäßig hergestellten Strahltriebwerke der Welt.

Mehr als die anderen Standorte würde München, so musste man annehmen, das Ziel alliierter Luftangriffe sein. Und da BMW als Rüstungsbetrieb besonders gefährdet war, wurden viele Produktionszweige vorsorglich aufs Land ausgelagert, so nach Immenstadt, Kempten, Kolbermoor, Kaufbeuren.

Die Motorradproduktion wurde ebenfalls verlegt, von München nach Eisenach, und zwar auf Anordnung von Feldmarschall Eberhard Milch. BMW-Generaldirektor Franz Josef Popp hatte sich strikt dagegen ausgesprochen; er hielt Thüringen nicht für sicherer als Bayern, und den logistischen Aufwand für einen Umzug und eine neue Installation der Anlagen schätzte Popp vor allem in Anbetracht des durch den Krieg bedingten Mangels an Personal als viel zu hoch ein. Rudolf Schleicher war der gleichen Meinung, wie er seinen Chef auch bei dem Versuch unterstützt hatte, den Pkw-Bau entgegen der behördlichen Anordnung fortzusetzen. Natürlich ohne den geringsten Erfolg. Dass Motorräder – nur noch für die Wehrmacht bestimmt – ab Oktober 1942 in Eisenach entstanden, ermöglichte dem dortigen Betrieb nach 1945 schon bald die Wiederaufnahme der Produktion. Die berühmte Gespannmaschine BMW R75 wurde nach dem Kriege allerdings nicht wieder aufgelegt, weder in München, wo ihre Produktion begonnen hatte, noch in Eisenach.

Popps und Schleichers unverhohlene Auflehnung, auch gegen zahlreiche andere Verfügungen seitens der Ministerien in der Reichshauptstadt, blieb nicht ohne Folgen: Popp wurde noch 1940 gezwungen, von seinem Posten zurückzutreten und in Pension zu gehen. Seine Position nahm Fritz Hille ein, seit 1935 dem BMW-Vorstand angehörend. Er machte den Nationalsozialisten sehr viel weniger Schwierigkeiten als der widerspenstige Franz Josef Popp. Auch der aufrechte und daher unbequeme Schleicher durfte

Dixi und BMW Serienmodelle 1927 - 1943

Baurel	Fahrzeugtyp	Motorisierung	
3/15 PS Dixi	1927-1928	Rdstr., Tour., Coupé, Limous.	4 Zyl 749 ccm 15 PS
3/15 PS	1929-1932	Rdstr., Tour., Coupé, Limous.	4 Zyl 749 ccm 15 PS
Wartburg	1930-1931	Roadster	4 Zyl 749 ccm 19 PS
3/20 PS	1932-1934	Rdstr., Tour., Cab., Coupé, Limous.	4 Zyl 788 ccm 20 PS
303	1933-1934	Cabrio, Limousine	6 Zyl 1182 ccm 30 PS
309	1934-1936	Cabrio, Limousine	4 Zyl 845 ccm 22 PS
315	1934-1937	Cabrio, Limousine	6 Zyl 1490 ccm 34 PS
315/1	1935-1936	Roadster	6 Zyl 1490 ccm 40 PS
319	1935-1937	Cabrio, Limousine	6 Zyl 1911 ccm 45 PS
319/1	1935-1936	Roadster	6 Zyl 1911 ccm 55 PS
326	1936-1941	Cabrio, Limousine	6 Zyl 1971 ccm 50 PS
328	1936-1940	Roadster	6 Zyl 1971 ccm 80 PS
327	1937-1941	Coupé, Cabrio	6 Zyl 1971 ccm 55 PS
327/28	1938-1940	Coupé, Cabrio	6 Zyl 1971 ccm 80 PS
329	1936-1937	Cabrio	6 Zyl 1911 ccm 45 PS
320	1937-1938	Cabrio, Limousine	6 Zyl 1971 ccm 45 PS
325	1937-1940	Geländewagen	6 Zyl 1971 ccm 50 PS
321	1939-1941	Cabrio, Limousine	6 Zyl 1971 ccm 45 PS
335	1939-1943	Cabrio, Limousine	6 Zyl 3485 ccm 90 PS

neun Monate lang das Werk nicht betreten. Dass die beiden Männer keine härteren Konsequenzen zu tragen hatten, verdankten sie der Fürsprache des Vorsitzenden de Aufsichtsrats, Dr. Emil Georg v. Stauss, vor dem die Nazis gewissen Respekt hatten.

Indirekt dem Vorwurf der Sabotage ausgesetzt und die drohende Inhaftierung vor Augen, traten Popp und Schleicher in den Hintergrund. Die Produktion von Flugmotoren lief auf Hochtouren, und da immer mehr Fachkräfte an die Front berufen wurden, war das vom Reichsluftfahrtministerium (RLM) verordnete Auftragssoll in den Jahren 1942 bis 1944 kaum zu erfüllen. Inzwischen hatten, wie befürchtet, die Luftangriffe eingesetzt. In München wie im Werk Berlin-Spandau richteten sie erhebliche Schäden an; Allach und Eisenach mussten unter dem Bombenhagel weniger leiden. Erst Anfang Mai 1945 war der Spuk vorbei – geblieben waren Zerstörung, Ratlosigkeit, Verzweiflung und Trauer.

1945: BMW hörte auf zu existieren

Durch das Kriegsende fand die gesamte Fertigung des Unternehmens ihr Ende, ohne dass es Pläne oder Möglichkeiten für eine nachfolgende Friedensfertigung gab. In den letzten Tagen vor der Kapitulation 1945 versuchte die BMW Leitung, mit einer Notbelegschaft Trümmer zu beseitigen. Die verbliebenen BMW Mitarbeiter setzten im Sommer 1945 die Räumungsarbeiten fort. Am 2. Oktober 1945 beschlagnahmte die US-Militärverwaltung das gesamte BMW Vermögen und erklärte das Unternehmen zum Reparationsbetrieb. Der Vorstand musste gehen, und der – pensionierte – Vorstandschef Franz Josef Popp wurde interniert. Der eingesetzte Treuhänder ordnete weisungsgemäß die sofortige Einstellung aller Arbeiten an, die Amerikaner begannen mit dem Abbau von Maschinen und Einrichtungen. In Berlin demontierten die Sowjets die gesamte technische Einrichtung der Spandauer Flugmotorenwerke. Das Werk Eisenach wurde enteignet und kurz danach in die russisch kontrollierte Firma Awtowelo umgewandelt. Die BMW AG schloss das Jahr 1945 mit einem Verlust von 20 Millionen Reichsmark ab. BMW hatte praktisch aufgehört zu existieren.

Oben links: Klassisches Bild eines Sportwagenrennens in den späten 1930er Jahren; der BMW 328 dominiert die Starterfelder. Hier steuert der Deutsche Meister Helmut Polensky seinen Roadster beim Hamburger Stadtparkrennen 1939, das er gewann.

Auch bei BMW wurden Kriegsgefangene zu Zwangstätigkeiten verpflichtet. Hier sind es Russen, die im Flugmotorenwerk Allach arbeiten.

Als der Liter Benzin 54 Pfennig kostete

Vorstandsbericht 1951: »Um unsere Werksanlagen ausnutzen zu können, haben wir die Vorarbeiten und Planungen für unseren neuen BMW Personenwagen 501 so kräftig vorwärts getrieben, dass wir im Jahre 1952 mit der Serienfertigung beginnen können.«

»Immer wird es die Marktwirtschaft sein, die wegen ihrer hohen Leistungsergiebigkeit am besten geeignet ist, neben der Produktion von Waren auch Mittel zur Befriedigung geistiger und kultureller Bedürfnisse bereitzustellen.«

Ludwig Erhard

Während Daimler-Benz und andere Hersteller 1946 bereits wieder die Produktion aufnehmen durften, blieb BMW bis Anfang 1948 paralysiert. Dann erst lockerten die amerikanischen Behörden ihre restriktive Haltung und erlaubten BMW die Herstellung eines Motorrades. Die neue R24 stand im März 1948 auf dem Genfer Automobilsalon als erstes Nachkriegsprodukt der BMW AG. Die Einzylinder-Maschine mit Kardanantrieb kam derart gut an, dass innerhalb weniger Tage rund 2500 Bestellungen eingingen. Am Ende des Jahres 1948, nachdem Deutschland sich von der Reichsmarkwährung verabschiedete hatte, konnte die BMW AG einen Umsatz von 4,2 Millionen DM bilanzieren.

Das Wirtschaftswunder war in Bewegung gekommen. 1949 flossen rund 20 Millionen DM in die Münchner Kassen, 1950 sprang der Umsatz auf 36,5 Millionen DM. Das lässt erkennen, wie sehr die Deutschen nach Mobilität strebten. Der Liter Benzin kostete 54 Pfennig, Diesel 32. Von gerade mal 126 Werkzeugmaschinen 1948 vervielfachte sich der Bestand 1951 auf 1405. Das BMW Modellprogramm umfasste 1952 die einzylindrige R 25/2 und die neuen R 51/3, R 67/2 und R 68 jeweils mit Zweizylinder-Boxermotor.

Erster Nachkriegs-Boom

Innerhalb von vier Jahren stampfte die BMW AG eine Produktionskapazität für jährlich 28.000 Motorräder buchstäblich aus dem Boden. Die Fertigung fand in München statt, denn der Betrieb in Eisenach, in der sowjetisch besetzten Zone gelegen, stand BMW zu diesem Zeitpunkt nicht mehr zur Verfügung.

Obwohl die Münchner Zweiradproduktion bei weitem nicht ausreichte, die Aufträge aus dem In- und Ausland zu erfüllen, lag BMW nichts daran, mehr Motorräder zu produzieren. Denn die enorm steigenden Material- und Lohnkosten schmälerten die Rendite an den Zweirädern, so dass eine Preisanhebung nötig wurde, von der man fürchtete, sie würde den Absatz drosseln. Deshalb und um »die einer Produktion noch nicht wieder zugeführten Werksanlagen ausnutzen zu können, haben wir die Vorarbeiten und Planungen für unseren neuen BMW Personenwagen 501

Links: Amerikaner und Briten überwachen den Abtransport demontierter Maschinen vom BMW Werksgelände in München.

Der 1955 vorgestellte BMW 507 Roadster war der Inbegriff eines Traum-Sportwagens. Sein 3,2-Liter-V8-Motor leistete 150 PS, damit fuhr man fast der gesamten Konkurrenz davon.

so kräftig vorwärts getrieben, dass wir im Jahre 1952 mit der Serienfertigung beginnen können. Die Beurteilung dieses auf alter Tradition aufbauenden Fahrzeuges scheint sich überaus günstig zu gestalten«.
Bei BMW dachte man also wieder daran, Automobile zu bauen, wie der Vorstand 1951 den Aktionären mitteilte. Weil die eigenen Mittel knapp waren, sollte die von den Amerikanern teildemontierte Automobilfabrik wieder auf- und in mehreren Stufen ausgebaut werden.

Große Sechs- und Achtzylinder
Doch es kam anders. 1952 erreichte die Motorradproduktion ihren Höhepunkt – um in den Folgejahren schneller zu schrumpfen, als sie Ende der 1940er Jahre gewachsen war. Zwar kamen die neue, 1951 vorgestellte Sechszylinder-Limousine und der ihr nachfolgende V8 hervorragend an, aber die Stückzahlen reichten nicht, um in die Gewinnzone zu kommen. Und mit der aus Italien stammenden Isetta, mit der BMW ab 1954 versuchte, den Rückgang im Motorradgeschäft aufzufangen, erreichte man die Rentabilitätsschwelle erst um die Jahreswende 1955/56.
Dabei boomte die Kraftfahrzeugindustrie. Um ein sattes Drittel stieg 1955 die Produktion in Westdeutschland. Verzweifelt versuchte man seitens BMW, auf den Zug aufzuspringen Der BMW 600 sollte die Nachfrage nach einem viersitzigen Auto vorübergehend decken. Doch der 600 als viersitzige Isetta-Version erwies sich als Fehlgriff. Der Umsatz der V8-Modelle war stabil, reichte aber bei weitem nicht aus. Das Modellprogramm sollte in zwei neue Baureihen zusammengefasst und gestrafft werden; so entstand der Kleinwagen 700, und endlich begann auch die Entwicklung eines 1,6-Liter-Mittelklassewagens. Der BMW 700 mit luftgekühltem Heckmotor, so schien es, würde das Zeug zum Erfolg haben, war aber noch nicht in Produktion. Während die deutsche Autoproduktion 1959 durchschnittlich um rund 15 Prozent wuchs, musste der Vorstand eingestehen: »Wegen Fehlens eines tragfähigen Fertigungsprogramms konnte unsere Gesellschaft an dieser Entwicklung nicht teilhaben.«
Es sah nicht gut aus für BMW. Als der Vorstand am 9. Dezember 1959 um 11 Uhr die Hauptversammlung für die Bilanz 1958 eröffnete, hatten

Isetta-Werbekolonne des Magazins »stern« 1956 in Berlin. Noch trugen die Kraftfahrzeuge in der geteilten Stadt Kennzeichen mit den Buchstaben KB.

Links: Auf der Jahreshauptversammlung 1959 ging es ums Ganze. In letzter Minute konnte verhindert werden, dass BMW von Daimler-Benz übernommen wurde…

Unten: Der kleine BMW 700, 1959 auf dem Markt eingeführt, war zwar noch ein Kleinwagen, galt aber als Wegbereiter einer neuen Modellpolitik in Richtung Mittelklasse.

Vorstellung des BMW 1500 »Neue Klasse« auf der IAA 1961. Das Fahrzeug sorgte für enormes Aufsehen.

sich die Geschäftsverluste seit 1954 laut Bilanz auf 49 Millionen DM summiert. Die Produktion war unrentabel und nicht konkurrenzfähig. BMW war ein Sanierungsfall. Einige Anteilseigner plädierten für einen Verkauf an die Daimler-Benz AG; ein zeitlich befristetes Kaufangebot lag bereits auf dem Tisch. Zwei Aktionärsvertretern gelang es jedoch, eine Ablehnungsfront zu erzeugen. Sie zeigten auf, dass für den neuen BMW 700 schon über 30.000 Bestellungen vorlagen. Außerdem wiesen sie dem Vorstand eine Bilanzierung zuungunsten des Unternehmens nach: Die Entwicklungskosten für den BMW 700 waren in nur einem Jahr abgeschrieben worden, was den Verdacht erweckte, dass die roten Zahlen insgesamt nicht stimmen. Jetzt genügten zehn Prozent des vertre-

Rohkarosserien des BMW 700 im Sommer 1965 auf dem Transport zum Montagewerk Moorhens in Belgien; von dort aus wurde der Benelux-Markt beliefert.

tenen Aktienkapitals, um die Aktionärsversammlung zu vertagen. Die Sperrminorität kam zusammen. Das Ultimatum aus Stuttgart verstrich, die Uanbhängigkeit von BMW blieb erhalten.
Das Engagement der Retter beeindruckte Herbert Quandt, einen der Aktionäre der BMW AG. Nach sorgfältiger Prüfung der Bücher und Gesprächen mit dem Betriebsrat übernahm Quandt größere Teile des BMW Kapitals und sicherte damit die Finanzierung überlebenswichtiger Projekte. Der Weg in die Zukunft war frei. Quandts Nachkommen besitzen heute etwa 45 Prozent der BMW Aktien.

Umsatzplus dank Nischenpolitik

Der freigeschaufelte Weg war anfangs noch recht steinig. So mussten die attraktiven Imageträger BMW 503 und 507 mangels Rendite 1959 auslaufen. Die Verkäufe für die Achtzylinder-Limousine dümpelten weiter vor sich hin. Die Hoffnungen lagen auf dem 700 und dem in der Entwicklung befindlichen Mittelwagen. Die Aufbruchstimmung schien sich auf den Umsatz zu übertragen, er stieg mit Beginn der 1960er Jahre kontinuierlich. 1962 kam endlich der BMW 1500 als Mittelwagen einer »Neuen Klasse« auf den Markt, und mit ihm erzielte BMW Produktionszuwächse, die über dem Durchschnitt in der deutschen Automobilindustrie lagen. Noch trug aber der BMW 700 den größten Teil zum Umsatz bei. Die Motorräder spielten mit fünf Prozent Umsatzanteil nur noch eine geringe Rolle.
Von 1960 bis 1969 stieg die Wagenproduktion von 52.000 auf 148.000 um fast das Dreifache, der Umsatz von 239 Millionen auf 1,5 Milliarden um mehr als das Sechsfache. Als großer Renner hatte sich der Null-Zwei erwiesen, die 1966 eingeführte zweitürige Variante im Neue-Klasse-Programm. Die Belegschaft wurde von 7000 auf

Oben: Produktion des BMW 700 im Werk München, 1962. Dank Direktor Helmut W. Bönsch gab es einen hohen Maßstab für die Qualitätskontrollen.

Die Isetta wurde bis zum Jahr 1962 noch parallel zum BMW 700 (Hintergrund) produziert.

BMW 1500, 1963. Der Viertürer setzte neue Maßstäbe hinsichtlich Eleganz, Komfort und sportliches Fahrvergnügen.

Rechts: BMW 1600-2, 1966, erster Vertreter der attraktiven Nullzwei-Baureihe. Sie setzte die Erfolge der »Neuen Klasse« fort.

21.000 Mitarbeiter verstärkt. Im gleichen Zeitraum wuchs die Verkaufsorganisation von 1600 auf knapp 4000 Vertragspartner im In- und Ausland. Das auch um neue Sechszylinder-Limousinen und Coupés erweiterte Modellprogramm bescherte dem Unternehmen neue Produktions- und Absatzrekorde. Zurückzuführen waren diese Erfolge auf die vom Verkaufsvorstand Paul G. Hahnemann und dem Meinungsforscher Bernt Spiegel entwickelte »Nischentheorie«. Mit ihr kehrten die im Vorkrieg entwickelten markentypischen Merkmale wie Sportlichkeit und Dynamik bei kompakten Ausmaßen in das BMW Programm zurück. Darüber hinaus kam eine neue Vertriebsstrategie zum Tragen. Zum ersten Mal seit Einstieg in die Automobilproduktion verfügte BMW über ein internationales Exklusivhändlernetz. Auch die Motorradproduktion kam wieder in Schwung. Nachdem 1969 nur knapp 5000 Maschinen verkauft worden waren, brachte das

Flaggschiff der Siebziger Jahre: BMW 3.0 S Limousine mit Getriebeautomatik.

Karosseriebau bei BMW, aufgenommen im Jahre 1986. Vom Urmodell werden in diesem Arbeitsschritt die Maße für die Serienfertigung abgegriffen.

Jahr 1970 mit den neuen Modellen R 50/5, R 60/6 und R 75/5 die Wende. Die Motorradproduktion stieg auf über 12.000 Maschinen, schon zwei Jahre später waren es mehr als 21.000.

Der »Vierzylinder« als Zeichen des Erfolgs

Der Aufwärtstrend hielt an. 1972, rechtzeitig zur in der unmittelbaren Nachbarschaft eröffneten Olympiade, entstand das avantgardistische, aus vier großen Zylindern bestehende BMW Hochhaus; seinen Grundriss bildet ein vierblättriges Kleeblatt.

Angesichts der weltweiten Nachfrage wurde die Produktion 1972 noch einmal um elf Prozent gesteigert, während die Pkw-Produktion in der Bundesrepublik insgesamt um 4,5 Prozent abnahm. Zugleich überschritt der Jahresumsatz zum ersten Mal die Zwei-Milliarden-DM-Grenze. Schwerpunkt weiterer Investitionen war der Ausbau des Werkes Dingolfing, das 1967 von Glas gekauft worden war. Ab Herbst 1973 lief dort mit dem ersten 5er die BMW-Automobilproduktion an. 1975 stellte BMW den 3er als neue Zweitürer-Programmreihe vor, eine Modellfamilie, die auf dem beliebten Vorgänger »null-zwei« basierte und sich als wahrer Shooting Star erweisen sollte.

Der Erfolg hatte sich trotz der Energiekrise kontinuierlich fortsetzen lassen. 1976 wurden die neuen Coupés der 6er-Reihe vorgestellt, und BMW konnte allein für Sachinvestitionen mehr als 300 Millionen DM aufwenden. 1977 lag der Jahresumsatz bereits bei fast fünf Milliarden DM, rund 300.000 Automobile verließen die Produktionsstätten. Das Berliner Werk baute über 30.000 Motorräder. Das Jahr 1977 stand auch im Zeichen der Präsentation der neuen Großen Klasse, der 7er-Reihe.

1981 wurde nach neunjähriger Bauzeit die mit insgesamt rund 700.000 Stück gefertigte 5er-Reihe durch ein neues Modell abgelöst. Schon nach kurzer Zeit meldeten die Statistiken größere Tagesstückzahlen von diesem Modell als von seiner Vorgängerreihe zu ihren besten Zeiten. Ende 1982 erfolgte auch die Ablösung für die 3er-Reihe, die jetzt mit über zwei Millionen Exemplaren den Produktionsrekord bei BMW hielt. 1986 kam es auch zur Einführung eines neuen 7er BMW. Zur gleichen Zeit wurde der erste Bauabschnitt des Forschungs- und Innnovationszentrums (FIZ) in Betrieb genommen.

Drei Jahre später war die Nachfrage so stark gewachsen, dass BMW erstmals in der Unternehmensgeschichte innerhalb eines Jahres mehr als 500.000 Automobile produzierte und absetzte. Zudem verließ gegen Jahresende der einmillionste Motor das Motorenwerk Steyr. Für Schlagzeilen sorgte im Mai 1990 die Meldung, dass BMW und Rolls-Royce eine Gesellschaft für Flugzeugtriebwerke gründen. Damit nahm BMW jenen Geschäftsbereich wieder auf, der am Beginn der Unternehmensgeschichte gestanden hatte.

BMW übernimmt die Rover Group

Schon in den 1980er Jahren hatte in der Automobilindustrie weltweit ein Konzentrationsprozess begonnen. Kleinere Hersteller gingen Allianzen ein oder wurden von größeren übernommen. So kam Anfang des Jahres 1994 die britische Rover-Unternehmensgruppe zu BMW, wodurch sich die Produktionskapazität auf über eine Million Fahrzeuge erhöhte.

1985er 3er BMW, jetzt mit Katalysator. Bleifreies Benzin soll den Schadstoffausstoß verringern.

Rechts: Motordiagnose zur genauen Ermittlung aller relevanten Werte, 1990. Für den Kundendienst ist dies eine große Arbeitserleichterung, für den Kunden ein Plus an Sicherheit.

Ganz rechts: Einer der ersten in Steyr produzierten Turbodiesel, 1988.

Vier Werke in England sowie die Marken Rover, Land Rover, MG und Mini ergänzten nun die BMW Group. In der Folge wurden ein neuer Produktionsverbund für Motoren verabschiedet und kleine Vierzylinder künftig in einem gemeinsamen Werk mit Chrysler in Brasilien gebaut. Die größeren Vierzylinder entstanden ab jetzt in einem ebenfalls neu errichteten Werk im englischen Hams Hall. Heimat aller Sechszylinder und Diesel wurde Steyr. Die Herstellung der Acht- und Zwölfzylinder sowie der Sondermotoren blieb in München.

In Sekundenbruchteilen festgehaltener Crashtest im BMW Versuchslabor, 2002.

BMW kauft die Nobelmarke Rolls-Royce

Vier Jahre später, 1998, konnte die BMW Group ein neues Juwel ihrem Marken-Portfolio hinzufügen: Nach langen Verhandlungen war es gelungen, von der Rolls-Royce plc. die Marken- und Namensrechte für Rolls-Royce Automobile zu erwerben. Das Werk und die Schwestermarke Bentley gingen an Volkswagen. Im südenglischen Goodwood wurden eine neue Rolls-Royce-Zentrale und eine neue Manufaktur für die künftigen Luxusmodelle eingerichtet.

Mit dem anderen englischen Engagement hatte die BMW Group weniger Glück: Rover verschlang so viel, dass im Jahr 1999 trotz des Rekordumsatzes von 34,4 Millionen Euro ein Minus verbucht wurde. Im März 2000 beschloss der Vorstand der BMW Group daher in wesentlichen Elementen eine Neuausrichtung des Unternehmens – die Fertigung und Vermarktung der Marken Rover und MG wurden verkauft. Gleichzeitig beschloss man, für die untere Mittelklasse eine vollständig neue Modellreihe innerhalb der Marke BMW zu entwickeln.

Die erfolgreiche Neuausrichtung der BMW Group und die konsequente Konzentration auf das Premiumsegment der jeweiligen Fahrzeugklassen führten im Jahr 2000 zu neuen Rekordzahlen. Das Ergebnis der gewöhnlichen Geschäftstätigkeit stieg um 50 Prozent auf 1663 Millionen Euro. Damit wurde das bisherige Rekordergebnis von umgerechnet 1293 Millionen Euro aus dem Jahre 1997 deutlich übertroffen.

Die Sparte BMW Motorrad steigerte ihr Absatzvolumen ebenfalls auf Rekordhöhen: von 34.800 Einheiten 1992 auf 103.020 im Jahr 2002. 2002 wurden im Werk Berlin täglich bis zu 450 Motorräder gefertigt, die Jahresproduktion addierte sich auf 93.010 Maschinen.

2003 wurden mehr als 1,1 Millionen Automobile der Marken BMW, MINI und Rolls-Royce ausge-

liefert, ein neues Spitzenergebnis. Ausschlaggebend für das Rekordniveau war der Erfolg des neuen BMW 5er, der im Juli 2003 eingeführt wurde. Auch der MINI schrieb 2003 mit über 176.000 verkauften Fahrzeugen seine Erfolgsgeschichte fort.
2001 präsentierte BMW den 7er der vierten Generation. Der »Große« avancierte bis 2004 zum weltweit meistverkauften Fahrzeug seines Segments. Zahlreiche internationale Auszeichnungen und Verkaufserfolge auf den wichtigsten Automobilmärkten kennzeichneten den über den gesamten Modellzyklus anhaltenden Erfolg der vierten 7er-Generation.

Das Bedienkonzept BMW iDrive

Wegweisende Impulse für die gesamte Automobilbranche setzte BMW mit der Einführung des Bedienkonzepts iDrive zur Steuerung der wichtigsten Entertainment-, Telekommunikations-, Navigations- und Komfortfunktionen sowie von Fahrzeugeinstellungen. Mit diesem System konnten erstmals Anzeige und Bedienelemente konsequent voneinander getrennt und flexibel genutzt werden. An die Stelle einer großen Zahl von Schaltern trat als zentrales Bedienelement der iDrive Controller in ergonomisch perfekter Position auf der Mittelkonsole. Mit standardisierten Dreh-, Drück- und Kippbewegungen konnten nun die in Bedienmenüs angeordneten Funktionen ausgewählt und aktiviert werden. Um den Status der jeweiligen Funktion und die entsprechenden Menüoptionen anzuzeigen, wurde das Control Display in das Armaturenbrett integriert – zentral im Bereich der Mittelkonsole sowie auf gleicher Höhe mit dem Instrumentenkombi platziert und daher auch für den Beifahrer leicht einsehbar. Als Bestandteil des Systems ConnectedDrive ermöglichte iDrive dem Fahrer ab 2004 auch den Zugriff auf ein mobiles Internetportal.

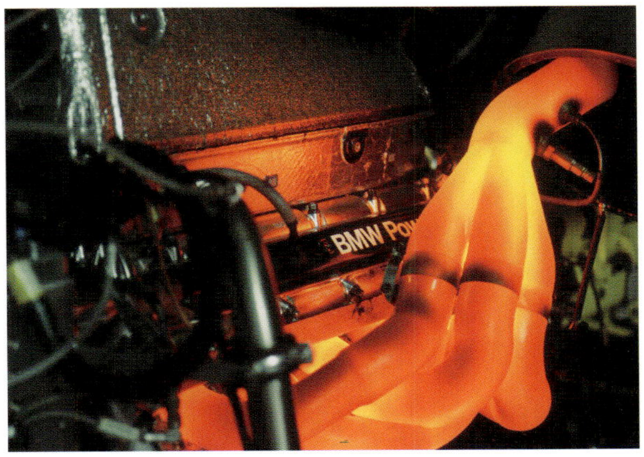

Bis zur Rotglut gereizt: BMW Motorprüfstand für extreme Belastungen.

Im Münchner Norden ist BMW mit seinen signifikanten Bauten ein architektonischer Gesamtkomplex, der aus jeder Perspektive seine visuellen Reize hat.

Auf Nachhaltigkeit programmiert

Unter Eberhard von Kuenheim hatten die Bayerischen Motoren Werke ein neues Profil erhalten, und in der post-Kuenheim-Ära bekam das Unternehmen seinen Feinschliff. Im neuen Millennium verging kein Jahr ohne mehrere Highlights, die den Höhenflug der Marke BMW kennzeichneten.

Mit Beginn der Ära Donath ab 1945 über die Ära von Kuenheim als Vorstandsvorsitzender in den Jahren 1970-93 – unter seiner Ägide stieg der Umsatz mit vielen neuen Modellreihen auf das 18-Fache an – bis zum Start in die Ära Reithofer 2006 vollzog sich ein mitunter zäher, in der Gesamtbetrachtung jedoch außerordentlich erfolgreicher Entwicklungsprozess, der die Marke BMW zu einer der angesehensten der Welt werden ließ.

Im Jahre 2002 wurde der BMW Z4 Roadster präsentiert, der dem erfolgreichen Z3 nachfolgte; 2003 zeigte man den seit langem geplanten 1er, dessen Produktion 2004 anlief. Und mit der Eröffnung eines neuen Werkes in Leipzig im Mai 2005 standen neue Produktionskapazitäten für den 3er zur Verfügung. 2006 zeigte BMW auf dem Genfer Salon einen neuen Turbomotor mit einer Leistung von 306 PS, im gleichen Jahr debütierte der BMW X5, gebaut im Werk Spartanburg, USA. Der BMW X5 wecke ganz besonders die BMW-sprichwörtliche Freude am Fahren und erfülle mit seinen Qualitäten die hohen Erwartungen, die an ein Sports Activity Vehicle des Premium-Segments gestellt werden, lautete das Fazit einer Studie des Marktforschungsunternehmens J.D. Power über die Kundenzufriedenheit von Autofahrern in Deutschland. J. D. Power and Associates gehört zu den führenden Marktforschungsunternehmen weltweit. Mit einer Vielzahl von

Der BMW Z8, mit dem Pierce Brosnan hier posiert, ging aus dem Prototyp Z07, hervor, den Henrik Fisker bei BMW Designworks entworfen hatte. Der Roadster war eine Hommage an den BMW 507 von 1955.

Bei Brillance im chinesischen Shenyang, einem Joint Venture, werden seit 2004 BMW Automobile in Lizenz hergestellt.

Das Werk in China zählt zu den modernsten Produktionsstätten im Fernen Osten (2004).

Studien analysiert das renommierte Institut regelmäßig die Zufriedenheit von Fahrzeugkunden auf den wichtigsten internationalen Automobilmärkten. In Deutschland wird die jährliche Zufriedenheitsstudie seit 2002 erstellt.
In der »Vehicle Ownership Satisfaction Study« (VOSS) nahm der BMW X5 den ersten Rang in der Fahrzeugkategorie Geländewagen ein. Darüber hinaus erzielte er den höchsten Zufriedenheitswert unter allen der insgesamt mehr als 100 in der Analyse berücksichtigten Modelle.
Zur Ermittlung der Kundenzufriedenheit werden von J. D. Power die Benotungen in den vier Kategorien Qualität und Zuverlässigkeit, Attraktivität, Service sowie Unterhaltsaufwand ausgewertet. Das herausragende Abschneiden des BMW X5 in der Studie fügte sich an das positive Bild ein, das auch andere Modelle von BMW bei früheren Untersuchungen von J.D Power in Deutschland und anderen Ländern hinterließen.

Hydro-Kultur
2007 erreichte der BMW Hydrogen 7 mit Wasserstoffmotor seine Serienreife. Damit war der Prozess seiner Entwicklung aber keineswegs abgeschlossen; in permanenter Erprobung wurde das zukunftsträchtige Antriebskonzept kontinuierlich optimiert.
Mit der Bereitstellung eines exklusiven Dienstwagens dieser Baurat unterstützte die BMW Group

das musikalische Engagement des weltbekannten Startenors Plácido Domingo an der National Opera Washington, DC. Zur Premiere der Oper »Iphigénie en Tauride« von C.W. Gluck fuhr der spanische Sänger und Dirigent, der auch Ge-

Links: Mit 96 m Höhe war beim Bau des neuen BMW Gebrauchtwagenzentrums in München 2006 der höchste Kran der Welt im Einsatz.

Unten: 2006 wurde am Nürburgring ein neues BMW Test Center in Betrieb genommen.

neraldirektor des Hauses ist, mit einem BMW ActiveHybrid 7 vor. Bei der Wahl seines Fahrzeugs hatte sich Plácido Domingo bewusst für die erste Luxuslimousine mit BMW ActiveHybrid Technologie entschieden und damit seine Begeisterung für alternative Antriebstechnologien im Automobil unter Beweis gestellt. Schon im Jahr 2007 gehörte er zu den ersten prominenten Persönlichkeiten, die den mit Wasserstoff betriebenen BMW Hydrogen 7 im Alltagsverkehr testeten.

Der BMW ActiveHybrid 7 war schließlich die erste Luxuslimousine der Marke, bei der das intelligente Zusammenwirken eines Verbrennungsantriebs mit einem Elektromotor sowohl das Fahrerlebnis als auch die Effizienz erheblich steigerte. Seine Antriebstechnik bestand aus einem V8-Benzinmotor mit Twin-Turbo-Technologie und einem Drehstromsynchron-Elektromotor, die eine gemeinsame Systemleistung von 465 PS erzeugten. Die Hybrid-Technologie ermöglichte dem ActiveHybrid 7 eine Beschleunigung von Null auf 100 km/h in 4,9 Sekunden bei einem Durchschnittsverbrauch von 9,4 Liter Kraftstoff im EU-Testzyklus. Luxuriöser Fahrkomfort, BMW-typische Dynamik und eine signifikante Verbrauchsreduzierung wurden in einer für Hybrid-Fahrzeuge völlig neuartigen Form miteinander effizient kombiniert.

Eine neue Marke?

Die in Leipzig produzierte 1er-Reihe wurde 2007 um einen Dreitürer, ein Coupé und ein Cabriolet erweitert. Im SUV-Segment erschien 2008 mit dem X6 ein Geländecoupé, und in Paris zeigte man erstmals den X1. 2009 feierte im Oktober der 5er Gran Tourismo Weltpremiere. 2011 kündigte BMW die Geburt der Submarke BMW i an. So soll die neue Marke für nachhaltiges Fahren heißen, mit einem Großstadtauto aus dem Leichtbaustoff Carbon mit Elektroantrieb im Heck, vier Sitzen und futuristischem Design.

Mit 16 Produktionsstandorten in Deutschland, Österreich, Großbritannien, Südafrika, USA und China (wo BMW »Bao-Moa« ausgesprochen wird, was »kostbares Pferd« bedeutet) gehört die BMW Group längst zu den jährlichen Stückzahl-Millionären.

Mehrfacher Klassenprimus

Stolz war man bei BMW über eine Reihe von Auszeichnungen, die im Rahmen des »Engine of the Year Award Contest« verliehen wurden – 2010 und auch 2011 wurden sie der BMW Group in jeweils vier Kategorien zuerkannt. Motoren mit vier, sechs und acht Zylindern wurden in ihren Hubraumklassen bewertet; die BMW Group war damit der erfolgreichste Hersteller bei diesem international bedeutendsten Wettbewerb. Die siegreichen Motoren kammen in zahlreichen ak-

80 Jahre BMW Automobilbau in Eisenach: Über den historischen 328 beugen sich Betriebschef Peter Wolff, Jürgen Reinholz (Minister für Wirtschaft und Technologie in Thüringen) sowie Frank-Peter Arndt (BMW Vorstand Produktion); ein Foto von 2007.

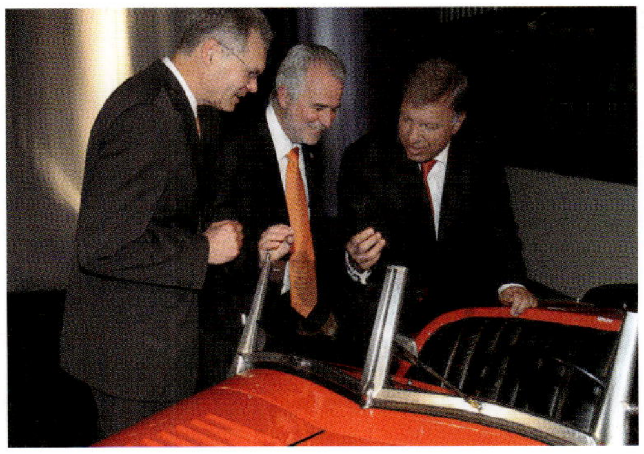

Im September 2008 verließ im Münchner Stammwerk der BMW Group der 750.000ste E90 als Nachfolger des E46 das Band. Der BMW 3er wurde auch in Regensburg, Leipzig und Rosslyn gebaut.

tuellen Modellen der Marken BMW und MINI zum Einsatz. Neben dem V8-Triebwerk des BMW M3 und dem Reihensechszylinder-Benziner mit BMW TwinPower-Turbo-Technologie erhielten der Vierzylinder-Diesel mit BMW TwinPower-Turbo sowie der neue Vierzylinder-Antrieb des MINI Cooper S einen »Award«.

Der Erfolg in vier von acht Hubraumklassen beim weltweit renommiertesten Motoren-Wettbewerb bestätigte einmal mehr die herausragende Kompetenz der BMW Group auf dem Gebiet der Antriebsentwicklung. Dank Efficient Dynamics standen für alle Modelle der Marken BMW und MINI kraftvolle und zugleich vorbildlich effiziente Motoren zur Wahl. Seit 1999 konnte das Unternehmen bereits mehr als 50 Klassen- und Gesamtsiege beim »Engine of the Year Award« auf sich vereinen – eine ansehnliche Bilanz.

Über die Vergabe dieser »Awards« entscheidet eine internationale Jury, die in 2011 mit 65 Motorjournalisten aus 32 Ländern besetzt war. In der Hubraumklasse 1,4 bis 1,8 Liter zeichnete sie den Motor des MINI Cooper S aus. Das 1,6 Liter große Vierzylinder-Aggregat verfügte über einen Twin-Scroll-Turbolader, Benzin-Direkteinspritzung sowie über variable Ventilsteuerung, die auf der von BMW patentierten VALVETRONIC basiert. Diese Kombination machte den 184 PS starken Motor zum weltweit effizientesten Triebwerk seiner Art und Größe.

Der zweite Sieg in Folge entfiel 2011 auf den Vierzylinder-Dieselmotor mit BMW TwinPower Turbo Technologie. Wie im Vorjahr setzte sich der 2,0 Liter-Antrieb aus dem BMW 123d und dem BMW X1 xDrive23d auch diesmal in der Kategorie der 1,8 bis 2,0 Liter großen Motoren durch. Mit seiner Durchzugskraft bei relativ niedrigen Verbrauchs- und Emissionswerten setzt der 204 PS starke Motor Maßstäbe in seiner Klasse.

Auch in der Hubraumklasse 2,5 bis 3,0 Liter konnte ein BMW Motor 2011 seinen Sieg aus dem Vorjahr bestätigen. Die Journalistenjury votierte erneut für den 3,0 Liter großen, 306 PS starken Reihensechszylinder mit BMW TwinPower Turbo-Technologie, der unter anderem in der neuen BMW 5er Reihe, im BMW X3 sowie in einer 320 PS leistenden Variante auch im BMW 6er Cabrio sowie im 6er Coupé eingesetzt wurde.

Sein aus einem Twin-Scroll-Turbolader, der Direkteinspritzung High Precision Injection und der Ventilsteuerung VALVETRONIC bestehendes Technologiepaket sorgte für eine besonders günstige Relation zwischen Fahrvergnügen und Kraftstoffverbrauch. Auf diesem Gebiet übertraf er sogar den Vorgängermotor, der beim »Engine of the Year Award« nicht nur dreimal die Klassenwertung für sich entscheiden, sondern 2007 und 2008 auch den kategorieübergreifenden Gesamtsieg erringen konnte.

Für eine beeindruckende Siegesserie sorgte auch der einzige Saugmotor im Quartett der Titelträger. Zum vierten Mal in Folge holte der V8-An-

Zur Oscar-Verleihung 2007 fuhr Florian Henckel von Donnersmarck mit einem BMW Hydrogen-7er vor.

Unten: So werden Fahraufnahmen gemacht: Nanni Moretti bei Dreharbeiten zum Film »Die Besucherin« (2008) am Steuer eines BMW 535d.

Black and White! Opern-Premiere in Washington am 18. Mai 2011: Der berühmte Tenor Plácido Domingo fuhr im BMW ActiveHybrid 7 vor.

trieb des BMW M3 den Sieg in der Hubraumklasse zwischen 3,0 und 4,0 Liter. Der in den Hochleistungssportwagen BMW M3 Coupé, BMW M3 Limousine und BMW M3 Cabrio eingesetzte Motor kombinierte seine überragenden Performance-Eigenschaften mit einer bemerkenswerten Effizienz, die er unter anderem der Auto Start Stop Funktion, Bremsenergie-Rückgewinnung und weiteren Efficient Dynamics Technologien verdankt.

Von AC Schnitzer und dem Reifenhersteller Hankook 2009 präparierter BMW 1er für den Polizeieinsatz.

Bester Jahresauftakt aller Zeiten

Grund zum Feiern gab es für BMW im Frühjahr 2011 auch aus anderem Grunde: Der Münchner Autokonzern überrundete im ersten Quartal 2011 die VW-Tochter Audi bei der Gewinnmarge. »Es ist der beste Jahresauftakt aller Zeiten«, sagte der Konzernlenker Norbert Reithofer bei der Präsentation der Zahlen. Erstmals seit Jahren lag die operative Gewinnmarge von BMW im Automobilgeschäft mit 11,9 Prozent über der vom zuletzt stark aufholenden Konkurrenten Audi mit 10,6 Prozent. Daimler als dritter deutscher Oberklassehersteller lag mit 9,3 Prozent weit zurück.

Unten: Vierzig Jahre »Aktenzeichen XY«: Jörg Ziercke, Präsident des BKA, neben einem 5er BMW im grünen Polizeioutfit von 2007.

Die sprichwörtliche Freude am Fahren erfuhr in einer Markenkampagne (2009) der Öffentlichkeitsarbeit eine zusätzliche Interpretation: »Freude ist jung«. Auf Englisch lautete der Slogan: »the story of joy«.

Auf der Jahreshauptversammlung am 12. Mai 2011 durften die BMW Aktionäre besonders gute Nachrichten entgegennehmen.

In allen BMW Werken, wie hier in Spartanburg, gab es 2010 Erweiterungen und Optimierungen der Fertigungs-Prozessabläufe.

Auch ökologisch, und zwar in punkto Kohlendioxidausstoß, hatte die Flotte der Münchner innerhalb des Trios 2011 die Nase vorn. Die Marke BMW kam auf einen Durchschnittswert von 157 Gramm pro Kilometer (g/km); Audi rangierte mit 158 Gramm knapp dahinter. »Unsere Anstrengungen tragen Früchte«, kommentierte Reithofer das gute Abschneiden seiner Marke. Diese gute Position erlaubte auch den ersten Stellenaufbau nach Jahren sinkender Personalzahlen. Im Jahr 2011, so war vorgesehen, wollte BMW 1300 neue Arbeitsplätze schaffen, davon rund die Hälfte in Deutschland. Ende 2010 waren in der BMW Group global etwa 96.000 Leute beschäftigt. Sie vervierfachten in den ersten drei Monaten 2011 den Konzernüberschuss weit über Erwartung auf gut 1,2 Milliarden Euro und steigerten den Umsatz um mehr als ein Viertel auf gut 16 Milliarden Euro. Auch beim Absatz war BMW 2011 so gut gestartet wie noch nie in einem ersten Quartal. Die Verkäufe aller drei Marken BMW, MINI und Rolls-Royce legten um gut ein Fünftel zu. Im Gesamtjahr, so lautete die Hochrechnung, wollte der Konzern mehr als 1,5 Millionen Autos verkaufen und damit einen neuen Rekordwert aller drei Marken erreichen.

Wo BMW Automobile gebaut werden

Werksübergreifende Zusammenarbeit, Austausch von Know-how und Mitarbeitern sowie die Möglichkeit, schnell und umfassend auf die sich ständig ändernden Marktanforderungen zu reagieren – dies sind die wesentlichen Merkmale des weltweiten Fertigungs-, Technologie- und Entwicklungsverbundes der BMW Group.

Im Laufe ihrer mehr als 90-jährigen Geschichte als Automobil-, Motorrad- und Flugmotorenhersteller – wobei die chronologische Abfolge bekanntlich umgekehrt verlief – haben die Bayerischen Motoren Werke mit Stammsitz in München einen kontinuierlichen Expansionsprozess zu verzeichnen, aus dem sich die Einrichtung von Betriebstätten auch an vielen anderen Plätzen ergab. An vierzehn Standorten existierten Anfang 2011 BMW Automobilwerke oder Betriebe, die als zur BMW Group gehörend in der Automobil-Teilefertigung aktiv waren. Eine große Zahl externer Partner und weiterer Unternehmen, an denen die BMW Group AG Beteiligungen hält oder mit denen sie durch Kooperationsverträge verbunden ist, kommt hinzu. Alle diese Standorte sind eng miteinander vernetzt und optimal strukturiert, so dass eine größtmögliche Wirtschaftlichkeit gegeben ist.

Bei BMW hat man so genannte »Sparten« als eigenverantwortliche Unternehmensteile eingeführt. Sie liefern Komponenten, haben eigene Kompetenzen und eigene administrative Strukturen. So gibt es zum Beispiel die Sparten Gießerei, Karosserieausstattung, Presswerk, Labor, Werkzeug- und Anlagenbau, Karosserieausstattung mit Systemkompetenzen. Als Value Centers (Wertschöpfungszentren) tragen die Sparten und ihre Kernkompetenzen zu vermehrter Wirtschaftlichkeit in der gesamten Prozesskette im Unternehmen bei. Bei Entscheidungen für einen oder mehrere Produktionsstandorte für Fahrzeuge oder Komponenten ermöglicht das Produktions-

netzwerk optimale Lösungen hinsichtlich Kosten, Kompetenz und Kapazität. Der international gültige und anerkannt hohe BMW-Qualitätsstandard ist überall gewährleistet. Allein durch das Zusammenfassen von Kernkompetenzen und Kapazitäten in einem flexiblen Netzwerk gegenseitiger Kunden-Lieferanten-Beziehungen lassen sich Mengeneffekte erzielen. Investitionen in Anlagen und Werkzeuge lassen sich gezielter steuern.

Konzernzentrale München

In München befinden sich die Konzernzentrale und das Automobil- und Motorenbau-Stammwerk, nicht weit davon das Forschungs- und Innovationszentrum FIZ, ferner die BMW M GmbH, die BMW Technik GmbH, die Anfang Dezember 2002 gegründete BMW Car IT GmbH für automobile Software- und IT-Entwicklung sowie einige weitere administrativ arbeitende Töchter (Bau- und Energiewirtschaft, EDV-Anwendung etc.). Das BMW Test- und Messgelände mit seinem Windkanal, Motorenprüfständen und einer Crashanlage liegt im Münchner Vorort Aschheim; in einem anderen Vorort, im 15 km vom FIZ entfernten Lohhof, hat BMW 1990 ein Forschungslabor und ein Verwertungszentrum für Recycling und Demontage (RDZ) eingerichtet.

Die BMW Technik GmbH, eine 1985 gegründete Tochtergesellschaft, hat den BMW Z1 entwickelt und gebaut, verfügt über einen Akustik-Windkanal und arbeitet an Zukunftskonzepten. Hier entstanden Fahrzeuge wie der E1, der Z13, der Z18 oder der Z22 mit Mechatronic- und Steer-by-wire-Technologie (mit 61 Erfindungsanmeldungen). Den volumenmäßig größten, seit 1973 voll als BMW Produktionsstandort aktiven Part bildet

Oben links: Das Münchner Forschungs- und Innovationszentrum FIZ gehört zu den bedeutendsten »think tanks« der Automobilindustrie in Europa. Rechts daneben: BMW Werk Dingolfing, etwa 90 km nordöstlich von München an der Autobahn A92 gelegen.

Links: Karosseriebau 1974. Zu dieser Zeit waren rechnergesteuerte Roboter noch selten.

Darunter: Motorenmontage in Dingolfing, 1982.

Unten: In willkürlichen Abständen nimmt man in Dingolfing Fahrzeug-Bauteile – wie hier von einem BMW 7er – aus der Fertigung zu einer Routine-Vermaßung heraus.

Produktions- und Entwicklungsverbund der BMW Group

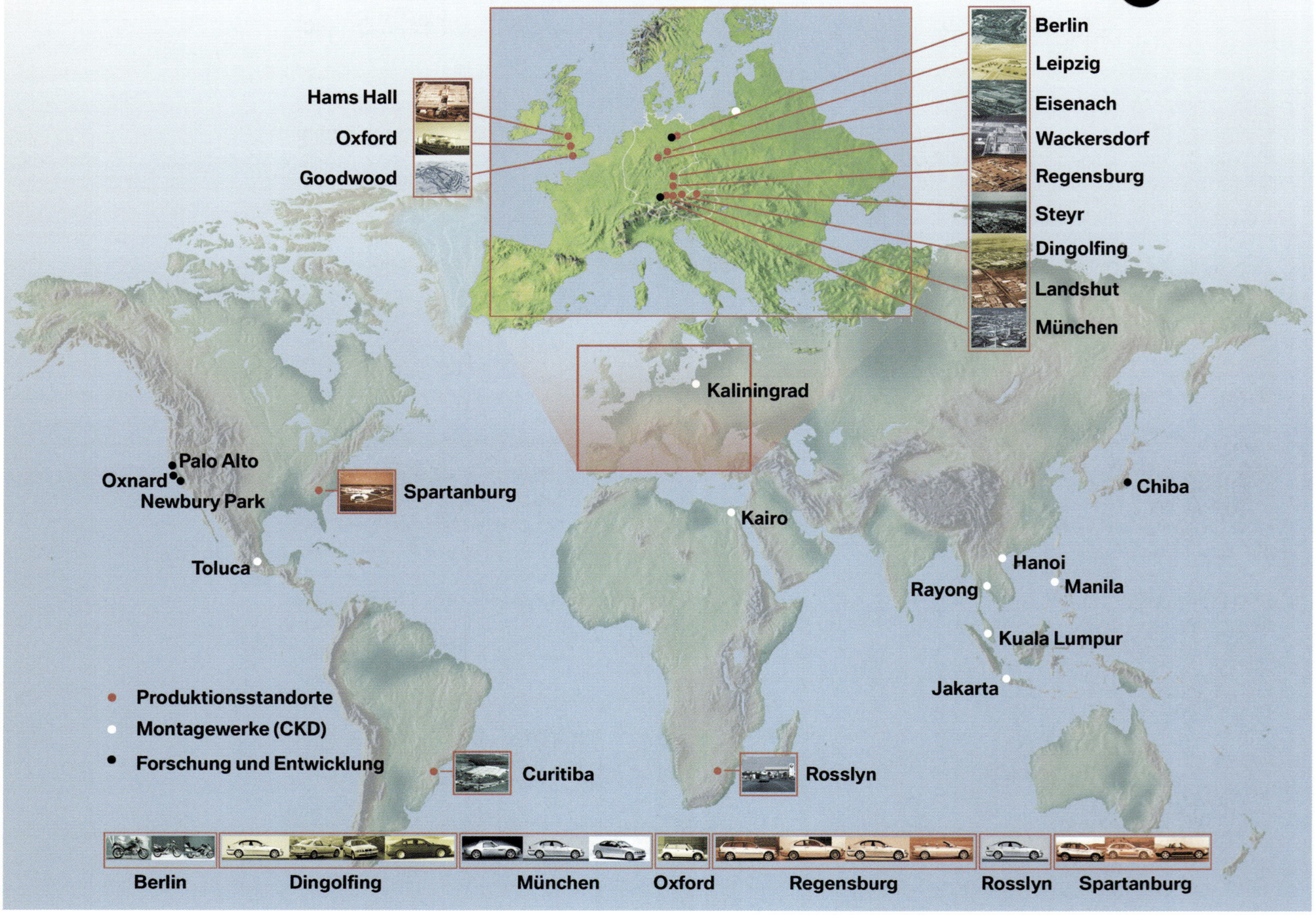

Dingolfing in Niederbayern. Hier werden BMW Automobile der 3er, 5er und 7er Reihen (vorher auch 6er und 8er) hergestellt, ferner Pressteile und Antriebskomponenten für andere Werke. Auf 1,8 Millionen Quadratmeter arbeiten hier 23.000 Personen und bauen bis zu 1300 Autos am Tag. Im Werk Regensburg, wo man Ende 1986 den Betrieb aufgenommen hat, sind 9500 Mitarbeiter beschäftigt; dort beträgt der durchschnittliche Ausstoß pro Tag etwa 1000 Fahrzeuge. Im BMW Werk Landshut, seit 1967 zunächst als Gießerei-Fachbetrieb arbeitend, ist 1999 ein Innovations- und Technologiezentrum seiner Bestimmung übergeben worden; hier hat man sich auf Leichtbau und Produktion verschiedener Fahrzeugkomponenten spezialisiert wie Zylinderköpfe, Kurbelgehäuse, Stoßfänger, Cockpits, Gelenkwellen, Fußhebelwerke. Seit 1971 werden in Landshut auch BMW Austauschmotoren (2003 waren es an die 40 verschiedene Typen) aufgebaut. Beschäftigt sind etwa 3200 Mitarbeiter.

1989 erwarb BMW in Wackersdorf einen Großteil jenes Industrieareals, das ursprünglich für eine Wiederaufbereitungsanlage für Nuklearbrennstäbe genutzt werden sollte. Stattdessen etablierte sich hier ein Karosseriewerk für den 3er BMW. Wackersdorf ist heute ein Spezialbetrieb u.a. für Interieurausstattungen sowie das Versorgungszentrum für die gesamte CKD-Fertigung weltweit.

Rechts: Im Werk Landshut hat man sich auf Leichtbau (Aluminium, Carbon) spezialisiert.

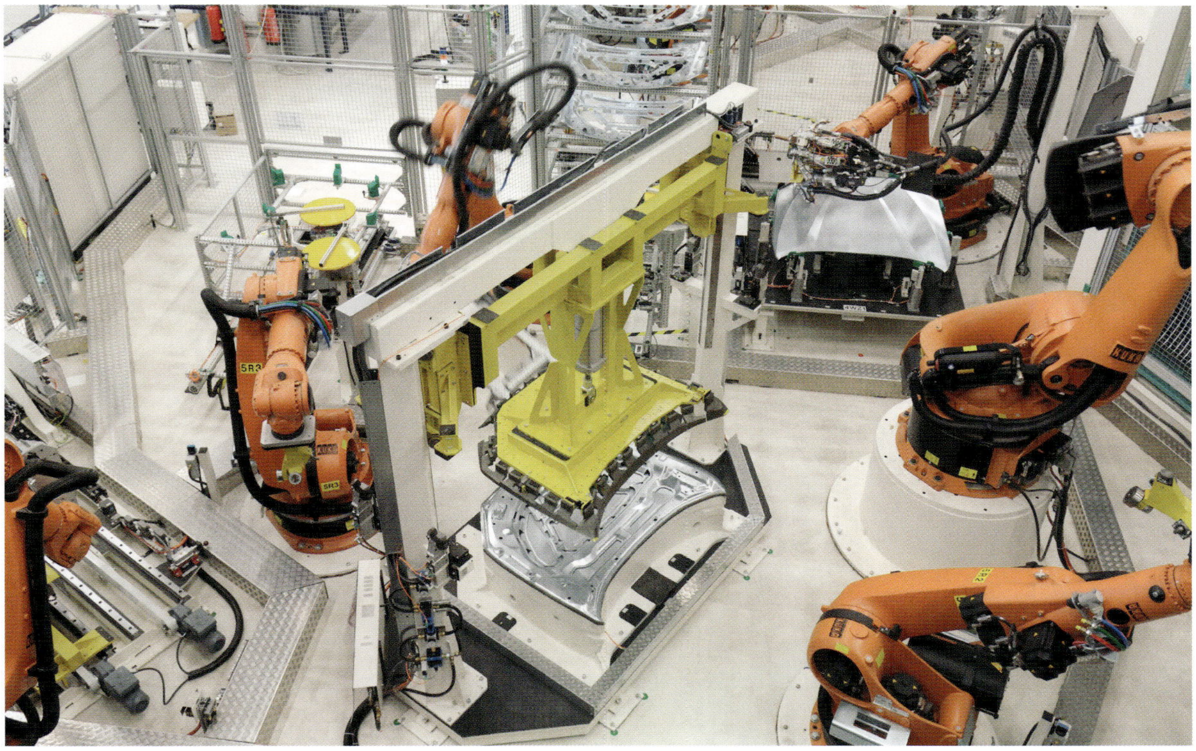

Von Robotern durchgeführter Karosseriebau in Leipzig. Kein Mensch ist auf dem Bild zu sehen, dennoch beschäftigt das Werk mehr als 5500 Mitarbeiter.

Ein BMW 1er senkt sich auf das für ihn vorgesehene Fahrwerk – ein Prozess, der nicht im Werk als »Hochzeit« bezeichnet wird.

In Berlin, so weiß der BMW-Kenner, werden Motorräder hergestellt. Doch hier entstehen seit 1979 auch diverse Teile für den Automobilbau, zum Beispiel Bremsscheiben und Nockenwellen. Es war auch Berlin, wo nach der Übernahme des Dixi-Werkes in Eisenach Anfang 1929 die ersten kleinen BMW 3/15 PS angefertigt wurden, bis das Werk in Thüringen auf den von BMW angestrebten Standard gebracht wurde – heute ist die traditionsreiche BMW-Stadt auch Standort eines Werkes für Werkzeugbau (Blechumformungswerkzeuge für die Presswerke der BMW Group). Seit 1992 entstehen hier Türen, Dächer, Kotflügel und andere Teile, ferner Designmodelle und Prototypenwerkzeuge. Das als BMW Fahrzeugtechnik GmbH firmierende Unternehmen zählt 250 Mitarbeiter.

In einem anderen ostdeutschen Bundesland werden von 2005 an ebenfalls BMW Automobile gebaut: in Sachsen. Im Sommer 2001 fiel für ein

Wie von Geisterhand geführt: vollautomatische Lackierung im BMW Werk Leipzig.

neues Werk in Leipzig die Entscheidung. Die geplante Fertigungskapazität war auf ca. 155 000 Fahrzeuge pro Jahr ausgelegt, inklusive Karosserierohbau, Lackierung, Montage. BMW richtete in Leipzig 5500 Arbeitsplätze ein, und etwa die gleiche Zahl wurde noch einmal bei Zulieferfirmen geschaffen.

Motorenproduktion in Steyr
Im oberösterreichischen Steyr ist das größte Motorenwerk der BMW Group zu Hause. Seit 1979 werden hier Vier- und Sechszylinder-Diesel- und Benzinmotoren hergestellt; 2500 Mitarbeiter sind an der jährlichen Produktion von mehr als 700.000 Motoren beteiligt. In Steyr entsteht in einem neuen Werk in Zusammenarbeit mit einem externen Partner, der Steyr-Daimler-Puch Fahrzeugtechnik AG (eine Tochter des internationalen Magna-Konzerns), ab 2004 auch der im Herbst 2003 als Prototyp präsentierte BMW X3. BMW investierte in den Bau des Werkes 500 Millionen Euro.

Unten: Motorenfertigung im BMW Werk Steyr, Österreich. Rechts daneben: Umweltschonende Kaltprüfung der Motoren vor der Einbaufreigabe.

Oben: Das Werk in Spartanburg, South Carolina, USA. Dort wird u.a. der BMW X5 (rechts) hergestellt.

In Übersee wäre zuerst das seit 1972 arbeitende Werk Rosslyn zu nennen. Es liegt in der Nähe Pretorias, Südafrika. Seit 1998 besteht es als autarkes Automobilwerk. Jährlich werden hier ca. 40.000 BMW 3er gefertigt, auch für den Export in die USA sowie nach Kanada, Australien, Japan und in den Mittleren Osten. Etwa 2500 Mitarbeiter sind in Rosslyn beschäftigt.

BMW – made in the USA

Besondere Bedeutung kommt dem Werk in Spartanburg, South Carolina (USA), zu. Baubeginn war 1992, Aufnahme der Produktion 1994. Zunächst erfolgte die Herstellung des BMW 3er für die USA, dann des Z3 als Roadster, Coupé und M. Ab Januar 1999 wird hier der X5 gebaut, ab Ende 2002 der Z4. Spartanburg ist zugleich Importzentrale für alle aus Deutschland eingeführten BMW. Das Werk beschäftigt mehr als 4500 Mitarbeiter – mit steigender Tendenz.

Globaler geht es kaum...

In Thailand ist BMW mit einem Werk in Rayong vertreten, das eine jährliche Kapazität von 6000 Fahrzeugen hat, und die Anlagen werden sukzessive erweitert. Seine Präsenz auf den asiatischen Märkten will BMW auch von China her stärker ausbauen: Ein Joint-Venture-Projekt mit der chinesischen Firma Brillance war Ende 2003 beschlossene Sache (BMW ist seit 1994 in Beijing mit einer Repräsentanz vertreten).

In Kaliningrad entstehen seit 1999 BMW Automobile in Montage für den russischen Markt. Gemeinsam mit der russischen Firma Avtotor wurde das Montagewerk für Fahrzeuge der 5er Reihe eingerichtet mit einer Kapazität von etwa 10.000 Einheiten pro Jahr. CKD-Betriebe gibt es ferner in Toluca bei Mexico City, in Hanoi (Vietnam), in Jakarta (Indonesien), in Kairo (Ägypten), in Kuala Lumpur (Malaysia) sowie in Manila (Philippinen).

Eine Reihe weiterer Firmen gehören zur BMW Group, darunter drei Design- und Technolgieunternehmen in Kalifornien, USA (Charles W. Pelly Designworks Inc., Newbury Park; Technology Office, Palo Alto; Engineering and Testing Center, Oxnard). Zum Konzern gehören selbstverständlich auch das MINI-Produktionswerk in Oxford, die moderne Motorenfabrik in Hams Hall, die neue Rolls-Royce-Fertigungsstätte in Goodwood sowie die Prüf- und Test-Rennstrecke in Miramas bei Marseille.

Mit seinem Partner China Brillance Automotive betreibt BMW seit 2004 ein Joint Venture. In einem modernen Werk in Shenyang entstanden Kapazitäten für die Produktion von 30.000 Limousinen pro Jahr. Hergestellt werden der 5er und 7er BMW. Der fernöstliche Markt erhält für BMW zunehmende Bedeutung.

In Berlin baut BMW Motorräder wie diese R1200-R, produziert aber auch Autoteile.

BMW im Goldenen Buch der Luftfahrtgeschichte

Wer sich für die BMW Historie interessiert, kennt die Entstehungsgeschichte des Unternehmens aus zwei Münchner Firmen, gegründet von Karl Rapp und Gustav Otto. Beide produzierten Flugzeuge und Flugmotoren. 1917 verschmolzen sie zur Bayerischen Motorenwerke GmbH.

Eine Rückbesinnung auf die Entstehung der weiß-blauen Marke ist an dieser Stelle deshalb interessant, weil der Automobilhersteller BMW auch in späteren Jahrzehnten im Flugzeugmotorengeschäft tätig blieb. Die Marke BMW stand während der Zeit ihres Anfangs für gar nichts anderes als für eben solche Aggregate. Doch nach Kriegsende 1918 war es erst einmal die friedliche Verkehrsluftfahrt, der man sich zuwendete, wenngleich die Branche in Deutschland noch warten musste, um in den Club der Flugmotoren- und Flugzeughersteller wieder aufgenommen zu werden. Mehr oder weniger inoffiziell gingen in München die Entwicklungsarbeiten an neuen, extrem höhentauglichen Motoren dennoch weiter; die führenden Konstrukteure in Milbertshofen kamen schließlich allesamt aus der Fliegerei.
In den Dreißiger und frühen Vierziger Jahren gehörte BMW zu den bedeutendsten Flugzeug-Triebwerkherstellern in Deutschland, produzierte u.a. die Sternmotoren für die Ju 52, eines der zuverlässigsten Flugzeuge der Welt. An der Spitze dieser Branche war BMW aber auch wieder ein Rüstungsbetrieb. Eine Tatsache, die in der Zeit nach 1945 den weitgehend zerstörten und von den Alliierten demontierten Werken einen Neuanfang erschwerte.

Joint Venture mit Klöckner-Humboldt-Deutz

Zeitsprung ins Jahr 1990. Interessante Meldungen in der Wirtschaftspresse sorgten im April in Bezug auf BMW für Gesprächsstoff. Zum einen hatten sich die Bayerischen Motoren Werke mit dem Klöckner-Humboldt-Deutz-Konzern liiert, um den KHD-Bereich Luftfahrttechnik zu übernehmen. Diese in Oberursel bei Frankfurt am Main ansässige Tochter des berühmten Schlepperherstellers Klöckner war am Komponentengeschäft für das Airbus-Triebwerk CFM56 beteiligt, ferner existierten Beteiligungsprojekte für diverse europäische Raumfahrtprogramme. Als Spezialist für Strahl- und Wellentriebwerke sowie für energietechnische Anlagen partizipierte die KHD Luftfahrttechnik auch an den militärischen Programmen Alpha-Jet und Tornado. Den Verkauf an BMW begründete KHD mit »erheblichen Veränderungen der Anbieterstrukturen in der internationalen Luft- und Raumfahrtindustrie«, die durch Zusammenschlüsse und transatlantische Kooperationen beschleunigt worden seien. Einen Sinneszusammenhang ergab die Nachricht von der Übernahme der KHD Luftfahrttechnik durch BMW aber erst mit dem Inhalt einer Pressemeldung im Juli des gleichen Jahres, aus der hervorging, dass BMW (50,5 Prozent) gemeinsam mit Rolls-Royce (49,5 Prozent) eine Firma gegründet hatte, deren Geschäftsgegenstand die Entwicklung und Herstellung von Flugzeugtriebwerken sein sollte. Sitz der BMW Rolls-Royce Aero Engines GmbH: Oberursel.
Mit diesen Aktivitäten erschloss sich die BMW AG wieder ein Geschäftsfeld, auf welchem vor

Links: Am 17. Juni 1919 flog Zeno Diemer mit einem BMW Motor den absoluten Höhenweltrekord von 9760 m. Doch die offizielle Bestätigung blieb aus: Deutschland war nicht Mitglied der Fédération Aéronautique Internationale, die diesen Rekord deshalb nicht anerkannte.

gut sieben Jahrzehnten ihre Existenz begonnen hatte. Aus der Abstraktion eines rotierenden Propellers sei auch das Firmenzeichen entstanden, ist oft behauptet worden – leider stimmt dies nicht.

Partner Rolls-Royce – seit 1914 dabei

Rolls-Royce war seit 1914 im Flugmotorengeschäft. Bei Kriegsausbruch hatte der Staat alle bedeutenden Automobilhersteller des Landes zum Bau von »aero engines« verpflichtet, und wer darin keine Erfahrung hatte, erhielt Musterkonstruktionen vorgegeben. So bekam die Rolls-Royce Ltd. in Derby einen etwa 150 PS starken französischen Motor, einen luftgekühlten V8 von Renault, mit dem Auftrag, ihn in möglichst großen Stückzahlen nachzubauen. Diesbezügliche Lizenzabkommen hatte Großbritannien mit Frankreich im Vorfeld getroffen. Die RR-Ingenieure erkannten die große Herausforderung und nahmen sie an – keineswegs nur aus patriotischen Beweggründen, sondern auch wegen der hohen technischen Reputation, die sich aus einem erfolgreich betriebenen Flugmotorenbau ergab.
Es verwundert nicht, dass aus dem französischen Motor bei Rolls-Royce ein wesentlich stärkeres, gut 200 PS leistendes wassergekühltes Zwölfzylinder-Aggregat wurde, die Eagle Engine. Gegen Ende des Ersten Weltkrieges waren drei Viertel aller britischen Militärflugzeuge und zahlreiche Luftschiffe mit Rolls-Royce-Eagle-Motoren versehen.
Der Flugmotorenbau blieb in Derby seither über Jahrzehnte eine starke, tragende Säule im Fabrikationsprogramm bei Rolls-Royce. Der hohe Qualitätsstandard des »best car of the world« hatte sich auf einen wichtigen Bereich in der Zivil- und Militärluftfahrt übertragen. Von der kleinen Bristol Brisfit bis zum großen Saro Valkyrie Flugboot, vom Firefly Doppeldecker bis zu den berühmten Spitfires und Kestrel-Bombern der Royal Air Force im Zweiten Weltkrieg waren Dutzende von Flugzeugen mit RR-Motoren (bis zu 37 Liter Hubraum) unterschiedlichster Bauart bestückt.

Oben und oben links: Dieses zweisitzige Sportflugzeug Klemm L 25 wurde von einem BMW Xa-Flugmotor angetrieben. Die von 1927 bis 1939 gebaute Maschine gab es auch mit anderen Motoren.

Oben rechts: So fing es an – mit dem wassergekühlten Reihensechszylinder-Flugmotor IV, dessen Nachfolger der erste BMW Motor mit einem Vierventil-Zylinderkopf war. Durch die Verdoppelung des Typ IV-Sechszylinders entstand ab 1924 der erste BMW Zwölfzylindermotor.

Oben und rechts: Die Junkers Ju 52 war wohl das bekannteste Passagier- und Frachtflugzeug, das mit BMW Motoren unterwegs war.

Triebwerkbau in Dahlewitz

Eine Verkettung von unglücklichen Umständen, zu denen betriebliche, technische und logistische Probleme, hohe Konventionalstrafen wegen überzogener Lieferfristen, auch politische Differenzen und Fehler seitens des Managements gehörten, führte im Jahre 1971 zu einem Desaster. Der Automobilbau, 1946 von Derby nach Crewe in Cheshire verlegt, spielte seine Kosten – wenn auch nur knapp – ein, doch im Triebwerkbau schrieb Rolls-Royce mittlerweile so tiefrote Zahlen, dass nur staatliche Hilfe das Unternehmen vor dem Zusammenbruch bewahren konnte. Es kam zu einer Trennung der Kraftfahrzeug- und Luftfahrtsparten und zur Gründung zweier separater Firmen, der Rolls-Royce & Bentley Motor Car. Ltd. und der Rolls-Royce plc.

Die Rolls-Royce plc blieb dem Flugmotorengeschäft treu, restrukturierte sich auf allen Ebenen und setzte zu neuen Höhenflügen an. Vor diesem Hintergrund war das Interesse seitens der BMW AG an einem Einstieg zu bewerten. In einer Studie hatte Rolls-Royce ermittelt, dass bis zum Jahre 2010 weltweit mindestens 10.000 Triebwerke mit einer Schubkraft zwischen 5 und 10 t benötigt würden. Um in diesem Segment weiterhin wettbewerbsfähig bleiben zu können, benötigten die Briten einen investitionsfreudigen Partner. Sie fanden ihn in der BMW AG, die in das Joint-Venture auch ihre KHD-Tochter einbrachte.

Inzwischen hatte die deutsche Wiedervereinigung stattgefunden, Investitionen zur Belebung der mitteldeutschen Wirtschaft waren dringend notwendig. So wählten BMW und Rolls-Royce als neuen Standort für ihren gemeinsamen Triebwerkbau Dahlewitz im Raum Berlin-Brandenburg, vor den Toren der neuen deutschen Hauptstadt. Im September 1993 konnte der erste Bauabschnitt des 30 Hektar großen Areals in Betrieb genommen werden. In das Montagezentrum zogen die ersten 400 Ingenieure und Techniker ein, alles Mitarbeiter, die zuvor in München und in Bristol tätig gewesen waren. BMW sei als Unternehmen flexibel genug, so schrieb der Wirtschaftsjournalist Franz Thoma in der »Süddeutschen Zeitung«, um sich auf neuen Gebieten zu engagieren und aus etwas Gutem etwas noch Besseres zu machen. Mit dem Wiedereinstieg ins Luft- und Raumfahrtgeschäft, so zitierte Franz Thoma den BMW Vorstandsvorsitzenden Eberhard v. Kuenheim, »erinnere man sich der Wurzeln des Hauses BMW«.

Neuordnung der Beteilgungen
Die in Dahlewitz gefertigte BR700-Turbinen-Baureihe erwies sich als außerordentlich erfolgreich. 1997 verzeichnete Dahlewitz den Probelauf des ersten dort komplett neu entstandenen Triebwerks BR715; es sollte als exklusiver Antrieb für die Boeing 717-200 (ein Regional-Jet mit 100 Plätzen) Verwendung finden. Die Umsätze verliefen ausgezeichnet: Der Gulfstream V mit BR710-Triebwerken hatte die begehrte amerikanische Collier Trophy gewonnen, ein Geschäftsreise-Jet mit immerhin 50 Luftfahrt-Weltrekorden. Auch Hubschrauberaggregate wurden in Dahlewitz produziert, die Endmontage erfolgte in Oberursel. Lieferverträge von gut 4 Milliarden Mark füllten die Auftragsbücher.
Ende Oktober 1999 kam es zu einer Neugliederung der Beteiligungsverhältnisse, der Strategischen Partnerschaft, wie es offiziell hieß. Die BMW Rolls-Royce Aero Engines GmbH wurde in Rolls-Royce Deutschland GmbH umbenannt und ging zu hundert Prozent in den Besitz der Rolls-Royce plc in London über, der als Chairman Sir Ralph Robins vorstand. Im Gegenzug erhöhte die BMW AG ihre Beteiligung an der Rolls-Royce plc auf etwas über zehn Prozent durch den Erwerb von etwa 90 Millionen bereits emittierter Aktien. Damit war BMW nur noch indirekt am Triebwerkbau beteiligt, wobei aber gleichzeitig deutlich betont wurde, dass die BMW AG »ihr unmittelbares Interesse an der BR700-Baureihe beibehält«.
Zum Abschluss des Geschäftes sagte der Vorstandsvorsitzende Professor Dr.-Ing. Joachim Milberg: »Wir beabsichtigen, unser strategisches Interesse am Turbinengeschäft durch eine substantielle Beteiligung an der Rolls-Royce plc auszuweiten und werden auf zentralen Gebieten Möglichkeiten der Zusammenarbeit entwickeln. Als größter industrieller Anteilseigner an Rolls-Royce ist die Ausweitung unserer Investition die Konsequenz unserer Zuversicht in die Zukunftsaussichten von Rolls-Royce im Turbinengeschäft.«

Triebwerkbau bei Rolls-Royce 1990. Mit den Briten gründete BMW in jenem Jahr die BMW Rolls-Royce Aero Engines GmbH.

Britisches und deutsches Know-how als Synergie im gemeinsamen Triebwerkbau. Rolls-Royce, einer der führenden Anbieter von Gasturbinen, Antriebssystemen und Dienstleistungen für die Nutzung an Land, zu Wasser und in der Luft, konnte am 4. März 2011 in Dahlewitz die Auslieferung des 2000sten Triebwerks vom Typ BR710 bekannt geben.

BMW Motorräder: Das etwas andere Lebensgefühl

Bevor die Marke BMW für Automobile stand, kennzeichnete sie nicht nur Flugmotoren, sondern ab 1923 auch Motorräder. Und von Anfang an distanzierten sich die Zweiräder aus München durch überdurchschnittliche Langlebigkeit und technische Besonderheiten von in- und ausländischen Konkurrenzprodukten.

Als die Bayerischen Motoren Werke Ende 1923 mit ihrer ersten R 32 genannten Zweiradkonstruktion auf den Markt kamen, erfolgte dies genau zum richtigen Zeitpunkt. Die wirtschaftlichen Verhältnisse in Deutschland begannen sich wieder zu stabilisieren. Kleine Motoren, an deren Konstruktion der bekannte Ingenieur Martin Stolle maßgeblich beteiligt war, hatte BMW als Zulieferer bereits an die Hersteller Flottweg, Flink, Victoria und Helios (eine von BMW »adoptierte« Marke) geliefert, doch Chefkonstrukteur Max Friz sah für BMW große Chancen als Hersteller von Motorrädern in eigener Regie, parallel zum Bau von Flugmotoren. Die BMW-motorisierte Helios, die von der R 32 abgelöst wurde, hatte noch einen längs eingebauten Zweizylinder-Boxermotor gehabt. Die R 32 hingegen wies einen quer zur Fahrtrichtung in den verwindungssteifen Doppelrohrrahmen gesetzten, mit dem Getriebe sauber verblockten Boxermotor auf und hatte einen öldicht gekapselten Kardan- statt Kettenantrieb. Der 494-ccm-Motor leistete zwar nur 8,5 PS, bewies aber eine hohe Zuverlässigkeit. Die Maschine wog nur 122 Kilogramm. Zwar hatte es schon vor der R32 querlaufende Boxermotoren und Wellenantrieb gegeben, was die Fachwelt bei der erstmals auf dem Pariser Salon 1923 gezeigten R 32 aber bewunderte und als Beginn einer neuen Epoche erkannte, war die konstruktive Harmonie, mit der Konstrukteur Max Friz die Bauelemente zu einem organischen Gesamtkonzept zusammengefügt hatte. Ein Motorrad aus einem Guss. Max Friz' fähigster Mitarbeiter war der junge Ingenieur Rudolf Schleicher. Er avancierte zu einem der bedeutendsten Motorrad-Konstrukteure und fuhr auf BMW Motorrädern auch Rennen.

1926 wurde die R 32 von der R 37 abgelöst, die mit ohv-Motor immerhin 16 PS leistete. Die erste BMW Einzylinder-Maschine war die 1925 he-

Die Väter des BMW Motorrades: Martin Stolle, Max Friz und Rudolf Schleicher.

rausgekommene R 39. Sie war vergleichsweise teuer, aber von hoher Qualität. Mit 247 ccm und 6,5 PS lief dieses Motorrad an die 100 km/h. In dichter Folge kamen jetzt immer neue, stärkere und schnellere Modelle auf den Markt. Im Motorsport qualifizierten sich Fahrer wie Sepp Stelzer, Ernst Henne, Karl Gall, Paul Greifzu, Otto Steinfellner und unendlich viele andere auf den vordersten Rängen; Henne absolvierte auf BMW Motorrädern sogar eine Anzahl von Weltrekorden: im Laufe der Geschichte waren es nicht weniger als 206. Und zwanzig Jahre lang hielt BMW ohne Unterbrechung die Markenweltmeisterschaft für Seitenwagenmaschinen. In den späteren Dreißiger Jahren hatte der unvergessliche Georg »Schorsch« Meier zum BMW Team gefunden, der auf seine Weise Motorradgeschichte schrieb. Er war der erste Ausländer, der sich 1939 auf einer nicht-englischen Maschine die begehrteste Trophäe der Welt holte, die Senior Tourist Trophy auf der Isle of Man.

Ein weltbekanntes Foto: Der BMW Techniker Franz Bieber gewinnt auf einer R 37 nach seinem Sieg im Eifelrennen 1924 auch das Ruselbergrennen.

Experten

Der Historiker Stefan Knittel hat im Jahre 1986 und dann noch einmal 1997 als erster eine umfassende Abhandlung über die BMW Motorradgeschichte veröffentlicht, die als Standardwerk gelten darf. Ihr folgten ebenfalls sehr bedeutende Dokumentationen und Baureihen-Monografien seiner Kollegen Fred Jakobs, Hans-Jürgen Schneider und Andy Schwietzer. Die Einstufung der im Nachfolgenden notierten Motorradmodelle als Meilensteine, die zur BMW Geschichte ebenso gehören wie ein 328, ein 507 oder ein 2002 turbo, erfolgte in Zusammenarbeit mit Andy Schwietzer.

Steuerfrei und ohne Führerschein

Der BMW R 32, erstes Motorrad mit einem BMW Emblem auf dem Tank, folgte 1924 die erwähnte R 39 mit seitengesteuertem Einzylindermotor. 1925 wurde ihr die BMW R 37 zur Seite gestellt – die erste BMW mit einem ohv-Aggregat. Auf das Konto dieser Boxer-Sportmaschine mit dem Rahmen der R 32 geht eine lange Liste von Sporterfolgen. Sie stellte eine Besonderheit dar und wurde auch nur 152 Mal gebaut. Die R 32 entstand immerhin in etwas mehr als 3000 Exemplaren.

Die ab April 1928 geltende Führerschein- und Steuerfreiheit für Motorräder unter 200 ccm Hubraum bewog die Bayerischen Motoren Werke, auch in dieser Klasse ein Modell anzubieten, das war die 1931 erschienene BMW R 2. Mit 15.207 Stück brachte es die R 2 auf die bisher erfolgreichste Baureihe. Besondere Hervorhebung verdient die 1935 präsentierte BMW R 12. Sie war ein Zweizylinder-Modell mit 750 ccm Hubraum, wie ihn die R 62 von 1928 erstmals aufgewiesen hatte, doch bei der R 12 gab es erstmals eine öl-

Links: Im Zweiten Weltkrieg stand bei der deutschen Wehrmacht, bevor die R 75 zum Einsatz kam, die R 12 als Gespannmaschine zur Verfügung.

Ganz links: Georg »Schorsch« Meier mit seiner Kompressor-500er, mit der er 1939 die Senior Tourist Trophy auf der Isle of Man gewann.

Von links nach rechts: BMW R 32, R 12 von 1935 und R 5 von 1936.

gedämpfte Telegabel, die ganz erheblich zum Fahrkomfort beitrug. Die Reichswehr und später die Wehrmacht wählten die robuste und trotz ihrer bescheidenen 18 PS gespanntaugliche R 12 zum Standardmotorrad. Entsprechende Aufträge resultierten in einer Stückzahl von 36.000.

Links: Werbung für die BMW R 2 von 1931. Oben: Titelseite eines BMW Motorrad-Prospektes von 1956.
Rechts: Dakar-Sieger Hubert Auriol auf einer R80GS 1983.

Wegweisende Rahmenkonstruktion

1936 überraschte BMW die Motorradwelt mit einem neuen Zweizylinder-Modell. Die als Sportmaschine konzipierte BMW R 5 hatte einen Ovalrohr-Doppelschleifenrahmen, der wegweisend auch für nachfolgende Maschinen sein sollte, eine einstellbare Telegabel sowie einen modernen ohv-494-ccm-Motor von 24 PS Leistung. Geschichte schrieb auch die BMW R 75, wenngleich in anderer Beziehung. Sie ersetzte beim Militär die R 12 und wurde von 1941 bis 1944 gebaut. Als Gespannmaschine verfügte sie über einen innovativen Seitenwagenantrieb samt Differenzialsperre, und das Getriebe wies auch eine Geländeübersetzung sowie einen Rückwärtsgang auf. Die hydraulische Dämpfung der Telegabel wirkte durch ein zweites Ventil im Dämpferrohr in beide Richtungen. Ein fast baugleiches Motorrad produzierte Zündapp. Nicht nur an der Front, sondern später auch im zivilen Einsatz galt die R 75 als ein universelles Fahrzeug für die unterschiedlichsten Aufgaben.

Mit der BMW R 24 nahm man in München 1948 die Nachkriegsproduktion wieder auf. Diese 247-ccm-Einzylindermaschine entsprach der bereits 1938 vorgestellte R 23, bekam aber 1950 als BMW R 25 Hinterradfederung und einen optimierten Motor. Mit den ihr nachfolgenden Ausführungen R 25/2 und R 25/3 erlangte dieses Motorrad große Popularität und brachte es bis 1956 auf insgesamt 121.770 Exemplare.

Weitere Meilensteine

Ein Meilenstein war ferner die BMW R 50 von 1955. Sie war die erste Maschine mit einem Vollschwingenfahrwerk. Ihr 494-ccm-Motor war identisch mit dem der R 51/3 von 1951. Mit 594 ccm gab es parallel dazu die R 69 bzw. R 60. Ebenso berühmt wurde die 1969 erschienene Strich-Fünf-Baureihe BMW R 50/5, R 60/5, R 75/5. Es handelte sich um eine komplett neu entwickelte Baureihe mit robustem Gleitlager-Boxermotor

(496, 599, 745 ccm), elektrischem Anlasser und einem leichten, aber belastbaren Teleskopgabel-Fahrwerk.
Mit der BMW R 90 S erschien 1973 ein Trendsetter, denn dieses 898-ccm-Motorrad stellte nicht nur in technischer Hinsicht ein Optimum dar, sondern war auch die erste BMW, die von Designern gestaltet worden war. Zur 1976 vorgestellten BMW R 100 RS war es ein logischer Schritt: sie war das erste serienmäßig vollverkleidete Großserienmotorrad. Trendsetter war auch die BMW R 80 G/S, die erste Reise-Enduro der Welt, und als Besonderheit wies sie eine Einarmschwinge auf. Die 1980 eingeführte Neukonstruktion sorgte für großes Aufsehen im Motorsport, nicht zuletzt durch erfolgreiche Einsätze in der Rallye Paris-Dakar.

Eine BMW mit Kettenantrieb?

Im Herbst 1983, genau sechzig Jahre nach Vorstellung der R 32, kam die erste BMW mit einem Vierzylinder-Reihenmotor auf den Markt. Die BMW K 100/100 RS durfte als Technologieträger gelten. Elektronisch gesteuertes Motormanagement und ab 1988 auch ABS machten diese 987-dohc-Maschine zu einer Sensation. Und die 1989 herausgekommene BMW K1 als Weiterentwicklung war das erste Motorrad mit Dreiwege-Katalysator und Motronic.

Aufsehen erregte aber auch die BMW F 650. Sie war, als sie 1993 vorgestellt wurde, die erste BMW mit einem zugekauften Motor und Kettenantrieb – kein Wunder, dass sich hier die Geister schieden… Eine »echte« BMW aber war ohne Zweifel die 1994 eingeführte BMW 1100 GS, eine langstreckentaugliche Reise-Enduro mit Vierventilmotor und Telelever-Fahrwerk, damit ein weltweiter Trendsetter. Ihr Nachfolger 1200 RS avancierte zum meistgebauten Motorrad der Welt mit mehr als 500 ccm. Last but not least: die BMW K 1600 GT von 2011 mit einem Sechszylinder-Reihenmotor. Die als Langstrecken-Tourer mit bulligem 1,6-Liter-Motor ausgelegte Supertaivmaschine erhielt eine perfekt gestylte Verkleidung, Schlupf-Regelung, ABS, Navigationssys-

Von links: BMW R 25 Einzylinder, eine R 75 aus den Kriegsjahren, eine R 50/50 von 1969.

Unten links: Meilenstein K1 von 1990.

Links: Klassiker R 100 RS von 1984.

Unten: Der Schauspieler Hannes Jaenicke im Sattel der 2-millionsten BMW, gebaut am 9. Mai 2011. Es ist eine 1600 GT, mit sechs Zylindern und 1,6 Liter Hubraum die größte Serienmaschine, die in Deutschland bisher je gebaut wurde.

BMW K100 RS von 1983. Rechts daneben das jüngste Produkt aus Berlin, eine K 1600 GT Baujahr 2011.

tem und sogar eine Klimaanlage. »Auf zwei Rädern bleibt man jung« lautete Anfang der 1960er Jahre ein Slogan der Nürnberger Victoria Fahrradwerke. In die Jahre gekommene BMW Biker bestätigen diese Behauptung gerne...

Motorrad-Legende Ernst Henne

Zahlreiche Spitzenfahrer haben zum Weltruhm der BMW Motorräder beigetragen. Stellvertretend für sie alle sei eine Persönlichkeit herausgehoben, die näher vorzustellen geradezu Chronistenpflicht ist: Ernst Jakob Henne.

Die BMW Motorradgeschichte ist eng verknüpft mit den Leistungen dieses Mannes, dessen Karriere parallel zum Aufstieg der Marke verlief. Ernst Jakob Henne, geboren 1904 als Sohn eines Sattlermeisters in Weiler bei Wangen im Allgäu, begann 1919 eine Lehre zum Kraftfahrzeugmechaniker. Seine fundierte Ausbildung war ihm bei der

Bevor Ernst Henne Werksfahrer für BMW wurde, bestritt er regionale Rennen mit einer Megola. Dieses Fahrzeug hatte einen Fünfzylinder-Sternmotor im Vorderrad.

Ernst Henne als Sieger im Karlsruhe-Rennen von 1928, sein erster großer Triumph.

Anfälligkeit der Motorräder jener Jahre sehr von Nutzen. Von seinem künftigen Schwiegervater mietete er eine Werkstatt und machte sich in München als Zweiradmechaniker selbstständig. Zunächst reparierte er alle Fabrikate; 1926 wurde der Betrieb eine offizielle BMW Vertretung.

Sein erstes Rennen bestritt »Jackl« Henne am 1. Juli 1923 in Mühldorf am Inn auf einer 750 ccm Megola; er wurde Dritter. Damit war Hennes Ehrgeiz geweckt, und er meldete bei einigen weiteren Rennen im Münchner Umland. Bei der Winterfahrt in Garmisch im Februar 1924 startete er bei seinem ersten Rennen mit überregionaler Bedeutung und trat gegen die Rennfahrergrößen Stelzer, Bauhofer und Tomasi an. BMW war damals bereits ein prominentes Fabrikat.

Der BMW Rennleiter Rudolf Schleicher erkannte Hennes Fahrtalent und holte den 21-Jährigen in die Werksmannschaft. Die Erwartungen waren groß, doch Henne verfügte über ausreichend Selbstvertrauen, denn seine Fähigkeiten hatte er bereits unter Beweis gestellt, und mit der 500er Werks-BMW besaß er ein konkurrenzfähiges Rennmotorrad. Seinen ersten großen BMW Erfolg errang Henne am 2. Mai 1926 beim Karlsruher Wildparkrennen. Schon zwei Wochen später startete er erneut erfolgreich bei einem großen Rennen, auf der Solitude bei Stuttgart. Im selben Jahr konnte Ernst Jakob Henne ein weiteres bedeutendes Rennen gewinnen: Beim Eifelrennen – dem letzten vor Eröffnung des Nürburgrings – fuhr er nicht nur den Sieg ein, er gewann damit zugleich die Deutsche Meisterschaft! Es folgten viele weitere Einsätze, und ab 1929 unternahm Ernst Jakob Henne für BMW auch Motorrad-Weltrekordversuche. Seinen ersten offiziellen Geschwindigkeits-Weltrekord stellte er auf einer 750-ccm BMW am 19. September 1929 mit 216,75 km/h über die Meile mit fliegendem Start auf. In den Jahren 1929 bis 1937 folgten insgesamt 76 Geschwindigkeits-Weltrekorde.

Ernst Henne, dessen sportlicher Ehrgeiz ihn immer wieder an seine Grenzen trieb, hatte sich zum Ziel gesetzt, zumindest einmal den Rekord nach Deutschland zu holen. Das Fahrgestell und die Verkleidung für das Rekord-Motorrad entstanden mit Sepp Hopfs Hilfe in der eigenen Werkstatt, wobei am Fahrwerk Sperrholz, befestigt und umwickelt mit schwarzem Klebeband, zum Einsatz kam. Auf seiner Hochzeitsreise nach Paris machte er einen Abstecher zum Motodrom von Montlhéry sowie zur benachbarten, 6 km langen und 14 m breiten Betonpiste von Arpajon. Ernst Henne begann dort mit dem Training, bekleidet mit einem weißen Woll-Sweater, Breeches, die mit Gummibändern eng an die Beine festgebunden waren, Lederstiefeln und einem Helm in Tropfenform. Henne stellte einen Monat später acht Weltrekorde auf: über den Kilometer und die Meile in der 750- wie in der 1000-ccm-Klasse jeweils mit fliegendem und stehendem Start. Mit einer Zeit von 216,75 km/h über den fliegenden Kilometer hatte er zudem den absoluten Weltrekord erzielt. Am 15. Oktober 1929 stellte er weitere Klassenrekorde über den fliegenden Kilometer in der 500er- und 750er-Klasse mit 196,72 km/h auf. Mit seinen Rekorden hatte sich Ernst Henne in die Herzen der deutschen Rennsportgemeinde gefahren.

Im September 1930 fand auf der Ingolstädter Landstraße ebenfalls eine Rekordveranstaltung statt. Ernst Henne überraschte mit einer Aufsehen erregenden Neuerung: An seinem verlängerten Rücken hat er einen aerodynamischen Spitz angebracht, der ebenso wie der weiße Renndress und der Helm in Tropfenform zu seinem Markenzeichen wurde. Über den fliegenden Kilometer kam er auf 221,54 km/h. Elf Klassenrekorde kamen noch hinzu.

Ende September 1935 startete Henne, von seinen Freunden »G'radaus-Jackl« genannt, erstmals auf der neuen Autobahn zwischen Frankfurt am Main und Darmstadt. Nach Abschluss der Fahrten standen stolze 256 km/h zu Buche. Henne hatte damit zum zweiten Mal seine eigene Bestleistung überboten.

Im Oktober 1936 erfolgte bei den Rekordversuchen auf der Frankfurter Autobahn die Premiere eines neuen Stromlinien-Fahrzeugs. Bis Tempo 250 lief alles nach Plan, aber dann begann die Maschine zu vibrieren. Doch die gestoppte Zeit war gut, 270 km/h hatte Henne überboten.

Hennes Motor leistete mehr als 100 PS. Immer wieder wurde die Verkleidung optimiert. Das Motorrad lag bei weiteren Testläufen hervorragend, das kritische Zittern und Aufschaukeln ab Tempo 250 trat nicht mehr auf. Am 28. November absolvierte Henne den fliegenden Kilometer mit 279,503 km/h, und auf der Rückfahrt wurden sogar 280,155 km/h gestoppt. Dazu stellte er neue Weltrekorde über die fliegende Meile und über fünf Kilometer und fünf Meilen ebenfalls mit fliegendem Start auf.

Die Karriere Hennes nahm auf Sport- und Rennwagen für Mercedes-Benz und BMW ihren Fortgang – ohne die motorradsportlichen Leistungen wäre sie wohl weniger erfolgreich verlaufen.

Das Eifelrennen 1934 war Ernst Hennes letztes großes Sportwagenrennen. Er bereitete sich noch einmal auf seine letzten Rekordfahrten in Frankfurt vor, nach deren erfolgreichen Abschluss er dem Rennsport adieu sagte.

1997 zog sich Ernst Henne mit Martha, seiner zweiten Frau, auf die Kanarischen Inseln zurück. Am Harras in München, dort, wo sich ein junger, rennsportbegeisterter Mechaniker 1923 seine erste kleine Werkstatt einrichtete, prangt heute noch der Schriftzug »Auto-Henne« an der Hofeinfahrt und verweist auf einen der erfolgreichsten und populärsten Motorsportler, den Deutschland je hatte. Henne verstarb am 22. Mai 2005 im Alter von 101 Jahren.

Oben: Henne wird auf seinem vollverkleideten Motorrad angeschoben, mit welchem er 1937 auf 279,503 km/h kam.

Darunter: Der rüstige Senior Ernst Henne im Jahre 1981 mit seiner BMW R 80 G/S.

EMW Automobile und Motorräder: ein Kapitel für sich

Dort, wo er bei Kriegsbeginn aufgehört hatte, wurde der Automobil- und Motorradbau unter der Marke BMW nach dem Ende des Zweiten Weltkrieges zunächst fortgesetzt: in Eisenach. Aber nicht in Regie der Bayerischen Motoren Werke...

In München befanden sich zwar die kreative Kernzelle des Unternehmens, die Schaltzentrale und die Verwaltung, aber serienmäßig waren in Bayern vor dem Kriege keine BMW Automobile produziert worden. Hier hatte man nur Motorräder und Flugmotoren hergestellt. Bei BMW in München kam der Autobau nicht vor 1952 in Gang.

Zwischen München und Eisenach, BMW Produktionsstätte seit Ende 1928 und vorher Heimat des Wartburg und des Dixi, bestand nach Kriegsende keinerlei Kontakt mehr und die Besatzungsmächte hatten auch nicht die geringste Neigung, über ihre Demarkationslinien hinweg im Interesse einer Wiederbelebung der deutschen Wirtschaft aktiv zu werden. Im Gegenteil: Die Auferstehung deutscher Industrieimperien galt es ja zu verhindern. Zwar hatten im Mai 1945 zuerst die Amerikaner in Thüringen Einzug gehalten, aber mit Übergabe der von ihnen besetzten Landesteile an die Sowjets gaben die US-Militärbehörden auch die Verantwortung für die wenigen, nicht gänzlich zerstörten und noch einigermaßen funktionsfähigen Industriebetriebe in Eisenach ab.

In der teilweise stark in Mitleidenschaft gezogenen Stadt, jetzt zur sowjetischen Besatzungszone gehörend, wurde schon bald die Fertigung wieder aufgenommen – utner primitiven Gegebenheiten und auf Betreiben der Russen, für die dort auch die ersten Fahrzeuge entstanden. Man musste provisorische und entbehrungsreiche Verhältnisse in Kauf nehmen, aber es war immerhin ein Anfang.

Da die Russen angekündigt hatten, sie würden die wichtigsten Betriebseinrichtungen wie andernorts ebenfalls demontieren und in die Sowjetunion abtransportieren, nahmen die verbliebenen 500 Mitarbeiter – unter ihnen viele Frauen – in eigener Regie unverzüglich die Fertigung wieder auf. Neben der Beseitigung von Trümmern und der Instandsetzung von Werksräumen schafften sie es, bis zum Jahresende 1945 in

1945 bis 1950 wurde in Eisenach der BMW 321 nach Vorkriegs-Baumuster produziert. 3814 Stück verließen das Werk 1939-42; fast 9000 waren es nach dem Kriege.

Handarbeit und mit viel Improvisationskunst, wohl auch unter Verwendung der letzten noch vorhandenen Teilebestände, 68 Limousinen des Vorkriegs-Baumusters BMW 321 zu montieren – in der Hoffnung, die Besatzungsbehörden würden durch einen solchen Leistungsbeweis von ihrem Vorhaben der Demontage abrücken. Und die Rechnung ging auf.

Die Russen geben den Ton an

Das Werk durfte also weiterproduzieren. Es firmierte zunächst unter der Bezeichnung BMW

Unten: Der Awtowelo-BMW 340 wurde 1949 auf der Leipziger Frühjahrsmesse und – in der Erwartung devisenbringender Exporte – auch in Brüssel ausgestellt. Ab Sommer 1952 trug der 340 die Markenbezeichnung EMW.

1951 war vorgesehen, den Awtowelo-BMW 340 mit dieser Fahrzeugfront zu versehen und 342 zu nennen, wovon man in Eisenach aber Abstand nahm, ebenso wie von einer weiteren Kühlerfront-Variante.

Auch diese offensichtlich an amerikanischen Vorbildern orienterte Version des Sechszylinders, bezeichnet als 343, blieb ein Prototyp.

Eisenach; Anfang 1946 wurde es der sowjetischen Staats-AG (SAG) Awtowelo unterstellt, und Ende 1951 änderte man aufgrund juristischer Einsprüche von Seiten der BMW AG in München die bislang weiterbenutzte Bezeichnung der Produkte von BMW in EMW (= Eisenacher Motoren Werk). Die blauen Segmente im Signet tauschte man gegen rote aus.

Die für hohe sowjetische Offiziere, aber auch für den so dringend notwendigen Export (zur Beschaffung von Devisen, denn nur mit diesen konnte man auf Auslandsmärkten auch einkaufen) hergestellten BMW Automobile aus der »Ostzone« waren also lange vor dem ersten West-BMW auf der Straße. Klar, dass man dies in München mit einigem Missbehagen zur Kenntnis nahm und die Rechte am Original-Markenzeichen durchzufechten gedachte.

Und dann erschien auch noch eines der Schmuckstücke der Dreißiger Jahre in einer ostdeutschen Neuauflage: der BMW 327. Der Zweitürer feierte zunächst unter der alten Bezeichnung BMW 327 seine Wiederkehr, allerdings nicht mit dem Spezialkopf des 328 und mit nur 55 statt 80 PS Motorleistung wie einst im 326. Den fast ausschließlich ins Ausland gelieferten Wagen baute man erst als Cabriolet (327/2) und ab 1954 auch als Coupé (327/3), wobei es ein paar Unterschiede zum Original gab. So öffneten bei beiden Modellen die Türen nach hinten, die Motorhaube nicht mehr hälftig nach rechts und links, sondern wie einst beim 328 in einem Stück nach oben, die Seitenteile blieben stehen. Die Radzierkappen

Rechts: Der EMW 340 wurde nicht nur als viertürige Limousine, sondern auch als Kombiwagen, Ambulanz- und Lieferwagen gebaut.

hatten einen größeren Durchmesser, es gab auch andere Winker, andere Stoßstangen und andere Instrumente. Beim Coupé war das Rückfenster mehr als doppelt so groß im Vergleich zu dem des BMW 327. Und ab 1952 wurde das Cabriolet dann unter der Modellbezeichnung EMW 327 ausgeliefert.

Nur keine juristischen Probleme

Juristische Probleme und sich daraus mit Sicherheit ergebende Exportbehinderungen – Hauptabnehmer waren die Schweiz, Niederlande, Schweden und Dänemark – wollten sich die DDR-Manager auf keinen Fall einhandeln.

Die Karosserien entstanden bei der ehemaligen Firma Gläser (jetzt ein »Volkseigener Betrieb«) in Dresden. Der von 1949 bis 1955 hergestellte Ost-327 wurde insgesamt 505 Mal angefertigt – diese relativ geringe Stückzahl hat ihn inzwischen zu einer gesuchten Rarität werden lassen.
Erwähnenswert in diesem Zusammenhang ist auch der EMW 340/1, der 1949 in zwei Exemplaren als Prototyp entstand. Der 340/1 sollte als Nachfolger des 327/28 verstanden werden. Das Chassis entsprach dem des BMW 326 bzw. seiner geplanten Nachfolger-Limousine EMW 340, wies hinten jedoch Drehstabfederung wie beim Vorkriegs-BMW 335 auf und hatte wie der 328 einen 80-PS-Motor mit drei Vergasern, nämlich eine ohv-Maschine vom 340. Der Zweisitzer konnte unter seinem rundlichen Heck sogar einen ansehnlichen Kofferraum aufweisen. Vorne wies die Achse einen Querträger mit einer Blattfeder auf. Die obere Radführung übernahm ein Lenkarm, der zugleich den Hebelstoßdämpfer hielt; er war oben auf den Achskörper montiert. Bei dieser damals schon etwas antiquierten Bauweise wird die Stoßbewegung vom Dämpferarm auf

Im Unterschied zum Original-327 hatte der 327/2 (Cabriolet) bzw. 327/3 (Coupé) vorn angeschlagene Türen und eine nach oben öffnende Motorhaube.

eine Welle im Stoßdämpfer übertragen, an dem ein Finger montiert ist, der sich in einer mit Öl gefüllten Kammer bewegt. Bei Bewegung drückt er das Öl auf der Seite, in die er sich bewegt, durch Kanäle weg. Das Öl fließt durch die Kanäle auf die andere Kammerseite, wobei die Flussmenge durch einstellbare Ventile begrenzt wird. Durch den entstehenden Druck wird eine Dämpfung erreicht.
Hinten wiesen der 340/1 und der 340, der im Gegensatz zum Strich-eins eine viertürige Limousine war, eine Starrachse auf, bestehend aus zwei miteinander verschweißten Hälften. In ihr waren auch das Differenzial und die Halbachsen untergebracht. Die Federung erfolgte über zwei in Fahrzeuglängsrichtung untergebrachte Drehstäbe, diese wurden durch einen am Fahrzeugboden verschraubten Hebelstoßdämpfer geführt. Sein Stoßdämpferarm diente zugleich als Lenkerarm für die Hinterachse und übernahm somit auch die Radführung.
Bei der Karosserie des 340 handelte es sich um eine relativ moderne, selbsttragende Ganzstahlkarosserie mit Holzunterzügen, die der Befestigung der Innenverkleidungen dienten. Lediglich der Dachausschnitt wurde durch ein verkleidetes Holzstrebengerüst geschlossen, das ein Drahtgeflecht unter der Kunststoffbespannung aufwies. Sowohl die Front- als auch die Heckscheibe waren jeweils geteilt. Hinter den Fondtüren gab es kleine Ausstellfenster.

Sah aus wie ein »echter« BMW...

Einer der Prototypen des 340, präsentiert auf der Leipziger Frühjahrsmesse 1951, hatte noch eine BMW-Niere gezeigt; in der Serie wies das Auto eine »amerikanisierte« Front mit waagerechten Zierstäben auf. Die ersten Exemplare stattete man vorn mit zwei Einzelsitzen und hinten mit einer durchgehenden Sitzbank aus, sie hatte eine herausklappbare Armlehne. Spätere Ausführungen bekamen auch vorn eine durchgehende Sitzbank, die hintere Armlehne entfiel. Dies ist wahrscheinlich darauf zurückzuführen, dass der Wagen hauptsächlich bei der Polizei und bei Behörden zum Einsatz kam. Doch auch der Fahr-

Nur wenige Bewohner Ostdeutschlands gehörten zu den Privilegierten, die einen der 505 gebauten 327 bekamen. Das Auto wurde in erster Linie für den Export hergestellt.

zeugpark der volkseigenen Taxibetriebe bestand bis zum Ende der 1950er Jahre zum überwiegenden Teil aus EMW 340 – im Gegensatz zu den wenigen konzessionierten privaten Taxiunternehmen, die in der DDR häufig noch mit Vorkriegsmodellen fuhren.
Exportmodelle erhielten meist ein Faltdach anstelle des mit Kunstleder geschlossenen Dachausschnittes. Im Handschuhfachdeckel war eine Uhr mit Achttagewerk eingelassen.

Zulieferer in Westeutschland
Nachdem der 340 innerhalb kürzester Zeit entwickelt worden war, wurden mehrere Exemplare zu einer 10.000-km-Erprobungsfahrt auf die Reise geschickt, die auch werbewirksam in Szene gesetzt wurde. Nach erfolgreichem Abschluss dieses Tests nahm die Serienproduktion in Eisenach ihren Anfang. Doch trat jetzt ein großes Problem zutage: viele der Vorkriegs-Zuliefererbetriebe für BMW befanden sich in Westdeutschland. Folglich mussten zahlreiche Teile jetzt selbst produziert werden, denn nur wenige Devisen standen für den Einkauf von Westteilen zur Verfügung. Ein Problem war auch die geringe Qualität der selbst hergestellten Teile. Es fehlte an Spezialmaschinen und Rohstoffen. Trotz aller Anstrengungen, diese Mängel zu beheben, war man auf Lieferungen aus dem Westen angewiesen. Da diese nicht immer regelmäßig eintrafen, stand manchmal die Produktion still.

Oben: Den 340 sieht man gelegentlich auf Oldtimer-Veranstaltungen in den neuen Bundesländern. Nach Westdeutschland ist dieses Auto praktisch nicht verkauft worden, jedoch in die Niederlande, nach Skandinavien und in die Schweiz. Es gab auch ein paar Rechtslenker.

Links: Interieur des BMW/EMW 327-2. Im Fond hatten allenfalls zwei kleine Kinder Platz.

Originalaufnahme der BMW R 35, wie sie vor dem Kriege produziert wurde.

Auch die Belieferung der westeuropäischen Märkte kam nicht richtig in Gang – eben wegen der Qualitätsprobleme, wobei sich die (wenigen) Kunden aus Unwissenheit zwecks Nachbesserung an BMW in München wandten. Kein Wunder, dass es, wie bereits erwähnt, zu juristischen Auseinandersetzungen zwischen München und Eisenach kam. Mit einem Urteil des Landgerichts Düsseldorf vom 17. November 1950 drohte sogar eine Beschlagnahme von Devisenguthaben, falls man in Eisenach weiter unter dem Namen BMW produzieren würde. So wurden fortan keine BMW- sondern nur noch EMW-Embleme an den Fahrzeugen montiert. Das »B« bei den im Motorblock bisher eingegossenen Buchstaben BMW wurde durch Nachbehandlung per Handfeile bei jedem Wagen in ein »E« verwandelt. Unter dem rot-weißen EMW-Markenzeichen endete 1955 die Fertigung der Personenwagenmodelle 340/2 und 327/3 sowie des Motorrades R35/3. Auf Regierungsanweisung aus Berlin wurde danach in Eisenach der aus Zwickau geerbte, mit DKW-Zweitaktmotor versehene IFA F9 und anschließend der aus diesem entwickelte Wartburg gefertigt. Insgesamt hat man in Eisenach von 1945 bis 1955 etwas mehr als 30.800 Autos nach BMW Muster gebaut.

Motorräder made in Eisenach

Unter der Marke EMW gab es wie erwähnt auch Motorräder, konstruktiv der berühmten R 35 von BMW entsprechend mit 348-ccm-Motor und Kardanantrieb. Während der Kriegsjahre war in Eisenach die Militärmaschine R 75 gebaut worden sowie auch eine Anzahl jener R 35. Sie war das letzte Modell mit einem Stahlblechrahmen; sowohl bei den Einzylindern als auch bei den größeren Boxermodellen verwendete man von da an die leichteren, moderneren Rohrrahmen. Die BMW R 35 war mit knapp 1000 Reichsmark ein sehr preiswertes Motorrad, das vor allem im Bereich der Ausbildung, als Kuriermaschinen oder bei den Behörden wie der Polizei Verwendung fand. Das gute Preis-Leistungs-Verhältnis sowie die robuste Bauweise der R 35 sorgten für gute Absatzzahlen: 15.386 Stück wurden gebaut.

Die R 35 oben aus Eisenacher Nachkriegsproduktion gehört einem Sammler in den USA, die Maschine links einem Sammler in Deutschland. Beide Motorräder sind in hervorragendem Zustand.

Links: EMW R 35/3 mit Hinterradfederung, wie sie ab April 1952 ausgeliefert wurde.

Die Wiederbelebung der R 35

Das offizielle Bauende der BMW R 35 war im Herbst 1940. Allerdings war das nicht ihr wirkliches Ende. Denn in Eisenach montierte man aus Teilen noch 220 Maschinen; sie wurden in die Sowjetunion geliefert. Von 1945 bis 1948 wurden von der anschließend neu aufgelegten R 35 nur geringe Stückzahlen produziert, erst ab 1949 ging es bergauf. Bis zur endgültigen Einstellung der Produktion 1955 wurden rund 100.000 Kopien der BMW R 35 hergestellt.

Wie die in Eisenach gebauten Autos mussten die Motorräder nach dem Rechtsstreit mit BMW ebenfalls in EMW umgetauft werden. Auch gab es Verbesserungen, etwa eine hydraulisch gedämpfte Teleskopgabel, Fußschaltung statt Handschaltung und seit 1953, ab dem Modell 35/3, sogar eine Hinterradfederung. Die Vorderradfederung erfolgte bei dem Urmodell lediglich mit Schraubenfedern, während die Gabel der R 35/3 zusätzlich ölgedämpft war. Außerdem besaß die Gabel der BMW R 35/1 Faltenbälge, die R 35/3 verfügte über Schutzhülsen. Die Bedienteile am Lenker wurden im Laufe der Modellpflege von Innenzughebeln auf konventionelle Außenzughebel umgestellt. Weitere Unterschiede gab es beim Rücklicht, bei der Auspuffanlage und der Form der Schutzbleche.

Ungeliebter Zweitakter

Am 30. April 1952 überraschte eine amtliche Meldung in den Zeitungen die Eisenacher. Denn durch einen Beschluss der Sowjetischen Regierung sollten insgesamt 66 SAG-Betriebe – darunter auch das BMW-Werk, inzwischen als EMW (Eisenacher Motoren Werke) firmierend – an die DDR zurückgegeben werden. Die feierliche Übergabe erfolgte acht Wochen später. Damit wurde nun auch das EMW-Werk ein so genannter »volkseigener« Betrieb und der ebenfalls »volkseigenen« Vereinigung Automobilbau (VVB Auto) mit Sitz in Chemnitz (die Stadt hieß jetzt Karl-Marx-Stadt) unterstellt.

Bei der Produktionsaufnahme des Personenwagens IFA F9 im März 1953 unter der Eisenacher Typenbezeichnung EMW 309 – die Nomenklatur orientierte sich noch an BMW-Usancen – gab es nicht nur viele technische Probleme zu lösen (daran hatte man sich ja gewöhnt), sondern vor allem auch ideologische Vorbehalte auszuräumen, wie der Eisenach-Chronist Horst Ihling vermerkt: »Besonders die älteren Eisenacher Automobilwerker – bei denen nach wie vor der alte BMW-Geist vorherrschte – wollten die solide, schwere Reiselimousine und die schnittigen sportlichen Cabrios und Coupés mit dem seidenweichen, laufruhigen Sechszylindermotor nicht aufgeben. Von den Zweitakt-Fahrzeugen hielten sie nicht viel....«

Übrigens wurde erst Mitte 1955 das Automobilwerk Eisenach (AWE) unter dieser Bezeichnung ins Handelsregister eingetragen.

Stückzahlen Awtowelo-BMW und EMW 1945 - 1955

Modell	1945	1946	1947	1948	1949	1950	1951	1952	1953	1954	1955
321	68	1439	2035	2398	1800?	1200?					
340							4?	8770	1360	482	
340/1					2						
342							2				
343							1				
327/2, 327/3							1	140	?	107	180
R 35/1	75	659	2565	2902	4250	6643	10726	6180			
R 35/3								7127	16626	14900	17346

Unten: Restaurierter EMW 340 vor passender Kulisse, aufgenommen anlässlich eines Veteranentreffens auf Schloss Hasenwinkel bei Waren in Mecklenburg-Vorpommern.

BMW MARKENPORTFOLIO

Nicht nur die Automobilfabrikate Wartburg – gegründet 1896 durch Heinrich Ehrhardt in Eisenach – und Dixi sind mit der BMW Geschichte eng verknüpft, sondern auch eine ganze Anzahl anderer Marken bis hin zu Rolls-Royce.

Der erste BMW entstand bekanntlich aus einem Dixi-Kleinwagen, und der wiederum stellte eine Austin-Lizenz dar. Knapp zwanzig Jahre später kehrten sich die Verhältnisse um: Die britische, 1910 gegründete Flugzeugfirma Bristol vollzog ihren Einstieg ins Autogeschäft 1947 mithilfe von BMW Motoren. Die im Zuge der zu leistenden Reparationslieferungen an Großbritannien von Deutschland erhaltenen Fertigungsanlagen von BMW – soweit diese nicht den Bomben und dem Abriss zum Opfer gefallen waren – versetzten Bristol in die Lage, ein Coupé mit 2,0-Liter-Motor nach dem Vorbild des BMW 327 zu bauen. Sogar den BMW Ingenieur Fritz Fiedler hatte man zu diesem Zweck nach England geholt. So entstand der Bristol 400, dessen Motor der 80 PS starke Sechszylinder des bisherigen BMW 328 war: ein exklusives und in hoher (Flugzeug-) Qualität gebautes Auto. Ebenso verhalfen die sportlichen Sechszylinderaggregate weiß-blauer Herkunft auch den kleinen, aber nicht unbedeutenden Marken Veritas, Frazer Nash und AFM zu Ruhm und Ansehen. Und in Fahrzeugen der Marken Sbarro, Bizzarrini, Range Rover, Daihatsu, Morgan und Wiesmann sorgten ebenfalls hochkarätige BMW Motoren für Vortrieb.

BMW und Glas

Eine besondere Rolle in der BMW Historie spielt die Firma Glas. Ende 1954 hatte die Hans Glas GmbH, Isaria Landmaschinenfabrik, nach ihrem erfolgreichen Einstieg ins Motorroller-Geschäft den Bau von Kleinwagen angekündigt; im Jahr darauf wurde das putzige Goggomobil vorgestellt. Das Fahrzeug mit seinem Zweizylinder-Zweitaktmotor im Heck war zur damaligen Zeit eines der beliebtesten Kleinstmobile, nicht zuletzt wegen seiner Form, die einer Limousine in Miniatur glich. Vom früheren Oberingenieur der Adler Motorradwerke, Felix Dozekal, stammte die Konstruktion des Zweizylindermotors. Bis 1969 wurden insgesamt 280.739 Exemplare des Goggomobils gebaut. Ende 1962 erschien das

Präsentation des zum BMW 1600 Coupé mutierten Glas 1700 GT auf der IAA 1967 in Frankfurt am Main.

Modell Glas 1004 Coupé, wenige Monate später folgten eine zweitürige Limousine und ein Cabrio als Typ 1204. Sie hatten Vierzylinder-Reihenmotoren mit obenliegender Nockenwelle. Die ab November 1963 angebotenen TS-Versionen mit erhöhter Leistung brillierten mit ausgesprochen sportlicher Charakteristik.
Ab September 1964 war die Limousine Glas 1700/1700 TS zu bekommen, ein Wagen der oberen Mittelklasse mit einer Karosserie von Pietro Frua. Dieser italienische Designer hatte auch die Aufbauten für die eleganten Coupés 1300 GT und 1700 GT entworfen, die 1964 bis 1967 gebaut wurden. Das Spitzenmodell der Marke Glas war der 2600, ebenfalls mit einer von Frua konzipierten Karosserie und einem dohc-V8-Motor. Das Luxuscoupé kostete 19.400 Mark und konkurrierte mit dem 3200 CS Bertone von BMW.
In jener Zeit nahmen die finanziellen Schwierigkeiten bei Glas zu: In Dingolfing fehlten die Voraussetzungen für eine intensive Modellentwicklung und Modernisierung der technischen Anlagen. Andreas Glas, inzwischen langjähriger Geschäftsführer und Mitinhaber der Firma, wandte sich an den Münchener BMW- und Glas-Händler Georg (Schorsch) Meier, der seinerseits Paul G. Hahnemann und Helmut Werner Bönsch von BMW ins Vertrauen zog. Es kam zu Verhandlungen, als deren Ergebnis am 2. Januar 1967 eine Übernahme der Firma Glas durch BMW erfolgte. Die Produktion des Goggomobils wurde noch bis

Vom BMW 1600 GT Coupé entstanden 1967-68 knapp 1300 Exemplare.

Ganz auf der Höhe seiner Zeit war das von Frua geschaffene Styling für den Glas 2600 V8, aus dem der BMW-Glas 3000 V8 wurde, nur 71 Mal gebaut.

1969 fortgeführt, der 1700 GT wurde zum BMW 1600 GT (mit dem Motor des BMW 1602), und aus dem 2600 V8 wurde ein 3000 V8 mit BMW-Plakette, den es noch bis Mai 1968 gab. BMW hatte durch die Übernahme des Werkes eine bedeutende Akquisition insoweit getätigt, als hier im Laufe der folgenden Jahre eine der modernsten Automobilfabriken Europas entstehen sollte. Und nur das war die Zielsetzung der BMW Strategen gewesen.

Ford und Vauxhall, zählte zu den ältesten des Landes und beging 1994 ihren neunzigsten Geburtstag.

Mit dem Einstieg von BMW bei Rover hatten die britischen Automobilbauer hohe Erwartungen verbunden. Indessen hatte man bei BMW das volle Ausmaß der Vernachlässigung, durch die Rover heruntergewirtschaftet worden war, nicht erkannt oder deren Folgen unterschätzt. Erst als nach drei Jahren für das mit Maschinenschaden

Der Rover 75 erschien 1998 und ersetzte die Modellreihen 600 und 800. Das Fahrzeug war vollständig im Hause Rover entwickelt worden mit nur geringem Einfluss von BMW, jedoch unter Verwendung einer ganzen Reihe von Bauteilen aus Deutschland. Bei der Dieselvariante CDT des kam der gleiche Motor wie im BMW 320d (E46) zum Einsatz.

Mit dem attraktiven Viertürer Rover 75 machte sich BMW selbst Konkurrenz, denn er trat auf dem Markt gegen den 5er an.

BMW und Rover

Am 31. Januar 1994 gaben die Bayerischen Motoren Werke bekannt, dem Konzern British Aerospace das Angebot unterbreitet zu haben, für 2,08 Milliarden Mark 100 Prozent der Aktien der Rover Group Holdings Ltd. zu übernehmen. Die zur Disposition stehende Marke Rover, in Großbritannien mit gutem Abstand Marktführer vor manövrierunfähig gewordene Schiff noch immer kein Hafen in Sicht war, um es ins Dock zu bringen, begann man in München unruhig zu werden. Rover schien nicht sanierbar zu sein. Einzig die Sparte Land Rover fuhr Gewinne ein.

Mit deutschen Management-Methoden war die Misere erst recht nicht in den Griff zu bekommen; in England gingen die Uhren anders. Und als sich

Im Rover-Paket befand sich die Traditionsmarke MG, wenngleich deren gutes Image von einst auch durch »Badge Engineering« gelitten hatte. Immerhin waren mit dem inzwischen gut eingeführten MG-F keine schlechten Umsätze erzielt worden: innerhalb von vier Jahren hatte man 50.000 Stück verkaufen können. Noch zu BMW Zeiten war sogar überlegt worden, einen Nachfolger des MG-F auf der Plattform des BMW Z3 Roadsters zu entwickeln.

für den Investitionsbedarf, um die britische Werke nach zeitgemäßen Standards zu modernisieren, astronomische Höhen abzeichneten, stand für BMW fest: Man hatte sich verrechnet.

Ist Rover zu sanieren?

Eines der Sanierungsprogramme sah vor, das Konglomerat an schwer verkäuflichen Modellen auf wenige Reihen zu verringern: Rover 75, Land/Range Rover, MINI, MG.

600 bis 800 Millionen Pfund Verlust pro Jahr, ein ungünstiger Wechselkurs Sterling/D-Mark und nicht enden wollende Querelen mit Rover-Managern in England verlangten nach einem scharfen Schnitt. Er setzte allerdings in München an: Pischetsrieder, Dr. Reitzle und die Direktoren Dr. Ziebart (Forschung und Entwicklung), Dr. Heitmann (Vertrieb und Marketing) sowie Carl Forster (Produktion) legten – nicht alle auf eigenen Wunsch – angesichts des Rover-Dramas ihre Ämter nieder. Der BMW Aufsichtsrat hatte das Thema Rover zur eigenen Chefsache gemacht. Neuer Vorstandschef wurde Professor Dr.-Ing. Joachim Milberg, dessen erste Aufgabe es war, ein neues Konzept zu präsentieren – oder baldmöglichst einen Verkauf der Tochterfirma in die Wege zu leiten.

Eine Zeit lang hatte Milberg geglaubt, Rover sanieren zu können. Nach einem knappen Jahr zeichnete sich die Aussichtslosigkeit dieser Bemühungen ab. BMW beschloss, Rover mit Ausnahme des MINI wieder abzustoßen. Professor Werner Sämann, von BMW zum Vorstandsvorsitzenden der Rover Group berufen, wurde mit allen Vollmachten ausgestattet, Verhandlungen mit einem britischen Interessen-Konsortium namens Phoenix zu führen. Und sie kamen zu einem für beide Seiten zufrieden stellenden Abschluss,

Den zugkräftigen Namen MG auch für einige Rover-Derivate zu verwenden, entsprach bestem britischen Konzern-Brauchtum, und so verwunderte es kaum, dass für das Modelljahr 2001 eine Reihe kompakter Sportlimousinen geplant war, die eine Renaissance der Marke MG einläuten sollte.

Der MINI hatte sich als der beste Teil der Akquisition erwiesen. Rechts der MINI Crossman, der ein Derivat des MINI Clubman mit 28 cm größerem Radstand ist.

Mit vielen reizvollen Varianten spricht der New MINI vor allem ein junges Käuferpublikum an. Kurz bevor sich BMW wieder von Rover trennte, wurde die technische Entwicklung zu BMW nach München verlagert. Die Produktion des MINI wurde im alten Morris-Werk Cowley in Oxford angesiedelt.

denn ihr Kernpunkt sah die Fortführung der Rover-Produktion vor.
Am 8. Mai 2000 überreichte Phoenix-Chef John Towers den BMW Vertretern eine 10-Pfund-Note – der symbolische Preis für die Fabrik in Longbridge, für die Baurechte am MG, am bisherigen Mini, an den Rover-Modellen 25, 45 und 75 sowie für sämtliche Lagerbestände. Umgekehrt verpflichtete sich BMW zur Zahlung von 500 Millionen Pfund Sterling in mehreren Raten für die Fabrik in Oxford, in der BMW zukünftig einen neuen MINI zu produzieren gedachte. Noch im gleichen Monat gab BMW Land Rover an Ford weiter. Ford übernahm alle Rechte an den Land-Rover-Marken- und Modellbezeichnungen, die Fabrik in Solihull mit ihren 13.000 Mitarbeitern, das Entwicklungszentrum in Gaydon sowie das Land-Rover-Händlernetz. BMW erhielt von Ford für das Paket umgerechnet 6 Milliarden Mark sowie die Zusicherung, langfristig Zulieferer zu bleiben – schließlich stand ein neuer Range Rover kurz vor der Einführung, an dessen Entstehung BMW großen Anteil hatte.
Eine bessere Lösung hätte es für BMW zu diesem Zeitpunkt nicht geben können. BMW Finanzchef Helmut Panke hätte auch gar keine andere

Mit der MINI Challenge wurde für dieses Auto eine eigene Rennserie ins Leben gerufen; die Clubsport-Rennserie wird in Deutschland, Spanien, Brasilien und Argentinien ausgetragen.

Wahl gehabt. Neun Milliarden Mark netto hatte BMW das Rover-Abenteuer unter dem Strich gekostet.

Scheitern einer kurzen Ehe
War den Herren Pischetsrieder und Reitzle, die BMW ja wegen des Rover-Desasters verließen, wirklich die Schuld am Scheitern der Operation zu geben? Die Medien und einige Aktionärsgruppen versuchten, es auf diese einfache Formel bringen. Vorgebliche Insider meldeten sich jetzt zu Wort und behaupteten, Pischetsrieder habe den Briten viel zu lange blind vertraut und zuviel Verständnis für ihre Schwächen gehabt, anstatt ihnen von Anfang an ein stahlhart operierendes Management vor die Nase zu setzen. Und Reitzle, so hieß es, habe zu viel Geld für High-Tech-Projekte ausgegeben.
Es wäre nicht fair, die Schuld am Rover-Desaster einzelnen Personen anzulasten und die Verknüpfung und Verkettung der vielen Umstände unberücksichtigt zu lassen, die im Zusammenspiel die deutsch-britische Ehe scheitern ließen – etwa die Fehler einer unfähigen Unternehmensführung schon zu British-Leyland-Zeiten mit ihren Nachwirkungen, das häufig unkonziliante Verhalten der Gewerkschaften, die jahrelange Apathie der Regierung, Versäumnisse in der Investitions- und Finanzpolitik... Die Qualifikation der Herren Reitzle, Pischetsrieder oder auch Ziebart, Heitmann und Forster haben die Vorstände anderer Unternehmen der Automobilbranche jedenfalls nicht in Frage gestellt und sich ihrer Mitarbeit schon sehr bald versichert.

New Mini – Klein, aber oho
Die Ausgliederung des MINI aus dem Rover-Debakel trug nicht nur zur Erhaltung der Reputation der Marke BMW in Großbritannien bei, sondern erwies sich auch in ökonomischer Hinsicht als ein kluger Schachzug.
Sein Weltdebüt gab der New MINI im Oktober des Jahres 2000 auf der Motor Show in Birmingham; der Vorserienanlauf hatte Ende August eingesetzt. Eine Studie des Wagens war erstmals auf der IAA in Frankfurt am Main 1997 zu sehen gewesen. Im September 2000 war die Produktion des bisherigen Mini ausgelaufen – nach 41 Jahren und einer Gesamtauflage von 5,3 Millionen Exemplaren.
Der neue MINI (bei BMW bevorzugt man die Schreibwese in Versalien) ist kein BMW; er ist ein vollkommen eigenständiges Produkt aus dem Portfolio der BMW Group. Gleichwohl hätschelt man den MINI bei BMW wie ein eigenes Baby. »Er gehört zu meinen Lieblingsautos«, gestand Professor Milberg, als er noch Vorstandsvorsitzender bei BMW war, und eine geschickte Pres-

Masse mit Klasse: Rolls-Royce Phantom, 2003.

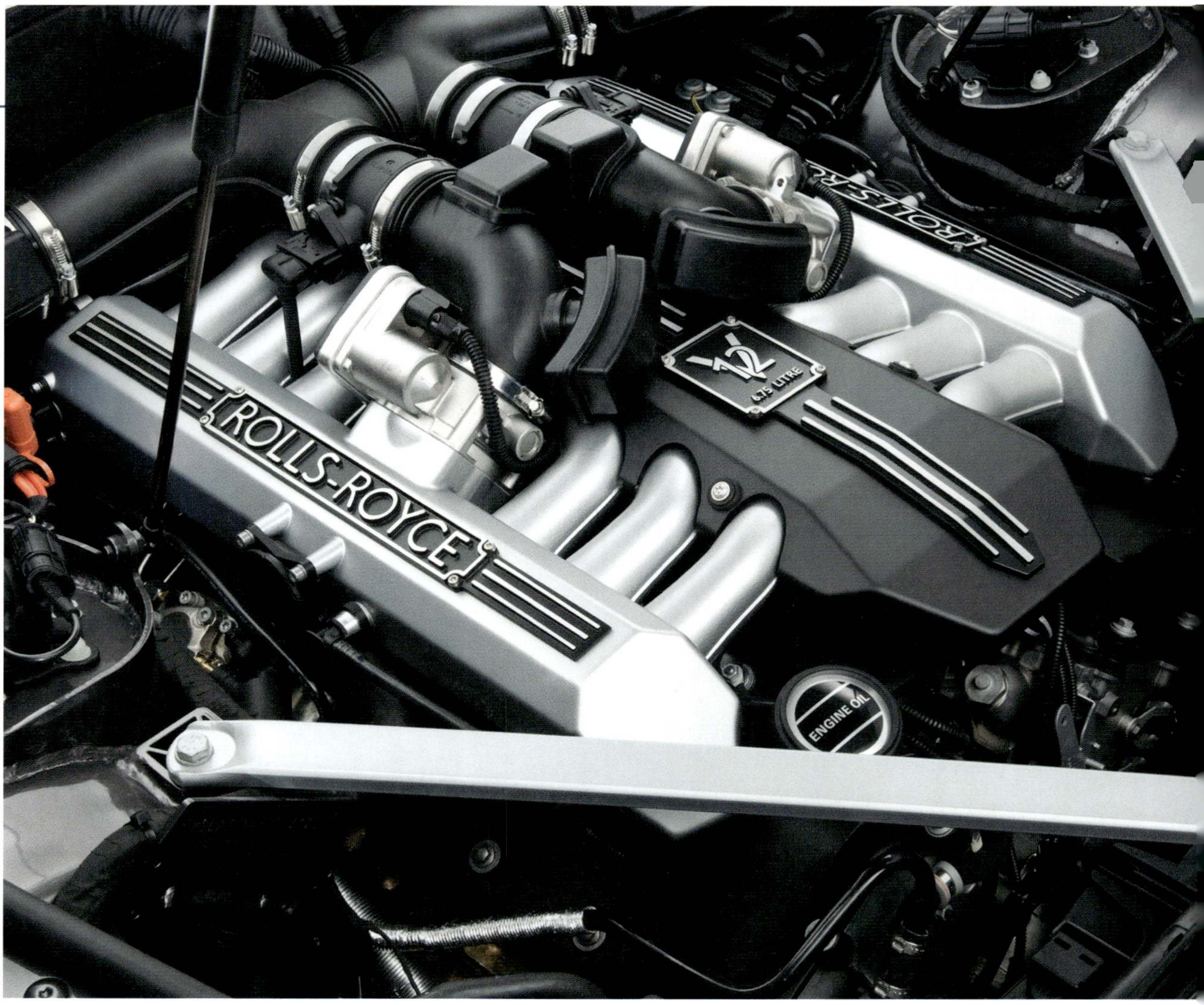

Beim Motor des Rolls-Royce Phantom handelt es sich um ein aus dem BMW Zwölfzylinder entwickeltes Aggregat.

se- und PR-Arbeit bereitete ein Debüt vor, das weltweit glänzend verlief. Ein neues Kultauto war geboren, und wie sein Vorgänger, mit dem es eine enge Verwandtschaft nicht leugnen konnte, hatte der Wagen das Zeug zum Evergreen.

Welcher Beliebtheit sich der MINI schon kurz nach seiner Einführung erfreute, zeigt die Quote von 36,7 Prozent, die er Anfang 2002 in einer Leserumfrage zur Wahl der »besten Autos 2002« von »auto, motor und sport« erhielt, und 65,4 Prozent waren es in der Wertung aller Importwagen – Grund zum Feiern bei allen Beteiligten.

Die Karosserie des Rolls-Royce besteht aus Leichtmetall.

BMW übernimmt Rolls-Royce

Grundsätzlich einig waren sich Ferdinand Piëch, seit 1993 Vorstandsvorsitzender der Volkswagen AG, und BMW-Chef Bernd Pischetsrieder schon Ende 1997. Aber noch im Frühjahr 1998 gab es zwischen VW und BMW lange Debatten um Details: Es ging um das Schicksal der Marken Rolls-Royce und Bentley, seit 1931 unter einem gemeinsamen Dach.

Am 5. Juni 1998, so meldete die Presse, hatte Volkswagen das Rennen gewonnen und für umgerechnet 1,8 Milliarden Mark den Zuschlag für das Traditionsunternehmen in Crewe von der Vickers Engineering Group erhalten. Doch hatte Vickers-Boss Colin Chandler seinen verlustreichen Nobeltöchtern eine wichtige Mitgift nicht auf den Weg geben können: ihre Namen.

Denn die Namensrechte »Bentley« und »Rolls-Royce« lagen nicht in Crewe oder bei Vickers, sondern beim BMW Flugtriebwerkpartner Rolls-Royce plc, zu 49 Prozent an der BMW Rolls-Royce GmbH, Oberursel, beteiligt. Man einigte sich schließlich: die Wolfsburger gedachten sich auf Bentley zu konzentrieren und überließen den Münchnern Rolls-Royce, und BMW gab seinen Verzicht auf die Namensrechte Bentley zu Protokoll. Mit Jahresbeginn 2003 verfügte BMW über den Namen Rolls-Royce in vollem Umfang, über sämtliche Embleme und Warenzeichen und auch über den »Spirit of Ecstasy«. 1998 hatte BMW an den neuen in Crewe entstandenen und gebauten

Links: *Phantom von 2010. Die Modellpflege beim Rolls-Royce vollzieht sich in effizienten, aber äußerlich kaum wahrnehmbaren Optimierungen – das gehört zur Tradition der Marke.*

Oben: Ein Modell von 2008 vor dem Escorial-Palast, 45 km von Madrid entfernt. Er ist der größte Renaissancebau der Welt und damit eine adäquate Kulisse für einen Rolls-Royce.

Modellen Bentley Arnage und Rolls-Royce Silver Seraph einen Lieferanteil von gut 30 Prozent. Viele altgediente Rolls-Royce-Verehrer hatten ihre Schwierigkeiten mit der Tatsache, dass der Silver Seraph mit einem V12-Motor von BMW ausgestattet war. Aber sie mussten sich auch damit abfinden, dass Crewe ab 2003 nicht mehr die Heimat ihrer Marke sein würde. Volkswagen hatte sich mit BMW verständigt, die gesamten Werksanlagen zu übernehmen und dort ab 2003 ausschließlich Bentleys zu bauen. Und BMW ließ in Goodwood, im Süden Englands, ein neues Werk entstehen.

Der Übergang zweier britischer Traditionsmarken in deutsche Hände mochte britische Patrioten nicht gerade zu Beifallsstürmen hingerissen haben. Doch eine Umsatzsteigerung von 37 Prozent im ersten Quartal 1999, eine durchaus positiv zu wertende Reaktion auf die Veränderung, machte deutlich, welches Potential darauf wartete, revitalisiert zu werden. Das galt für beide Marken.

Im Juni 2000 gab BMW die Planung der neuen RR-Fabrik in Sussex und zugleich den Plan zur Entwicklung eines neuen Modells bekannt. Karl-Heinz Kalbfell, verantwortlich für Marken- und Produktstrategie der BMW Group und zugleich Gesamtleiter des Rolls-Royce-Projekts, kündigte die Gründung einer eigenständigen Gesellschaft an und die Dimension der geplanten Fertigung. Jährlich sollten im Schnitt 1000 Fahrzeuge gebaut werden. Ein Ziel, das sich als etwas zu hoch gesteckt erweisen sollte. In Crewe hatte man 1999 exakt 444 Rolls-Royce hergestellt. In der ersten, gänzlich in BMW-Regie entstandenen und Ende 2002 in Paris präsentierten neuen Rolls-Royce Limousine namens Phantom gab ein neuer V12-Motor sein Debüt – ein Motor, »der in keinem BMW zu finden sein wird«, wie es hieß. Ein Coupé und ein Cabriolet waren geplant und wurden ebenfalls gebaut.

»Quality will be remembered long after price has been forgotten!«
Henry Royce

Forschung, Entwicklung und Design

Innovationsgeist und technische Kompetenz dokumentieren sich beim Auto nicht zuletzt an seinem Erscheinungsbild. Auf unverkennbare Weise prägt dieses seit den Dreißiger Jahren einen BMW...

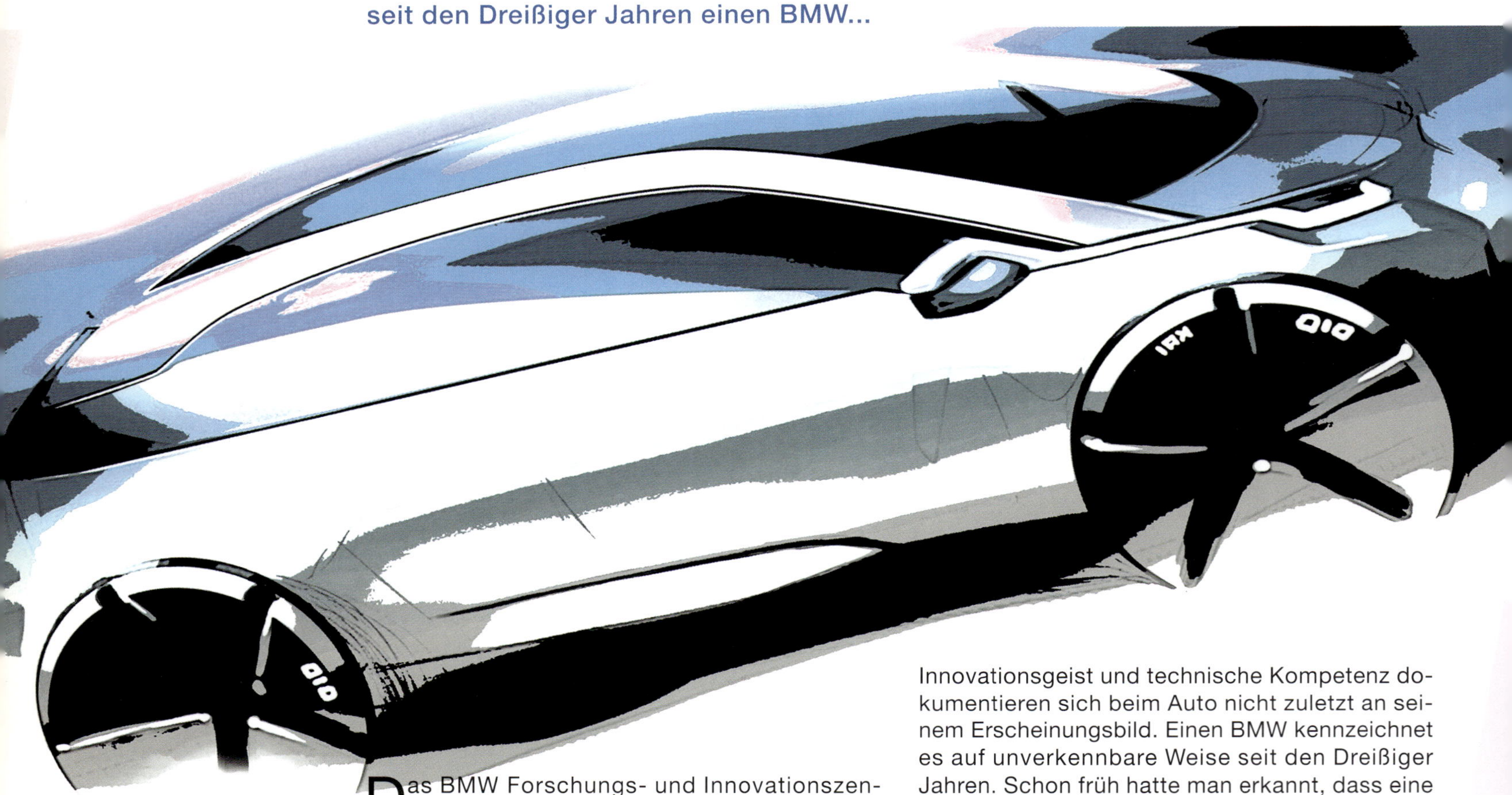

Das BMW Forschungs- und Innovationszentrum, kurz FIZ, zählt zu den architektonisch interessantesten Bauwerken des Münchner Nordens, gemeinsam mit dem knapp 2 km südlich gelegenen berühmten Vierzylinder-Hochhaus am Petuelring, seit 1972 eines der Wahrzeichen der Stadt München. Das ausgedehnte Anwesen des FIZ ist die Kreativzelle des Unternehmens mit etwa 4000 Arbeitsplätzen, hier schlägt das technische Herz der BMW Group. Wissenschaftler, Entwickler, Ingenieure, Konstrukteure, Techniker aller Fakultäten, Designer, Formen- und Prototypenbauer, Laborkräfte mit ihren Teams analysieren und optimieren Mobilitäts-Konzepte und BMW Produkte von heute und arbeiten an Technologien von morgen und übermorgen.
Natürlich dringt nicht alles von dem, was im FIZ geleistet wird, nach draußen. Wie jedes Entwicklungszentrum der Automobilbranche ist auch dieses ein gut abgeschirmter Hort, der sich als vielgliedriger »Brain Trust« versteht – und noch bevor ein neues Fahrzeugmodell oder ein Triebwerk auf den Markt kommt, beschäftigt man sich parallel dazu bereits mit dessen nächster Generation.

Innovationsgeist und technische Kompetenz dokumentieren sich beim Auto nicht zuletzt an seinem Erscheinungsbild. Einen BMW kennzeichnet es auf unverkennbare Weise seit den Dreißiger Jahren. Schon früh hatte man erkannt, dass eine ausgereifte Konstruktion sich auch visuell sympathisch darstellen und dass ein Programm bestimmte Konstanten zur »Familienähnlichkeit« aufweisen muss. Dabei auch Funktionalität und Ästhetik, Ökonomie und Ökologie auf einen Nenner zu bringen, sind die Leitsätze im Lastenheft jeder einzelnen Arbeit – bis ins kleinste Detail. Die Basis des gegenwärtigen Designs der BMW Automobile, das bereits vor mehr als drei Jahrzehnten von vielen in- und ausländischen Jurys wiederholt ausgezeichnet wurde, ist in den Sechziger Jahren geschaffen worden, als Chefstylist Wilhelm Hofmeister beim BMW 1500 »Neue Klasse« dem Abschluss des hinteren Türfensters eine signifikante Aufwärtsrichtung gab, wie sie auch seine italienischen Kollegen Michelotti und Bertone liebten. Hofmeisters Nachfolger wie Claus Luthe, Paul Bracq und Chris Bangle übernahmen dieses Element, variierten es, stimmten es jedes Mal mit dem Gesamtdesign der von ihnen geschaffenen Modelle ab und lieferten immer wieder den Beweis, dass sich in jede Variation einer Karosserie-Formensprache dieser geniale Hofmeister-Knick integrieren lässt.

Wie auch die BMW Doppelniere am Bug, die seit den frühen Dreißiger Jahren zwar so mancher Wandlung unterzogen wurde, von ihrer Symbolkraft – wie der Kühler eines Rolls-Royce – aber niemals etwas eingebüßt hat. Einzig die Isetta und die Heckmotor-Kleinwagen vom Typ 600 und 700 traten ohne die Niere an – und beim 507 war sie so breit und flach wie die gesamte Wagenfront, eine von Albrecht Graf Goertz geschaffene Variante, die dem besonderen Charakter des ganzen Wagens bestens entsprach.

Zeitalter des CAD

Die Methoden, nach denen heute Entwürfe für neue Fahrzeuge angefertigt werden, unterscheiden sich sehr von denen der Vergangenheit. Zwar entstehen noch immer farbige Skizzen, Renderings genannt, bis hin zum Eins-zu-eins-Aufriss, von unendlich vielen Ideen zu möglichen Exterieur- und Interieurlösungen. Doch schon vom frühesten Stadium eines Entwicklungsprozesses an ermöglichen digitale Computerprogramme ein Durcharbeiten und Berechnen sämtlicher Parameter eines Werkstücks, seine Form, Festigkeit, Belastbarkeit und die optimale Materialwahl betreffend. Designer können per CAD (Computer Aided Design) ganze Fahrzeuge am Bildschirm konstruieren, Motoren- und Antriebskonzepte entwickeln, Sicherheitsprogramme fahren... was aber keineswegs die nachfolgende, rein »handwerkliche« Arbeit ersetzt. Im FIZ werden heute längst nicht mehr Gipsmodelle im Maßstab 1:5 angefertigt, sondern man arbeitet in möglichst realitätsnahem Vollmaßstab. Alle Arbeiten, die einem Entscheidungsprozess unmittelbar vorangehen, entstehen in Originalgröße, bis hin zum kompletten Fahrzeugkörper. Einem Plastilin-Automobil mit einer Lackschicht, die in Originaltönen auf eine hauchdünne Überzugsfolie gespritzt wird und mit echten Fenstern, Rädern und Applikationen bestückt ist, sieht man nicht an, dass es nur ein Modell ist. Allenfalls kann das diskret aufgebockte „Mock-up« bei hohen Temperaturen schmelzen, ein im Wortsinne heißes Thema, wenn die Präsentation vor dem Unternehmensvorstand bei hochsommerlichem Wetter auf dem (von außen uneinsehbaren) Showfloor des FIZ unter freiem Himmel stattfindet. Was bevorzugt der Fall ist, um alle Formverläufe und Flächen bei natürlichem Licht beurteilen zu können. Ein Studio mit Kunstlicht wie auch jeder lichttechnisch raffiniert bestückte Ausstellungsstand täuscht das menschliche Auge nämlich über so manche Wahrheit hinweg.

Der Designer Andy Nolan demonstriert hier die Anwendung von Computerdesign, wie es im Konstruktions-, Berechnungs- und Fertigungsprozess bis hin zur Kosten- und Sicherheitsanalyse im Automobilbau heute Standard geworden ist.

Einzelentscheidungen im Gleichklang

Durch die Anwendung elektronischer Mittel haben es nicht nur Konstrukteure, sondern auch Designer heute viel leichter als früher, in Frage kommende Lösungen anstehender Aufgaben beinahe spielerisch zu variieren und immer wieder nach Alternativen zu suchen. Bis hin zu Bedienungsknöpfen und Kofferraumauslegungen muss jede Einzelentscheidung mit dem Gesamtkonzept im Gleichklang stehen, denn Kaufentscheidungen für ein bestimmtes Fabrikat oder Modell hängen von einer Fülle zunächst nachrangig erscheinender Details ab. In welchem starken Maße dies der Fall ist, haben Marktforscher erstmals in den frühen Sechziger Jahren wissenschaftlich belegen können, wobei es der BMW Verkaufsdirektor Paul G. Hahnemann war, der es durchsetzte, dass Design nicht mehr ausschließlich als eine intern bestimmte Angelegenheit betrachtet wurde. Eine Raumlenker-Hinterachse, eine variable

Eine » Sitzkiste« für den E12 (5er BMW) von 1972 im Designstudio, und ein 1:1-Karosseriemodell im Rohstadium. 1982 kam der Wagen als E30 (3er BMW) auf den Markt.

Nockenwellensteuerung oder sieben Airbags mögen als rational bedeutsame Aspekte für eine Kaufentscheidung dienen, doch bewusst oder unterbewusst sind Designkriterien von ausschlaggebender Bedeutung. Einen hohen technischen Standard setzt zumindest der BMW Kunde voraus, doch Begriffe wie Sympathie, Eleganz, sportliches Erscheinungsbild und Ästhetik rangieren noch vor Sicherheit, Geborgenheit, Wertbeständigkeit, Ökologie und Wirtschaftlichkeit. Wenn alles stimmt, der Wagen dem Kunden aber aus Gründen nicht gefällt, die er vielleicht gar nicht zu formulieren vermag, das Auto bei ihm also nicht »ankommt«, kann das Einbußen in Milliardenhöhe bedeuten.

Kompetent für das Interieur-Design bei BMW: Patricia Urquiola (re.) und Martina Starke.

BMW-Modellpflege: Life Cycle Impuls

Die Umsetzung wissenschaftlich gewonnener Erkenntnisse von heute in Produkte von morgen sind Prozesse, die eine Vielzahl von möglichen Einflüssen oder auch Veränderungen des Marktes und Kaufverhaltens antizipieren müssen – eine immense, sich permanent neuen Gegebenheiten anpassende Arbeit. Der nachhaltige Erfolg der Marke BMW basiert auf langjähriger Erfahrung, einer hochgradigen technischen Ausstattung und einer aufwändigen Betreuung tausender Computerprogramme im Forschungs-, Entwicklungs- und Designbereich. Ein notweniger Aufwand, der sehr viel Geld kostet. Budgets für Neuentwicklungen oder auch für die Modellpflege – die man heute bei BMW mit dem Begriff LCI bezeichnet: Life Cycle Impuls – einschließlich Prototypenbau und Pilotmontage in einem eigens hierfür unterhaltenen Musterbetrieb machen hohe Millionenbeträge aus.

Das FIZ in München ist die größte, aber nicht die einzige »Brain Trust Location« von BMW. Speziell für die Motorenentwicklung gibt es in Steyr, Österreich, ein Diesel-Entwicklungszentrum, das ebenso zur BMW Group gehört wie die BMW M GmbH (Gesellschaft für individuelle Automobile) in München, die BMW Technik GmbH sowie drei externe Designstudios in den USA – die hat man ganz bewusst fernab aller Produktionsstandorte etabliert, um sich entfaltende Kreativität jeglicher gesteuerter Einflussnahme von vornherein freizuhalten. Es handelt sich um die Charles W. Pelly Designworks Inc. in Newbury Park, das BMW

Haupteingang des BMW Forschungs- und Innovationszentrums (FIZ) in München.

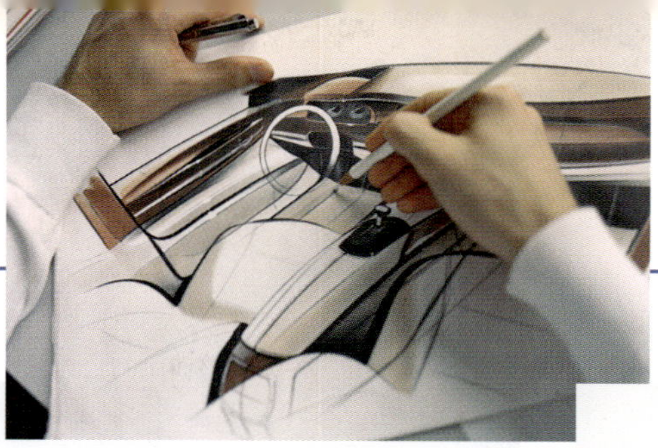

Oben: Designer Nader Faghizadeh bei der Arbeit. Links: Studie zum BMW X6 ActiveHybrid.

Oben: Erste Designskizzen zu den künftigen BMW Modellen i1 und i8.

Group Technology Office in Palo Alto und das Engineering and Emissions Test Center in Oxnard, alle drei in Kalifornien. Pellys Studio nahm 1972 in Malibu seine Arbeit auf und ist seit 1995 exklusiv für BMW tätig. In enger Zusammenarbeit mit Chris Bangle, dem Vorgänger des 2009 designierten BMW Designchefs Adrian van Hooydonk, kamen aus Newbury Park zahlreiche Impulse für alle Fahrzeuggenerationen des 21. Jahrhunderts.

Kalifornische Kreativität

Die westlichste Dependance des FIZ befindet sich knapp 10.000 Kilometer von München entfernt im Silicon Valley. Das BMW Group Technology Center in Palo Alto beschäftigt nicht mehr als vierzig Mitarbeiter: Ingenieure, Informatiker, Logistik-Fachleute. Seit 1996 arbeiten sie an einem gemeinsamen Ziel: neueste Technologien möglichst frühzeitig ins Auto zu bekommen. »Mit dem Technology Office sind wir am Puls der Zeit und in der Lage, die rasanten Entwicklungsgeschwindigkeiten der Kommunikations- und Informationstechnologien im Silicon Valley für uns nutzbar zu machen«, sagte Dr. Burkhard Göschel, damals Vorstandsmitglied der BMW Group und heute Chief Technology Officer beim Auftragsfertiger und Automobilzulieferer Magna International. Doch so weit die Entfernung zum Forschungs- und Innovationszentrum in München ist, so kurz sind die virtuellen Wege. Man sei nicht etwa besser oder kreativer als die Kollegen in München, sagte Holger Jeebe, Chef des BMW Group Technology Office in Palo Alto, in einem Interview mit »auto, motor und sport«, man sei nur näher an der Umsetzung dran und könne etwas schneller sein...

Auch Adrian van Hooydonk arbeitete in Kalifornien, ehe er 2009 Chris Bangles Nachfolger wurde. Bangle verließ damals seinen Posten bei BMW als auch die Autoindustrie, um sich auf andere designbezogene Arbeiten zu konzentrieren. Van Hooydonk war seit dem Jahre 2000 bei Designworks federführend an der Entwicklung des BMW E65 (neue 7er-Generation 2001-2008) beteiligt, für dessen Heckform allerdings eher sein damaliger Chef Bangle kritisiert wurde. Die erst nach dem Wechsel erschienene Siebener-Reihe F01 und auch der Fünfer GT von 2010 waren zwar primär noch von Bangle entwickelt worden, doch die neue, 2009 eingeführte Fünfer-Limousinengeneration F07-F18 entstand in Hooydonks Regie.

Gutes lässt sich durch Besseres ersetzen

Es ist immer sehr beeindruckend, wenn angehende oder auch langjährig erfolgreiche Designer ihre Portfolios öffnen oder Besucher durch ihre Studios führen – was aus naheliegenden Gründen allerdings sehr selten geschieht. Doch so interessant sich die vielen Renderings an den Wänden und Detailzeichnungen auf den Tischen dem Betrachter präsentieren: Was man zu sehen bekommt, ist zumindest in den Köpfen ihrer Schöpfer schon längst wieder überholt. Sonst gäbe es keinen LCI, mit dem BMW immer wieder beweist, dass Gutes sich durch noch Besseres jederzeit ersetzen lässt. Durch neue Impulse, die während des Lebenszyklus' eines Automobilmodells einfließen und das Geschäft so spannend machen.

Designstudie von Karim Habib zur Neugestaltung der Heckpartie beim BMW 7er von 2008. Habib übernahm im März 2011 nach einem Zwischenspiel bei Mercedes im Hause BMW unter Adrian van Hooydonk die Leitung Exterieur Design. Er trat damit die Nachfolge von Anders Warming an. Bereits in den ersten zehn Jahren seiner Karriere war Habib für BMW tätig gewesen.

Porträts im Spotlight: Köpfe, Profile, Positionen

Für den ersten BMW Generaldirektor Franz Josef Popp war das Automobil zunächst noch gar kein Thema. Es war ein langer Weg bis zur Integration von Elektronik und Mechanik zur Fahrzeugmechatronik, mit der ein Burkhard Göschel BMW 90 Jahre später auf einen Weltspitzenplatz führte.

»Der BMW Turbo ist vielleicht das wichtigste Auto meiner Karriere gewesen. Die erste 1:1-Skizze entstand zuerst bei mir zu Hause auf der Schrankwand im Schlafzimmer, weil wir im Studio mit dem 3er beschäftigt waren…«

Paul Bracq in einem Interview mit Matthias Pfannmüller, 2008

Für den Erfolg eines Unternehmens trägt jeder einzelne Mitarbeiter ein Stück Verantwortung, ganz gleich an welcher Stelle. Doch die Verantwortungen staffeln sich pyramidenartig, und so wichtig jeder einzelne der unendlich vielen Quader in ihrem Fundament bis hinauf zur Höhe ist, so sehr kommt doch den Steinen an der Pyramidenspitze die wichtige Funktion zu, das Bauwerk weithin wahrnehmbar zu machen. Der Begriff »oben« kennzeichnet seit Jahrtausenden nicht nur Macht und Götternähe, sondern vor allem Verantwortung, Überblick, Gefahrenerkennung, Strategielenkung.
Einige der vielen Persönlichkeiten, die im Laufe von neun Jahrzehnten das Profil der Marke BMW an entscheidenden Positionen, also weit »oben« an der Pyramidenspitze mitgeprägt haben, seien hier vorgestellt. Die Aufzählung kann niemals vollständig sein, schon wegen des facettenreichen Engagements und des Auftritts auf so vielen verschiedenen Ebenen.
Tausende von Namen aus den Ressorts Wirtschaft, Gesellschaft, Motorsport, Forschung und Wissenschaft, Konstruktion und Design, Fertigung und Technik, Planungswesen, Kommunikation und Marketing hätten es wahrlich verdient, genannt zu werden. Stellvertretend für sie alle werden nachfolgend in alphabetischer Reihenfolge knapp drei Dutzend Persönlichkeiten mit BMW-bezogener Vita vorgestellt.

Christopher E. Bangle
Die berufliche Karriere des Amerikaners Christopher E. Bangle begann 1981 bei Opel. 1985 wechselte er zu Fiat und wurde 1992 zum Direktor des Fiat Centro Stile ernannt. Kurz darauf verließ er nach einer Abwerbung durch den BMW Chef Dr. Wolfgang Reitzle den italienischen Konzern, um bei BMW bis Jahresende 2008 die Design-Entwicklung zu leiten. Chris Bangle hat das gegenwärtige Design der BMW Automobile nachhaltig beeinflusst. Neben der Weiterführung der BMW 3er, 5er und 7er Reihe entstanden unter seiner Leitung die Karosserien der BMW Modelle Z3, Z4, Z8, X5, X3, des neuen BMW 6er sowie BMW 1er.

Helmut Werner Bönsch
1958-73 war Bönsch bei BMW Direktor für Produktplanung, Qualitätskontrolle und ab 1967 im Ressort Marketing tätig. 1958-77 war er Präsident der Technischen Kommission der FIM, gründete 1962 den internationalen Verband der BMW Clubs und war nach seiner Pensionierung Honorarprofessor für Motorradtechnik an der TU München.

Paul Bracq
Der französische Karosseriegestalter Paul Bracq wechselte 1970 von Daimler-Benz zu BMW, wo er die Linie der 3er, 5er und 7er-Reihen sowie den ersten Turbo-Prototyp kreierte. 1974 ging er nach Frankreich zurück.

Kurt Deby
Der Ingenieur Kurt Deby leitete ab Januar 1937 das Motorrad-Auftragsbüro bei BMW in München und blieb im Motorradressort bis 1942. Bis Kriegsende war er Leiter der Konzernorganisation. Deby musste 1945 im Auftrage der US-Besatzungsbehörden die Demontagearbeiten des Werkes beaufsichtigen, konnte aber auch die Einstellung dieser Maßnahmen durchsetzen. Er leistete bedeutende Arbeit beim Wiederaufbau des Münchner BMW Werkes. Als Prokurist ab Dezember 1947 war er für die Arbeitsvorbereitungen zuständig, die zu einer neuen Pkw-Produktion führten.

Kurt Donath
Dipl.-Ing. Kurt Donath wurde 1941 Direktor des BMW Flugmotorenwerks in Berlin-Spandau. Gemeinsam mit Kurt Deby brachte er die Nachkriegsproduktion bei BMW in München wieder in Gang, indem er die Motorradfertigung anlaufen ließ. 1948 kam Donath in den Vorstand der BMW AG; unter seiner Leitung wurde Ende 1951 die Produktion der Limousinen-Baureihe 501/502 aufgenommen.

Alexander von Falkenhausen
Der »weiß-blaue Lord«, wie er genannt wurde, war als Rennfahrer wie Konstrukteur gleichermaßen erfolgreich. 1934-45 arbeitete der Diplom-

Oben: Helmut Werner Bönsch.

Rechts: Kurt Deby.

Oben: Christopher Bangle.

Unten: Michael Ganal.

Oben: Alexander von Falkenhausen.

Oben: Paul Bracq.

Rechts: Max Friz.

ingenieur bei BMW in der Fahrgestellkonstruktion, gehörte zum Team, das die berühmte R 75 entwickelte und bestritt auf BMW Motorrädern und Sportwagen zahlreiche Wettbewerbe. Nach dem Kriege baute er eine eigene Firma auf, die unter der Bezeichnung AFM (Alex v. Falkenhausen München) Rennwagen herstellte und einsetzte, bevor er 1954 zu BMW zurückkehrte, dort die Rennabteilung betreute und als Konstrukteur von 1958 bis 1975 für die gesamte Motorenentwicklung verantwortlich war.
Alex v. Falkenhausen bestritt 150 Rennen, 30 Rallyes und absolvierte 1966 auch Weltrekorde. Die von ihm entwickelten Hochleistungsmotoren (»Neue Klasse«, 2,5 und 3,0 Liter, 2002 turbo) fuhren für BMW Weltruhm ein. 1989 starb von Falkenhausen im Alter von 82 Jahren.

Fritz Fiedler
In Fiedlers Technischer Regie wurden alle BMW Serienmodelle bis zum Ausbruch des Krieges gebaut. Unter seiner Verantwortung entstanden die BMW Modelle 501 und 502, ferner der 503 und der 507 sowie die Kleinwagen, auch für die »Neue Reihe« bis hin zum Nullzwei schuf er die konstruktiven Grundlagen.

Max Friz
Max Friz, Jahrgang 1883, war als Konstrukteur bei der Daimler-Motoren-Gesellschaft tätig, wo er am Bau der Grand-Prix-Wagen von 1908 und 1912 beteiligt war. Auch der Entwurf von Flugmotoren gehörte zu seinen Aufgaben. Im Januar 1917 wechselte Friz zum Flugmotorenhersteller Rapp, und bei dessen Fusion mit dem Konkurrenten Otto zu einer Firma namens BMW wurde er übernommen. An der Konstruktion weiterer Flugmotoren hatte er maßgeblichen Anteil. Im August 1918 erhielt er Prokura. Max Friz war es, der 1923 das erste BMW Motorrad konstruierte. 1925 wurde er zum Technischen Direktor und zum Chefkonstrukteur der BMW AG ernannt, eine Position, die er bis Ende 1937 bekleidete.

Michael Ganal
Nach dem Studium der Rechtswissenschaft sowie der Betriebswirtschaftslehre kam Dr. Michael Ganal 1986 zu BMW. Im Oktober 2000 wurde er in den Vorstand berufen, zuständig zunächst für das Ressort Vertrieb und Marketing. In dieser Zeit war er maßgeblich für die erfolgreiche Umsetzung einer in der Unternehmensgeschichte beispiellosen Produkt- und Marktoffensive ver-

Links: Paul G. Hahnemann.

Darunter: Kurt Golda.

Oben: Burkhard Göschel.

Links: Adrian van Hooydonk.

»Ich verstehe eigentlich nichts von Autos, aber ich weiß sehr genau, wie sie auszusehen haben, um verkäuflich zu sein.«

Paul G. Hahnemann, 1970

antwortlich. Ab Oktober 2007 leitete Dr. Ganal das Ressort Finanzen. 2008 verstarb er, erst 54-jährig, infolge einer schweren Krankheit.

Wilhelm Gieschen
Wilhelm Gieschen gehörte 1961 zu den Abwicklern des Borgward-Untergangs und wechselte zur BMW AG in den Vorstand. Im Ressort Produktion zeichnete er bis zu seiner Pensionierung 1971 für die Fertigung der »Neuen Klasse«, der großen Sechszylinder und der 02-Baureihe verantwortlich.

Kurt Golda
1949 als Maschinenschlosser bei BMW eingetreten, wurde Kurt Golda 1959 in den Betriebsrat als Vorsitzender gewählt und bekleidete diese Position bis Ende 1974. Golda trug mit seinem Engagement maßgeblich dazu bei, dass die BMW AG unabhängig geblieben ist. Er setzte Gewinnbeteiligungen der Arbeitnehmer durch, vermittelte in Lohnkämpfen und anderen sozialen Konflikten, sorgte für ein Equilibre zwischen Arbeitnehmerschaft und Unternehmensführung. 1985 erhielt er das Bundesverdienstkreuz.

Burkhard Göschel
1978 trat Dr.-Ing. Burkhard Göschel in den Bereich Motorenentwicklung der BMW AG ein. Er leitete zunächst die Motorrad-Entwicklung, wurde dann zum Projektleiter Roadster Z3 berufen, war Leiter der Sparte Sondermodelle und übernahm die Leitung Entwicklung Gesamtfahrzeug. Seit 2000 ist er Mitglied des Vorstands für den Bereich Entwicklung und Einkauf. Göschel gehört zu den Wegbereitern der digitalen Revolution im Automobilbau. Durch konsequente Integration von Software, Elektronik und Mechanik zur Fahrzeugmechatronik hat er BMW auf einen Spitzenplatz geführt.

Hanns Grewenig
Von 1948 bis 1957 war Dipl.-Ing. Hanns Grewenig Kaufmännisches Vorstandmitglied der BMW AG; er engagierte sich für eine Wiederaufnahme des Motorsports und arrangierte die Übernahme einer Baulizenz für die Isetta.

Paul G. Hahnemann
Der Elsässer Paul G. Hahnemann ging 1937 zu General Motors und fand nach dem Kriege eine Anstellung bei Opel. 1957 wurde er Verkaufsdirektor der Auto Union. 1961 wechselte er zu BMW, wo er entscheidend an der Einführung der Baureihe 1500 (»Neue Klasse«) und Nullzwei beteiligt war. Als Vertriebsvorstand setzte er auf die Besetzung von Marktnischen durch Modelle, wie sie die Konkurrenz nicht anbot, was ihm den Spitznamen »Nischenpaule« einbrachte. Nachdem Hahnemann den BMW Motorsport revitalisiert, die Firma Glas zu BMW gebracht, das Auslandsgeschäft belebt und Qualitätsprobleme in der Fertigung behoben hatte, verabschiedete er sich Ende 1971 von BMW.

Wilhelm Hofmeister
Von 1955 bis 1970 war Wilhelm Hofmeister Design-Chef bei BMW als Nachfolger von Peter Szymanowski, dessen Assistent er vorher gewesen war. Unter Hofmeisters Leitung nahmen alle Serienmodelle jener Zeit ihre Gestalt an. Hofmeisters Handschrift war u.a. durch einen kleinen Aufwärtswinkel der unteren Rückfensterkante (C-Säule) gekennzeichnet. Der »Hofmeister-Knick« blieb ein signifikantes Stylingelement bei fast allen späteren BMW Modellen.

Adrian van Hooydonk
Mit dem Titel Senior Vice President BMW Group Design wurde der Niederländer 2009 Nachfolger von Chris Bangle. Er arbeitete nach Stationen als

Joachim Milberg (li.) mit Wolfgang Reitzle.

Links: Robert (Bob) Lutz.

Rechts: Eberhard v. Kuenheim (re.) mit dem damaligen Bundespräsidenten Richard v. Weizsäcker.

Industriedesigner 1991-92 am Art Center Europe in Vevey (Schweiz) und ging anschließend zu BMW. 2000 wechselte er zu BMW Group Designworks USA in Kalifornien, dessen Leitung man ihm ein Jahr später anvertraute. 2004-09 war er unter Bangle Design-Direktor, ehe er die Konzern-Gesamtverantwortung dieses Ressorts übernahm.

Eberhard von Kuenheim
Der einem ostpreußischen Adelsgeschlecht entstammende Betriebswirtschaftler und Maschinenbau-Ingenieur (TH Stuttgart), geboren 1928, wurde 1968 Generalbevollmächtigter der Quandt-Gruppe und 1970 Vorstandsvorsitzender von BMW. Er behielt diese Position 23 Jahre lang; weitere sechs Jahre fungierte er als Aufsichtsratsvorsitzender. Unter v. Kuenheim stieg BMW zu einem Unternehmen von Weltrang auf.

Claus Luthe
Nach seiner Ausbildung zum Karosseriebaumeister arbeitete Luthe bei Fiat in Heilbronn und bei NSU in Neckarsulm, wo er sein Können beim Design des Wankel Spyder und des NSU Ro 80 unter Beweis stellte. 1967 trat Luthe bei BMW die Nachfolge von Paul Bracq an. Unter seiner Leitung entstanden die zweite 5er Generation, die zweite und dritte 3er Generation, der BMW 7er und das 8er Coupé.

Robert »Bob« Lutz
Der in den USA als Flugpilot ausgebildete gebürtige Schweizer »Bob« Lutz studierte Wirtschaftswissenschaften, bevor er die amerikanische Marine-Militärakademie besuchte. 1963 ging er zu General Motors, wo er bis 1971 die Markteinführung zahlreicher Modelle initiierte. Anschließend war er bis 1974 Verkaufs- und Marketingchef bei BMW und löste dort Paul G. Hahnemann ab.

Joachim Milberg
Nach seiner Ausbildung zum Maschinenschlosser absolvierte Joachim Milberg ein Studium der Fertigungstechnik an der Staatlichen Ingenieurschule Bielefeld. 1966-69 folgte ein Studium an der TU Berlin, wo er bis 1993 als Wissenschaftler tätig war. Anschließend wurde er Produktions-

»Ich habe gewisse Talente, verbunden mit einem hohen politischen Mut, das Unbequeme zu sagen. Ich verkörpere möglicherweise eine Kombination von kreativem Talent und Erfahrung mehr als jeder andere in unserer Branche.«

Bob Lutz in einem Interview mit Walter Niederberger, Tages-Anzeiger, 2009

Oben: Heinrich Richter-Brohm. Rechts daneben Wolfgang Reitzle.

Rechts: Norbert Reithofer.

Oben: Franz Josef Popp. Links: Bernd Pischetsrieder.

»Geschwindigkeit ist ein sehr relativer Begriff. Dreihundert Stundenkilometer im BMW McLaren kommen einem wie gefühlt zweihundert in einem Siebener vor. Schnell ja, aber nicht zu schnell... darum sollten solche Autos nicht unbedingt von Leuten bewegt werden, die sie sich nur zufällig leisten können...«

Bernd Pischetsrieder in einem Gespräch mit Halwart Schrader, Genf 1993

Vorstand bei BMW, ab 1999 Vorstandsvorsitzender als Nachfolger von Bernd Pischetsrieder. Milberg beendete das Engagement bei Rover und führte BMW auf die Erfolgsspur zurück. 2004 wurde er Vorsitzender des BMW Aufsichtsrats.

Bernhard Osswald
1964 kam Dipl.-Ing. Osswald von Ford zu BMW, wo er maßgeblichen Anteil an der Entwicklung der 02-Baureihe, des 2002 turbo und des M1 hatte und einen Sitz im Vorstand für das Ressort Entwicklung und Konstruktion erhielt. 1976 ging Osswald in den Ruhestand.

Helmut Panke
Dr. Helmut Panke leitete bei BMW ab 1982 zunächst die Hauptabteilung Planung und Controlling im Ressort Forschung und Entwicklung, später die Bereiche Allgemeine Organisation und Konzernplanung. Im April 1993 wurde er Chef der BMW Holding in den USA. Zwei Jahre später wurde Panke zum Generalbevollmächtigten ernannt und rückte 1996 in den Vorstand auf. 1999 übernahm er das Finanzressort, 2002-06 war er Vorstandsvorsitzender.

Bernd Pischetsrieder
Bernd Pischetsrieder studierte an der TU München Maschinenbau und trat 1973 eine Stelle als Fertigungsplaner bei BMW an. 1982 wurde er Produktionschef bei der BMW Tochter in Südafrika, von wo er 1987 in die Konzernzentrale nach München zurückkehrte und 1991 in den Vorstand berufen wurde. Er verließ das Unternehmen 1996.

Franz Josef Popp
Der Wiener Dip.-Ing Franz Josef Popp spielte eine entscheidende Rolle bei der Verschmelzung der Firmen Rapp und Gustav Otto zur BMW AG, die am 20. Juli 1917 vollzogen wurde. Popp bestellte man zum Geschäftsführer. Nach Kriegsende blieb er beim Flugmotorenhersteller BMW, der sich ein neues Geschäftsfeld suchen musste. Unter seiner Leitung entstanden Motoren für Boote und Lastwagen, ab 1923 Motorräder. Popp initiierte die Übernahme der Dixi-Werke durch BMW. 1942 ging er – nicht freiwillig – in den Ruhestand.

Norbert Reithofer
Dr.-Ing. Norbert Reithofer, Jahrgang 1956, promovierte 1987 an der TU München im Fachbereich Maschinenbau und ging anschließend zu BMW, wo er bis 1991 das Ressort Technologie und Datenverarbeitung, später den Karosserie-Rohbau leitete. 1994-67 war er als Technischer Direktor bei BMW Südafrika tätig, danach leitete er die BMW Manufacturing Corporation in Spartanburg, South Carolina. 2000 berief man Dr.-Ing. Reithofer in den Konzernvorstand, dessen Vorsitz er im September 2006 übernahm.

Wolfgang Reitzle
Der Wirtschaftswissenschaftler Wolfgang Reitzle promovierte 1974 im Fach Metallphysik und kam 1976 zu BMW, wo er 1983 zum Forschungschef avancierte und 1987 Entwicklungsvorstand wurde. Nachdem BMW 1994 den Autohersteller Rover übernommen hatte, wurde Dr. Reitzle Geschäftsführer der Rover Group, um deren Integration in den BMW Konzern zu vollziehen. Er ging anschließend zu Ford und wurde 1999 Vorstandsvorsitzender der Premier Automotive Group. 2002 wechselte Dr. Reitzle in den Vorstand des Gas- und Technik-Konzerns Linde AG und wurde 2003 dessen Vorstandsvorsitzender.

Rechts: Rudolf Schleicher.

Ganz rechts: Hans Erdmann Schönbeck.

Oben: Helmut Panke.

Links: Paul Rosche.

Heinrich Richter-Brohm
Von 1957 bis 19060 war Dr. Heinrich Richter-Brohm Vorstandsvorsitzender bei BMW. Er entwickelte ein Zukunftsprogramm, das einen Ausbau der Reihe 700 und die Entwicklung neuer Mittelklassewagen vorsah, Ende 1961 eingeführt als »Neue Klasse«. Damit schuf Richter-Brohm die Grundlagen für die Sanierung von BMW.

Paul Rosche
Nach dem Abschluss eines Technikstudiums ging Paul Rosche 1957 zu BMW und arbeitete dort zunächst in der Forschungs- und Entwicklungsabteilung. 1963 begann die Entwicklung der »Neue Klasse«-Vierzylinder mit der Typenbezeichnung 115, an denen Rosche großen Anteil hatte. Er wechselte danach in die Motorsport-Abteilung und war an der Entwicklung aller nachfolgenden Rennmotoren maßgeblich beteiligt. Als BMW ab 1973 mit March in der Formel 2 kooperierte, gewannen Rosches Motoren bedeutende Meisterschaften. Der von ihm konstruierte BMW-Turbo-Rennmotor mit bis zu 1500 PS wurde zum stärksten Motor der Formel-1-Geschichte. Anschließend entwickelte Paul Rosche den Motor für den BMW M3 und den V12 für den McLaren-BMW.

Rudolf Schleicher
Ingenieur Rudolf Schleicher wurde für seine Motorradkonstruktionen berühmt, die BMW Mitte der 1930er Jahre auf den Markt brachte, und hatte auch maßgeblichen Einfluss auf die Konstruktion des legendären BMW 328. Nach seinem Maschinenbaustudium war Schleicher 1922 zu BMW gekommen und blieb der Marke bis auf ein Intermezzo bei Horch sein Leben lang treu. Er fuhr unzählige Rennen und war ein begabter Konstrukteur, der vor allem auf den Baustoff Leichtmetall setzte.

Hans Erdmann Schönbeck
Als junger Kriegsheimkehrer wurde Hans Erdmann Schönbeck Automobilkaufmann, war bei der Auto Union in Ingolstadt und als Verkaufschef im Autohaus Mahag, München, tätig, bevor er 1974 zu BMW ging und dort im Vorstand das Vertriebsressort verantwortete. 1984 übernahm er das Amt des VDA-Präsidenten.

Johannes Semler
Der Jurist Dr. Johannes Semler wurde 1947 Direkter der damaligen Bi-Zonen-Verwaltung (sein Nachfolger war Ludwig Erhard). 1957 wurde er mit der Sanierung der Henschel-Werke in Kassel beauftragt, und 1960 wählte man ihn in den Aufsichtsrat von BMW, wo er entscheidenden Anteil an der Weichenstellung für den BMW 1500 hatte. Als Sanierer beorderte man Dr. Semler 1961 zu Borgward nach Bremen.

Karl-Heinz Sonne
Der promovierte Wirtschaftswissenschaftler Karl-Heinz Sonne war ein Vertrauter des BMW Großaktionärs Herbert Quandt und kam durch diesen Ende 1961 nach München, wo er 1962 den Vorsitz des Vorstands von Dr. Richter-Brohm übernahm. Bei BMW blieb er bis 1965 und ging anschließend zu Klöckner-Humboldt-Deutz.

Gerhard Wilcke
Der Jurist Dr. Gerhard Wilcke war 1940 bis 1943 Direktor bei den Schering-Werken in Berlin. 1965 bis 1969 war er Vorstandsvorsitzender der BMW AG. Unter seiner Leitung konzentrierte sich BMW auf die Produktion von Automobilen und Motorrädern, trennte sich von der Flugmotorenfertigung und brachte das Unternehmen durch hohe Produktions- und Absatzsteigerungen in die schwarzen Zahlen. Wilcke und sein Vorstandskollege Paul G. Hahnemann vollzogen 1967 mit Unterstützung der Bayerischen Landesregierung die Übernahme der Standorte Dingolfing (Glas) und Landshut.

»Eines Tages kam Falkenhausen zu mir und fragte mich, ob ich im Stande wäre, eine Nockenwelle zu berechnen. Ich hatte davon nicht die geringste Ahnung, sagte aber Ja. Ich fuhr am nächsten Tag in die Stadt und besorgte mir erst einmal ein Fachbuch über Nockenwellen…«

Paul Rosche in einem Interview mit der Journalistin Elaine Catton

Ein Bayerischer Barockengel schwebt ein

Durch den Verlust des Eisenacher Werks und die teils zerstörten, teils demontierten Anlagen in München fiel BMW der Neustart seiner Automobilproduktion schwer.

Der »Bayerische Barockengel«, wie der BMW 501 wegen seiner schwungvollen Formen bald genannt wurde, verfügte über viele technische Besonderheiten. Sein Motor war ein Reihensechszylinder, eine modifizierte und auf 65 PS gebrachte Version des 326-Triebwerks. Das besonders feinfühlige Fahrwerk wurde von Testern in hohen Tönen gelobt. Selbst das lenkradgeschaltete Getriebe saß anderswo als bei herkömmlichen Autos: statt direkt an den Motor angeflanscht, duckte sich die Schaltbox mit vier vollsynchronisierten Gängen unter den Vordersitzen, mit dem Motor durch eine kurze Gelenkwelle verbunden. Das Arrangement hatte unter anderem den Vorteil, dass die Motoraufhängung nicht auf das höchste Getriebedrehmoment ausgelegt werden musste, man konnte das Triebwerk also sehr weich lagern. Der 1951 erstmals präsentierte und ab 1952 produzierte Barockengel diente 1954 als Plattform für eine Sensation: auf dem Genfer Salon debütierte der BMW 502 – und die Fachwelt begrüßte den ersten serienmäßigen Leichtmetallmotor der Welt und ersten deutschen Achtzylinder der Nachkriegsgeschichte enthusiastisch: »Der neue Leichtbau V-Achtzylinder von BMW dürfte die bisher glücklichste Synthese der Automobilbau-Kunst diesseits und jenseits des großen Teiches sein«, jubilierte die »Motor-Revue«. Mit der Andeutung auf Amerika wies der Autor auf die Tatsache hin, dass der V8-Motor bislang eine US-Domäne war, in die einzubrechen sich BMW vorgenommen hatte.

Rechts: BMW 501/3 2,6 Liter, gebaut 1955-1958 in 4645 Exemplaren.

Bei der Karosseriefirma Baur in Stuttgart 1954 angefertigtes Zweitürer-Cabriolet auf Basis des BMW 501.

Klassiker von zeitloser Eleganz

War der 328 vor dem Kriege der sportliche Wegbereiter von BMW gewesen, so setzte jetzt ein weiterer Sportzweisitzer neue Akzente in Design und Eleganz: Der BMW 507 mit dem 3,2-Liter-V8-Motor des 502. Als der Designer Graf Goertz 1955 in New York das Tuch von seiner Kreation eines offenen Sportwagens zog, präsentierte er mit dem 507 nicht nur ein neues Auto, sondern setzte auch einen Styling-Maßstab. Für 26.500 Mark erhielt der Kunde einen bis zu 220 km/h schnellen Sportwagen mit großzügigen Platzverhältnissen und einer Karosserie, die bis heute zu den schönsten aller Zeiten gezählt wird.

Zugleich kam der BMW 503 auf den Markt, ein hochelegantes Coupé in gleicher technischer Konzeption, ebenfalls mit einer von Graf Goertz entworfenen Karosserie. Einschließlich einer Cabrioletversion wurden bis 1959 von diesem Modell 412 Stück gebaut, vom 507 waren es 252.

1962 erschien der BMW 3200 CS. Dieses aufwändig angefertigte Hardtop-Coupé sollte der letzte große BMW V8-Wagen bis 1968 bleiben. Das Gesamtkonzept dieses Klassikers war in Zusammenarbeit mit der italienischen Karosseriefirma Bertone entstanden, und bei Bertone in Turin wurden auch die Aufbauten hergestellt. Von 1962 bis 1965 entstanden 603 Exemplare, eins davon als Cabriolet für den BMW Großaktionär Quandt. Der sportliche Viersitzer ging an die 200 km/h. Der 3200 CS wies eine senkrechte, wenn auch niedrig gehaltene Doppelniere auf, der beim BMW 503 ähnelnd, und hatte zu beiden Seiten zusätzliche Kühllufteinlässe – ein Design, das sich auch bei allen Fahrzeugen der »Neuen Klasse« wieder fand, ebenso bei den großen Sechszylinder-Coupés ab 1968 sowie bei allen Limousinen der 5er Reihe ab 1972. Nuccio Bertone verdanken die Münchner Designelemente, die bis

Rechts: BMW 3200 V8, die hubraumstärkste Version des »Barockengels« 1961-1963.

Autenrieth in Darmstadt baute ebenfalls eine Anzahl Cabriolets, aber auch Coupés auf Basis des BMW 501 und 502.

Chronik BMW Großwagen 1951 - 1965

1951
September: Präsentation der ersten Nachkriegsentwicklung: BMW 501 Limousine mit 1971-ccm-Sechszylindermotor und Lenkradschaltung.

1952
November: Fertigungsbeginn 501.

1954
März: 501A (72 PS), 501B, Vorstellung des 502 V8 (2580 ccm) in Genf.
Juli: Auslieferungsbeginn des 502.

1955
April: 501 Sechszylinder jetzt mit 2077 ccm Hubraum als 501/3. 501 V8 noch mit kleiner Heckscheibe und ohne seitl. Chromleisten lieferbar; der 502 V8 mit größerer Heckscheibe.
September: Hubraum des V8-Motors auf 3168 ccm vergrößert. Vorstellung des 505 als Pullman-Limousine. Gezeigt werden auf der IAA ferner die sportlich-eleganten Modelle 507 und 503 mit 3,2-Liter-V8-Motor.

1956
Mai: Auslieferung der ersten 503.
November: Auslieferungsbeginn des 507.

1957
September: 3,2 Liter Super mit 140 PS. Modell 503 nun mit weiter nach vorn verlegtem Getriebe und Knüppel- statt Lenkradschaltung sowie vorderen Scheibenbremsen.

1958
September: Der 501 V8 heißt jetzt BMW 2,6, der bisherige 502 3,2 Liter.

1959
März: Achtzylinder jetzt mit Servolenkung zu bekommen.
Mai: Vorstellung eines 507 mit Scheibenbremsen in Turin. Auf dem gleichen Salon präsentiert der Designer Michelotti einen 507 nach eigenem Entwurf.
Oktober: 3,2 Liter mit Scheibenbremsen vorn, optional beim 2,6 Liter.
Dezember: Einstellung der 507-Fertigung. Die ab August 1958 gebauten Exemplare wiesen vorn Scheibenbremsen auf.

1960
Juni: Produktionsende des 503.

1961
September: Modelle 2600, 3200 ersetzen die 2,6 und 3,2; Motorleistungen in der L-und S-Version um 10 PS erhöht. 3200 S mit 190 km/h schnellste deutsche Serienlimousine. Auf Wunsch Knüppel- statt Lenkradschaltung. Vorstellung des viersitzigen, 200 km/h schnellen 3200 CS Hardtop-Coupés, Entwurf Nuccio Bertone, bei dem auch die Karosserie hergestellt wird.

1962
März: Auslieferung der ersten 3200 CS Bertone.

1965
September: Auslieferung des letzten 3200 CS.

BMW Großwagen 1952 - 1965

Baureihe	Baujahr	Fahrzeugtyp	Motorisierung
501	1952-1953	Limousine	6 Zyl 1971 ccm 65 PS
501 A	1954-1955	Limousine, Cabrio	6 Zyl 1971 ccm 72 PS
501 B	1954-1955	Limousine, Cabrio	6 Zyl 1971 ccm 72 PS
501/3	1955-1958	Limousine, Cabrio	6 Zyl 2077 ccm 72 PS
501 V8	1955-1958	Limousine	V8 Zyl 2580 ccm 95 PS
502	1954-1961	Limousine, Cabrio	V8 Zyl 2580 ccm 100 PS
503	1956-1959	Coupé, Cabrio	V8 Zyl 3168 ccm 140 PS
505	1955	Pullman-Limousine	V8 Zyl 2580 ccm 120 PS
507	1956-1959	Cabrio	V8 Zyl 3168 ccm 150 PS
2600	1961-1962	Limousine, Cabrio	V8 Zyl 2580 ccm 100 PS
2600 L	1961-1963	Limousine, Cabrio	V8 Zyl 2580 ccm 110 PS
3200	1961-1963	Limousine, Cabrio	V8 Zyl 3168 ccm 140 PS
3200 L	1961-1963	Limousine, Cabrio	V8 Zyl 3168 ccm 160 PS
3,2 Liter	1955-1961	Limousine	V8 Zyl 3168 ccm 120 PS
3,2 Liter Super	1957-1961	Limousine	V8 Zyl 3168 ccm 140 PS
3200 CS	1962-1965	Coupé viersitzig	V8 Zyl 3168 ccm 160 PS

Ein Meisterwerk der Automobilbaukunst stellte der von 1956 bis 1959 angebotene BMW 507 dar. Er wurde 252 Mal gebaut und hatte einen 150 PS starken 3,2-Liter-V8-Motor unter seiner langen Haube.

ins 21. Jahrhundert hinein für BMW typisch blieben. Für die überwiegende Mehrheit der Autokäufer waren solche exklusiven Wagen freilich unerreichbar. Zu Beginn der Fünfziger Jahre zeichnete sich erst einmal ein Boom für motorisierte Kleinfahrzeuge ab. Mit der deutlichen Verbesserung der Lebensbedingungen stiegen auch die Ansprüche an das Niveau der Fahrzeuge, und das Bedürfnis nach »Wetterschutz« wurde bei der bisherigen Zweirad-Klientel immer stärker. War man vor kurzem noch stolz Motorrad – eventuell mit Beiwagen – gefahren, so wollte man jetzt nicht mehr schwere, wetterfeste Kleidung tragen, sondern trocken und sauber von Ort zu Ort gelangen.

Klein, aber pfiffig

Der BMW Vorstand beschloss deshalb, ein gut verkäufliches Kleinst-Automobil in das Produktionsprogramm aufzunehmen. Ingenieure aus München machten sich auf den Weg zu diversen Automobilausstellungen, um nach einem Kleinstwagen zu suchen, der sich für eine Lizenzfertigung in München eignen würde. Dabei stießen sie 1954 in Turin auf die avantgardistische Isetta der Firma Iso in Mailand, ein auf den ersten Blick sehr ungewöhnlicher Zweisitzer mit Fronttür, seitlich angeordnetem Zweitakt-Mittelmotor und hinterer Schmalspur. Die Ingenieure erkannten jedoch sofort das Potenzial, das in diesem eiförmigen Kabinenmobil steckte. Der laute und

Oben: Dieser BMW 507 gehörte dem Rock 'n' Roll-Star Elvis Presley während seiner Zeit als in Deutschland stationierter US-Soldat.

Rechts: Wie der 507 war auch der elegante, nur 412 Mal gebaute BMW 503 von Graf Goertz gestaltet worden.

BMW Kleinwagen 1955 - 1965

Baureihe	Baujahr	Fahrzeugtyp	Motorisierung
Isetta 250	1955-1962	Motocoupé 2-sitzig	1 Zyl 245 ccm 12 PS
Isetta 300	1956-1962	Motocoupé 2-sitzig	1 Zyl 298 ccm 13 PS
600	1957-1959	Motocoupé 4-sitzig	2 Zyl 582 ccm 19,5 PS
700	1959-1962	Limousine	2 Zyl 697 ccm 30-32 PS
700 Coupé	1959-1964	Coupé	2 Zyl 697 ccm 30-32 PS
700 LS	1962-1965	Limousine	2 Zyl 697 ccm 30-32 PS
700 LS Coupé	1964-1965	Coupé	2 Zyl 697 ccm 40 PS
700 Sport (CS)	1960-1964	Cabrio	2 Zyl 697 ccm 40 PS

Chronik BMW Kleinwagen 1955 - 1965

1955

April: Baubeginn der Isetta 250. Panorama-Heckscheibe, dreieckige Rückleuchten. Nach Österreich Lieferung mit hinterem Einzelrad statt der Zwillingsräder.
November: Neue Scheinwerferform.
Dezember: Präsentation einer 300-ccm-Version.

1956

Februar: Fertigungsbeginn der Isetta 300.
November: Neuer Aufbau (»Export«) mit größeren Seitenscheiben, Schiebefenstern und Faltdach. Geänderte Luftansauganlage, neue Vorderachse, eiförmige Scheinwerfer.

1957

Februar: Die Export-Version der Isetta, die aber auch im Inland verkauft wird, geht in Serie.
August: Vorstellung des BMW 600 mit Zweizylinder-Boxermotor als viersitziges Fahrzeug mit Front- und einer Seitentür. Ganzstahlkarosserie, Fahrwerk mit geschobenen Längsschwingen und Schraubenfedern.
November: Der österreichische Ingenieur und BMW Repräsentant Wolfgang Denzel offeriert BMW die Konstruktion eines neuen Kleinwagens.
Serienbeginn des BMW 600 mit Seitentür.

1958

März: Zusammen mit dem Designer Giovanni Michelotti baut Denzel einen Prototyp seines Kleinwagens, aus dem der BMW 700 entsteht. Detailänderungen an der Isetta.

1959

September: Auf der IAA debütiert der serienreife 700 als Coupé und Limousine mit luftgekühltem 30-PS-Boxermotor. Coupé geht zuerst in Produktion. Bei der Isetta prangte ein neuer Schriftzug auf der Karosserie, es gab ein neues Bremslicht, neue Radkappen. Lichthupe und zweiter Scheibenwischer optional.
November: Produktionseinstellung des BMW 600.
Dezember: Nach dem 700 Coupé wird jetzt auch die 700 Limousine produziert.

1960

August: Baubeginn des 700 Sport, ein Coupé mit 40- statt 30-PS-Motor.

1961

Januar: Debüt des 700 LS.
September: Den 700 gibt es jetzt auch als 2+2 Cabriolet, Karosserie Baur (40 PS).

1962

Mai: Ende der Isetta-Fertigung.

1963

Januar: Typenbezeichnung 700 CS statt 700 Sport.
Februar : 700 LS mit einfacherer Ausstattung lieferbar.

1964

April: Serienauslauf des 700 Coupés, Nachfolger ist das LS Coupé.
Mai: Serienauslauf des 700 CS.

1965:

November: Produktionsende des 700 LS Coupés und der Limousine.

schwache Zweitakter ließ sich gut durch einen laufruhigen BMW Motorradmotor ersetzen, und die Passagiere saßen in diesem winzigen Gefährt zumindest nebeneinander wie in einem richtigen Auto. Besonders originell war die Fronttür, die sich zusammen mit dem Lenkrad und Armaturenbrett öffnete, so dass man quasi in das Fahrzeug hineingehen und Platz nehmen konnte.

Als die erste BMW Isetta im Frühjahr 1955 am Tegernsee der Presse vorgestellt wurde, ist die Überraschung groß. Optisch und technisch war das italienische Original bei BMW in vielen Details modifiziert und verbessert worden. Andere Scheinwerfer und ein neuer Motordeckel verändern die Karosserie, dazu versprach der 12-PS-Motorradmotor mit 250 ccm eine Höchstge-

Die viersitzige Coupé-Karosserie des BMW 3200 CS war eine Schöpfung von Nuccio Bertone.

Der 507 gilt als eines der formschönsten Sportfahrzeuge der 1950er Jahre und wird längst zu Spitzenpreisen gehandelt.

Rechts: Der Schauspieler Cary Grant mit seiner BMW Isetta in New York.

Im Unterschied zur Isetta war der BMW 600 ein Viersitzer und verfügte zudem über eine zusätzliche Tür an der rechten Seite.

schwindigkeit knapp über 80 km/h. Von der Öffentlichkeit wurde die Isetta begeistert aufgenommen. Die Zeiten waren günstig für unkonventionelle Fahrzeuge, und das italienische Flair trug während der ersten Reisewelle in den Süden – Indiz beginnenden Wohlstands – nicht wenig zum Erfolg der »Knutschkugel« bei. Der kleine Zweisitzer war schick, praktisch und von einer Qualität, die über der des Originals stand.

Schon 1955 verließen rund 13.000 Isettas die Fabrik in München. Während sich die Iso Isetta in Italien nur schleppend vermarkten ließ, stiegen die Verkaufszahlen in Deutschland im Spitzenjahr 1957 bis auf fast 40.000. Inzwischen gab es auch eine Variante mit 300 ccm und 13 PS, eine modernisierte »Export«-Karosserie und Sondermodelle als Cabrio, Tropenversion und sogar als

Kleinstlieferwagen mit einer kleinen Pritsche im Heck. Neben dem Goggomobil etablierte sich die Isetta als erfolgreichstes Fahrzeug dieser Art in Deutschland.

Traumwagen des kleinen Mannes

Im Verlauf der Fünfziger Jahre nahmen die Ansprüche der Autokäufer zu. Die Kleinstwagen hatten ihren Zenit überschritten, die Kunden verlangten richtige Autos. BMW reagierte 1957 darauf zunächst mit dem 600, einer verlängerten Isetta mit Zweizylinder-Boxermotor im Heck. Schon 1959 wurde der rundliche Viersitzer aber von einer deutlich moderneren Konstruktion abgelöst, deren Ponton-Karosserie erstmals in selbsttragender Bauweise entstand: der BMW 700. An seiner Entstehung hatte der österreichische BMW-Importeur Wolfgang Denzel großen Anteil; die Karosseriegestaltung war das Werk des Designers Giovanni Michelotti. Unter der Fronthaube des 700 befanden sich der Kraftstofftank und das Reserverad; es blieb Raum für kleinere Gepäckstücke.

Ab August 1959 war zunächst eine Coupéversion als 2+2 zu bekommen, im Dezember folgte mit etwas größerem Dachaufbau eine viersitzige Limousine. Eine Luxusversion gab es ab Januar 1961. Der elegante und zweckmäßig ausgestattete BMW 700, der in dieser Ausführung bis 1964 gebaut wurde, erfüllte die Ansprüche vieler Käufer, die aus dem Isetta-Lager kamen. Die Stückzahl summierte sich auf 82.037 einschließlich Teilesätze für den Export. 1962 präsentierte BMW eine neue Version des »luxuriösen« 700, jetzt LS Luxus genannt. Dieser 700 hatte einen um 16 cm

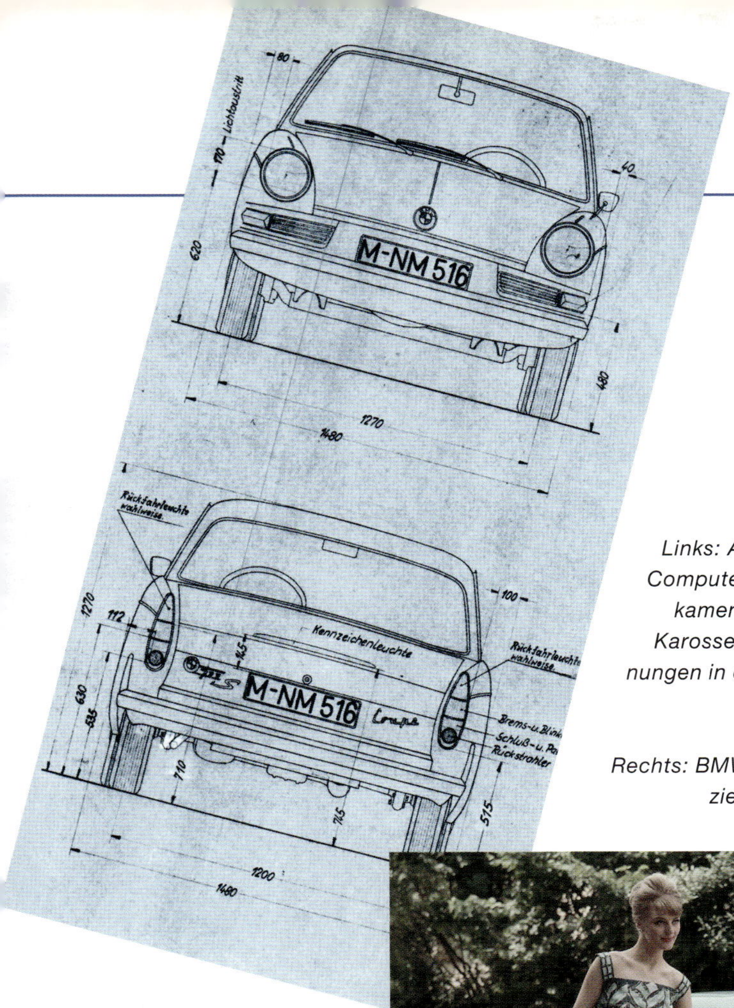

Links: Als noch keine Computer zum Einsatz kamen, stellten sich Karosserie-Maßzeichnungen in dieser Art dar.

Rechts: BMW 600, produziert 1957-1959.

Rechts: Nicht nur die damals aktuellen Petticoat-Models posierten für Werbefotos mit der Isetta, sondern auch Familien mit Kind.

längeren Radstand, was vor allem dem Fondraum zugute kam. 1964 gab es den 700 LS auch in der Coupéversion.
Der BMW 700 LS hatte durch sein Plus an Länge jedoch ein höheres Gewicht, und das kompensierte man nicht vor Februar 1963 durch eine von 30 auf 32 PS angehobene Motorleistung. Das Coupé hatte sogar 40 PS. Der 700 war letztlich ein Übergangsmodell zur »Neuen Klasse«, und in dieser Mission hatte er den Bayerischen Motoren Werken den Anschluss an die Konkurrenz ermöglicht. Er durfte als ein wichtiges Bindeglied zur nächstfolgenden Generation von BMW Automobilen angesehen werden.
Der 1960 bis 1964 angebotene BMW 700 Sport war die reizvollste Variante dieser Baureihe. Ab 1973 hieß sie 700 CS. Es gab diesen 40-PS-Flitzer zuerst als Coupé, ab September 1961 auch als Cabriolet; die Karosserie des offenen 2+2 stellte der BMW Lieferant Baur (Stuttgart) her.

Unten: Den BMW 700 gab es als zweitürige Limousine und als Coupé; es wurden aber auch 2592 Cabrios hergestellt.

Der Durchbruch: BMW positioniert sich neu

Bereits Mitte der Fünfziger Jahre hatten die BMW Entwickler den dringenden Bedarf nach einem modernen Wagen der Mittelklasse erkannt. Die BMW Vertriebsorganisation hatte im Segment einer Borgward Isabella oder eines Opel Rekord nichts anzubieten...

Das seit langem als so notwendig erkannte Projekt eines komplett neuen Fahrzeuges der Mittelklasse war aus finanziellen Gründen zunächst nicht zu realisieren gewesen. Anfang der Sechziger Jahre hatte sich die Situation bei BMW jedoch grundlegend geändert. Es entstanden Konzepte eines neuen »Mittelwagens« als moderner, mittelgroßer Viertürer mit sportlichem Fahrwerk und starker Motorisierung, und in der ersten Jahreshälfte 1961 erhielt ein solches Auto realitätsnahe Konturen. Die Marketingstrategen definierten es als den Wagen einer »Neuen Klasse«.

Mit der Neuen Klasse zum Durchbruch

1961 debütierte dieses Auto als BMW 1500 auf der IAA in Frankfurt am Main. Unter der Fronthaube arbeitete ein vollkommen neuer Vierzylinder-Reihenmotor mit 1,5 Liter Hubraum. 80 PS reichten für eine Spitzengeschwindigkeit von fast 150 km/h, ein hervorragender Wert. Dazu kam ein superbes Fahrwerk. Die Federung war straff ausgelegt, aber nicht unkomfortabel. Im Innenraum fanden sich Sicherheitsmerkmale wie gepolsterte Ober- und Unterkanten des Armaturenbretts und eine tiefliegende, gepolsterte Lenkradnabe. Die wesentlichsten Impulse der technischen Parameter zu diesem Auto hatte der Konstrukteur Alex von Falkenhausen beigetragen.

Schon ein Jahr nach Produktionsbeginn der »Neuen Klasse« kam ein Schwestermodell mit 1,8 Liter-Motor und 90 PS Leistung auf den Markt. 1964-65 gab es auch eine TI/SA genannte Version, die Sportfahrern mit Ausweis oder Lizenz vorbehalten blieb, 130 PS stark war und in Rundstreckenrennen eingesetzt wurde. Nur 200 Stück wurden aufgelegt, während es vom BMW 1800 immerhin 102.090 und vom 1800 TI 19.663 Stück gab. Ebenfalls 1964 bzw. 1966 folgten dem BMW 1800 die Modelle 1600 und 2000. Und 1969 erschien das Spitzenmodell der Neuen Klasse in Gestalt des BMW 2000 tii, der erstmals über eine Benzineinspritzanlage in einem BMW Serienmodell verfügte.

Auch die neue, ab 1965 angebotene Coupélinie mit den Modellen 2000 C und CS basierte auf der Neuen Klasse - der BMW Tradition folgend, jeder Modellreihe eine Coupéversion zur Seite zu stellen. Mit ihrer rundlichen Frontpartie und einer stark betonten, um den gesamten Karosseriekörper verlaufenden Kante mit Zierleiste entsprach das Karosseriedesign dem Zeitgeschmack. Der 2000 C, der um 20 PS stärker motorisierte CS und der mit Getriebeautomatik erhältliche CA waren vollwertige Vierplätzer; ihre Karosserien wurden bei der Firma Karmann in Osnabrück produziert.

Das Coupé war nicht als Sportwagen konzipiert, hatte aber sportliche Fahreigenschaften (der CS beschleunigte von 0 auf 100 km/h in 13 Sekunden) und gab eine Designlinie vor, die charakteristisch für die nachfolgenden BMW Coupés der berühmten Baureihe E9 werden sollte. Vom Modell C wurden 3249 Stück gebaut, vom besser ausgestatteten CS mehr als drei Mal so viele, nämlich genau 9999 Stück.

Für BMW bedeutete der enorme Erfolg dieser Neuen Klasse endlich den Durchbruch als Hersteller weltweit begehrter, moderner Automobi-

Oben: BMW 1500 von 1962. Die nachgerüsteten Felgen verraten, dass dieses Foto jüngeren Datums ist.

Unten: BMW 1802, gebaut von 1971 bis 1975. Bei diesem Bild handelt es sich um ein Originalfoto jener Zeit.

Chronik BMW Neue Klasse

1961
September: Vorstellung des BMW 1500, einem neuen viertürigen Mittelklassemodell mit 80-PS-Vierzylindermotor (1499 ccm ohc) und vorderen Scheibenbremsen, auf der IAA.

1962
Februar: Nullserie des 1500.
Oktober: Serienbeginn des 1500.

1963
September: Als Alternative zum BMW 1500 steht jetzt ein 1800 zur Verfügung (1773 ccm, 90 PS).

1964
März: Vorstellung des BMW 1600 als Nachfolger des 1500, gebaut bis April 1966. Zugleich erscheint der 1800 TI mit 110 PS (Ausführung TI/SA als Wettbewerbsversion mit 130 PS).
Dezember: Produktionsende des 1500.

1965
Juni: Vorstellung des 2000 C mit 1990-ccm-Motor. Die Karosserie des viersitzigen Coupés wird bei Karmann hergestellt. Modell CS mit 120 statt 100 PS, Modell CA mit automatischem Getriebe.

1966
Februar: Der 2,0-Liter-Motor aus dem 2000 C/S Coupé ist jetzt auch in der viertürigen Limousine zu bekommen. Optional: Getriebeautomatik. Auffallend sind die breiten Scheinwerfereinheiten im Kühlergrill. Zusätzlich gibt es den 2000 TI mit 120 PS.
Juli: 2000 Ti-lux (ab 1968 tilux geschrieben).

1968
August: Der 1800 bekommt einen neuen Motor mit 1766 ccm. Neu: Zweikreis-Bremssystem (auch beim 2000), schwarzer Kühlergrill mit doppelter Chromzierleiste, neue Rückleuchten, Markenemblem rechts neben dem Kennzeichen.
November: Fertigung des 1800 wird zugunsten des 2000 eingestellt.

1969
November: Einführung des 2000 tii. Das zweite i steht für Injection (Einspritzung), die den Doppelflachstromvergaser ersetzt.

1971
August: BMW 1800 mit den breiten Scheinwerfereinheiten des BMW 2000; Bauzeit endet wie alle anderen Modelle der Neuen Klasse im Juni 1972.

le. Zwar wurde der Urtyp BMW 1500 nur bis 1964 produziert, doch die optisch fast identische, gesamte Modellreihe sollte bis 1972 aktuell bleiben. In dieser Zeit entwickelte sich die Neue Klasse zur erfolgreichsten BMW Modellreihe. 329.626 Limousinen liefen insgesamt in München vom Band. BMW hatte den Sprung zum erfolgreichen Massenhersteller moderner Automobile endgültig geschafft.

Beginn einer Ära mit dem Nullzwei
Am 7. März 1966 feierte die BMW AG ihren 50. Geburtstag. Und an diesem Tag stellte der Vorstandsvorsitzende Gerhard Wilcke den Festgästen in der Bayerischen Staatsoper ein neues Modell vor, den BMW 1600-2. Der neue Typ markierte ab nun die Basis des Modellprogramms, war kleiner und schnittiger als die aktuellen Limousinen der Neuen Klasse. Das Dach war vier Zentimeter niedriger, was zusammen mit der flacheren Frontscheibe, den Rundscheinwerfern und den kreisförmigen Rückleuchten den Eindruck von Dynamik und Sportlichkeit betonte. Das Auffälligste an der neuen Limousine: sie besaß nur zwei Türen, daher das Anhängsel-2 in der Modellbezeichnung.

BMW Neue Klasse

Baureihe	Baujahr	Fahrzeugtyp
115 1500	1962-1964	Limousine 4-tür.
116 1600	1964-1966	Limousine 4-tür.
118 1800	1963-1968	Limousine 4-tür.
118 1800 TI	1964-1966	Limousine 4-tür.
118 1800	1968-1972	Limousine 4-tür.
121 2000	1966-1972	Limousine 4-tür.
121 2000 TI	1966-1972	Limousine 4-tür.
121 2000 tii	1969-1972	Limousine 4-tür.
121 2000 tilux	1969-1972	Limousine 4-tür.
120 2000 C	1965-1969	Coupé viersitzig
120 2000 CS	1965-1969	Coupé viersitzig

Motoren	Spezifikation	Modellbezeichnung
1499 ccm 80 PS R4	ohc, Fallstromvergaser	115 1500
1573 ccm 83 PS R4	ohc, Fallstromvergaser	116 1600
1773 ccm 90 PS R4	ohc, Fallstromvergaser	118 1800
1773 ccm 110 PS R4	ohc, Fallstromvergaser	118 1800 TI
1766 ccm 90 PS R4	ohc, Fallstromvergaser	118 1800
1990 ccm 100 PS R4	ohc, Fallstromvergaser	121 2000i, 2000 C
1990 ccm 120 PS R4	ohc, 2 Fallstromvergaser	121 2000 TI, 2000 CS
1990 ccm 130 PS R4	ohc, Einspritzung	121 2000 tii
1990 ccm 120 PS R4	ohc, 2 Fallstromvergaser	121 2000 tilux

Unten links: BMW 2000 von 1966. Auffallend sind die breiten Scheinwerfereinheiten im Kühlergrill. Optional gab es Automatik.

Oben: Als erster Nullzwei erschien 1966 der BMW 1600-2. Die Zweitürer wurden bis 1975 gebaut und bekamen Kultstatus.

Mit dem Zweitürer war BMW ein großer Wurf gelungen, seine Stückzahlen stellten neue Rekorde auf. Das BMW Händlernetz erfuhr eine spürbare Ausdehnung im In- und Ausland. Ein Cabrio blieb mit 1662 zwar eine Rarität, doch die bis Ende 1975 gebauten und rasant abgesetzten 252.282 Limousinen ließen erkennen, in welche Marktlücke BMW vorgedrungen war.
Das technische Innenleben des Nullzwei unterschied sich nur wenig vom viertürigen 1600, dessen Produktion zeitgleich endete. Den Antrieb übernahm ein Vierzylindermotor mit 1573 ccm Hubraum und 85 PS, wie bei allen damaligen BMW um 30 Grad geneigt eingebaut. Das Fahrwerk aus vorderen Federbeinen auf Dreieckslenkern und Schräglenker-Hinterachse stammte ebenfalls von der Neuen Klasse. Auch die Bremsanlage war fortschrittlich und leistungsfähig: vorne verzögerten Scheibenbremsen, bisher eher teueren Automobilen oder Sportwagen vorbehalten.

Visitenkarte Kühlergrill
Wie bei den Viertürern, so folgte auch bei den Zweitürern eine hubraum- und leistungsstärkere Variante nach der anderen. Ende Januar 1968 gab der 100 PS starke 2002 seinen Einstand, Ende April 1971 stellte man den 1802 mit 90 PS vor. Die Motoren waren mit denen identisch, die in den Viertürern zu finden waren. Vom 2002 gab es 1971-1975 auch wieder ein Cabrio.
Leichte Unterscheidungsmerkmale bot der Kühlergrill. Die mit Einzelscheinwerfern bestückte

BMW 2002 ti, gebaut von 1968 bis 1971. Mit 120 PS war der kompakte Wagen überdurchschnittlich stark motorisiert.

Rückansicht des BMW 2002 von 1968. Typisch die kreisrunden Heckleuchten.

BMW Modellreihe 02

Baureihe	Baujahr	Fahrzeugtyp
114 1600-2	1966-1971	Limousine 2-tür.
114 1600 TI	1967-1968	Limousine 2-tür.
114 1600 Cabrio	1968-1971	Cabrio
114 1602	1971-1975	Limousine 2-tür.
114 1802	1971-1975	Limousine 2-tür.
114 2002	1968-1975	Limousine 2-tür.
114 2002 TI (ti)	1968-1971	Limousine 2-tür.
114 2002 tii	1971-1975	Limousine 2-tür.
114 2002 Vollcabrio	1971	Cabrio
114 2002 Bügel-Cabrio	1971-1974	Cabrio
114 1502	1975-1977	Limousine 2-tür.
E20 2002 turbo	1973-1975	Limousine 2-tür.

Motoren	Spezifikation	Modellbezeichnung
1573 ccm 85 PS 4R	ohc Fallstromvergaser	114 1600-2
1573 ccm 105 PS 4R	ohc 2 Fallstromvergaser	114 1600 TI
1573 ccm 85 PS 4R	ohc Fallstromvergaser	114 1600 Cabrio
1573 ccm 85 PS 4R	ohc Fallstromvergaser	114 1602
1766 ccm 90 PS 4R	ohc Fallstromvergaser	114 1802
1990 ccm 100 PS 4R	ohc Fallstromvergaser	114 2002
1990 ccm 120 PS 4R	ohc 2 Fallstromvergaser	114 2002 TI
1990 ccm 130 PS 4R	ohc Einspritzung	114 2002 tii
1990 ccm 100 PS 4R	ohc Fallstromvergaser	114 2002 Vollcabrio
1990 ccm 100 PS 4R	ohc Fallstromvergaser	114 2002 Bügel-Cabrio
1573 ccm 75 PS 4R	ohc Fallstromvergaser	114 1502
1990 ccm 170 PS 4R	ohc, mech. Einspritzung Turbolader	E20 2002 turbo

Frontpartie war beim BMW 1802 mit neun dünnen Alustäben bestückt, beim BMW 2002 war der Grill mattschwarz und in der Waagerechten durch zwei blanke Stäbe unterteilt. Die Rückleuchten waren wie bei allen Nullzwei-Modellen kreisrund. Im September 1973 ließ man dem 1802 kleine kosmetische Änderungen angedeihen. Die Stückzahlen betrugen beim BMW 1802 83.351; beim 2002 – dies war der meist verkaufte Nullzwei – 381.068, und beim 2002 Cabriolet 2517.
Besonderheiten stellten der BMW 2002 ti und der 2002 tii dar, zwei Modelle, die ihre Bezeichnung auch vorn am Kühlergrill zur Schau trugen. Der 1968 präsentierte, ab 1969 lieferbare 2002 ti war die Zweivergaser-Ausführung des 2002 und damit der Nachfolger des 1600 ti; der 2002 tii war sein ab April 1971 bis Dezember 1974 angebotener Nachfolger mit Einspritzmotor, noch einmal um weitere 10 auf nun 130 PS erstarkt.

2002 tii, der ultimative Nullzwei

Besonders der 2002tii war ein beliebter und auch im Ausland gut absetzbarer Wagen. Dass er keine größeren Stückzahlen erreichte als 38.703, hatte einen einleuchtenden Grund: er war der letzte Nullzwei vor dem 1975 präsentierten 320 bzw. 320i der neuen 3er Reihe. Im Juni 1974 wur-

Oben: BMW touring, ein praktischer Dreitürer von hohem Gebrauchswert.

Rechts: Ein BMW Touring 2002 tii als Streckensicherungswagen der ONS auf dem Nürburgring.

de der letzte Linkslenker ausgeliefert; rechtsgelenkte, für den Export bestimmte 2002 tii verließen die Bänder noch bis Dezember.

BMW 2002 turbo

Für Aufsehen sorgte 1973 der BMW 2002 turbo. Als erstes deutsches Serienauto verfügte er über einen Abgasturbolader. 210 km/h schnell, war diese Krönung der Nullzwei-Baureihe aber nur für zehn Monate im Programm und ausschließlich in den Farben Weiß und Silber zu bekommen.

Obwohl sich Vertriebschef Paul G. Hahnemann gegen ein Sportcoupé auf der Basis des Nullzwei ausgesprochen hatte, kam dieses Thema immer wieder auf die Tagesordnung der Vorstandssitzungen. Ohne Zweifel wies der BMW 2002 Charaktereigenschaften eines Sportwagens auf. Wäre also ein rassiges Coupé als Fastback auf 2002-Basis nicht ein Auto gewesen, um erfolgreich gegen den Porsche 912 antreten zu können? Direktor Bönsch gehörte zu denen, die für ein solches Sportfahrzeug plädierten, konnte sich aber nicht durchsetzen. Leider habe man 1970 versäumt, einen Turbo-Sportwagen für die kommende Saison vorzubereiten, bedauerte er im Herbst 1971, und für 1972 sei es jetzt ebenfalls schon zu spät. »Eine überhastete Entwicklung wäre jetzt aber nicht zu verantworten... und ob der Sporteinsatz eines Turbolader-Motors für die Jahre 1973/74 sinnvoll ist, hängt davon ab, ob die großvolumigen Wettbewerber zum Einsatz kommen, denn unser Wagen mit Turbolader müsste in der Klasse über 2000 ccm starten«, hieß es in einem Protokoll. Der Vorteil eines solchen BMW läge im geringen Betriebsmittelaufwand, einem geringen Entwicklungsrisiko und der Image-Aufwertung für den 2002 tii.

Der mit der großen Klappe

Etwas Spezielles stellte auch der BMW touring dar, ein genial konzipierter Dreitürer, der im Februar 1971 als 1,6 Liter sein Debüt gab, dann in den hubraumgrößeren Versionen weitergebaut wurde und dessen Typenbezeichnung ab Ende 1972 analog zur Stufenheck-Limousine 1802 und 2002 lautete. Dieses Auto stellte eine ideale Kombination von Sportlimousine und Nutzfahrzeug dar. Die große Heckklappe erlaubte ein leichtes Be- und Entladen, und wenn man die Fondsitzbank umlegte, erhielt man einen 188 cm langen und 78 cm hohen Frachtraum. Der Dreitürer war in der 2,0-Liter-Motorisierung auch als tii-Ausführung mit 130 PS erhältlich, damit war er an die 190 km/h schnell. Drehstab-Stabilisatoren hatte der touring (auch Touring geschrieben) serienmäßig, ein Fünfganggetriebe erhielt man gegen Aufpreis. Ein automatisches Getriebe war nur beim Modell 2002 zu bekommen.

Aufladung als heißes Thema

Ein Turbo-2002 tii wäre nicht der erste BMW mit Abgas-Turbolader gewesen. Schon 1969 hatte es einen Nullzwei mit Aufladung gegeben, 280 PS stark. Dieter Quester war auf einem solchen Fahrzeug sogar Tourenwagen-Europameister geworden, Ernst Furtmeyer Europäischer Bergmeister. Intensive Versuche mit Aufladung wurden bei BMW fortgesetzt, vermutlich mit einem Seitenblick auf Porsche, wo dieses Thema ebenfalls hohen Stellenwert hatte. Unabhängig davon hatte auch der Ingenieur Michael May (Schöpfer des High-Performance-Motors für Jaguar) Mitte 1970 einen 2002 mit Turbolader gebaut, war aber mit der Leistung von 170 PS nicht zufrieden gewesen. Der Wagen lief 201 km/h – und bekam keinen TÜV-Segen. Er blieb ein Einzelstück.

An die Stelle eines May-Turbo oder gar eines 2002 Sportcoupés, wie es Bönsch und auch v. Falkenhausen vorgeschwebt hatte, trat der auf der IAA 1973 vorgestellte 2002 turbo (Entwicklungsnummer E20). Auch ohne Fastback-Karosserie das richtige und vor allem ABE-abgesegnete Auto für BMW Hardliner, die im Rückspiegel eines Porsche 911 oder Jaguar E-Type eine rotblau-aggressive Botschaft auf dem Frontspoiler erkennen ließen. Unglücklicherweise erschien der 2002 turbo zu einem ungünstigen Zeitpunkt. Wer der Marke mit dem Schnellfahrer-Image ohnehin etwas am Zeug zu flicken hatte, für den war das Auto mit der Spiegelschrift am Bug das sprichwörtliche Öl im Feuer. Man mag darüber spekulieren, ob es wirklich nur die Ölkrise der Siebziger Jahre war, die den Turbo-BMW an seinem Höhenflug hinderte. Der ausschließlich in Chamonixweiß oder in Polaris-Silbermetallic gelieferte BMW 2002 turbo entstand nur 1672 Mal. Diese niedrige Auflage machte ihn zu einer Rarität.

Übrigens hatte man nur die Ausstellungs- und Testwagen mit dem »turbo«-Schriftzug auf dem Spoiler versehen. Zur Auslieferung, die im Januar 1974 begann, gelangte der 210 km/h schnelle Nullzwei indes ohne die provokanten Folienbuchstaben. Understatement? Oder Anpassung an neue Gegebenheiten?

Aber nicht für die Rennstrecke, sondern für die Straße gedacht war jener Wagen, den BMW im August 1973 der Presse vorstellte. Er war mit seinen bauchigen Kotflügeln und seinem dank Aufladung auf 170 PS gesteigerten Motor der bislang stärkste Serien-Vierzylinder unter der weiß-blauen Marke. Knapp vier Wochen später, auf der IAA 1973 in Frankfurt am Main, sorgte das eindrucksvolle Kraftpaket mit seinen auffallenden Kotflügelverbreiterungen für Gesprächsstoff, zu welchem die Medien innerhalb weniger Tage genug Substanz geliefert hatten – im positiven wie im negativen Sinne.

BMW 02 touring, Glas Coupé

Baureihe	Baujahr	Fahrzeugtyp
E6 1600 touring	1971-1973	Kombi-Limousine
E6 1800 touring	1971-1973	Kombi-Limousine
E6 1802 touring	1973-1974	Kombi-Limousine
E6 2002 touring	1971-1974	Kombi-Limousine
E6 2002 tii touring	1971-1974	Kombi-Limousine
1600 GT BMW-Glas	1967-1968	Coupé

Motoren	Spezifikation	Modellbezeichnung
1573 ccm 85 PS R4	ohc, Fallstromvergaser	1600 touring
1766 ccm 90 PS R4	ohc, Fallstromvergaser	1800 touring
1766 ccm 90 PS R4	ohc, 2 Fallstromvergaser	1802 touring
1990 ccm 100 PS R4	ohc, Fallstromvergaser	2002 touring
1990 ccm 130 PS R4	ohc, mech. Einspritzung FAG	2002 tii touring
1573 ccm 105 PS R4	ohc, 2 Fallstromvergaser	1600 GT BMW-Glas

Der Zweiliter-Motor mit Turbolader.

Komfortabel, sicher und umweltgerecht

Der 2002 turbo war zwar ein Straßenwagen, sollte dennoch sowohl Rennsportanforderungen genügen als auch ein schneller, alltagstauglicher Reisewagen sein. Damit entsprach er den 1936 für den BMW 328 Sportwagen formulierten Ansprüchen. Die Eigenschaften des 2002 turbo bezeichnete BMW als »komfortabel, sicher und umweltgerecht«.

Dass nur wenig später die Welt mit den Auswirkungen der Mineralölkrise konfrontiert werden sollte, hatte sich im Sommer 1973 nicht vorhersehen lassen. Der Auftritt des 2002 turbo war von den BMW Marketingstrategen ohne Arg geplant worden. Als Anfang Januar die ersten Exemplare des 2002 turbo zur Auslieferung kamen, trugen sie keine Aufschrift auf dem Frontspoiler (BMW: »aerodynamische Hilfe«). Auch auf den Werbeanzeigen, die das Auto abbildeten, nicht – hier war die Schürze lediglich mit einem dekorativen, blau-rot lackierten Streifen versehen. Auf die Angabe der Null-auf-100-Beschleunigung von

Deutschlands attraktivste Zweitüren-Limousine der Mittsiebziger Jahre: der BMW 2002 turbo.

6,9 Sekunden und die beeindruckende Endgeschwindigkeit von 210 km/h freilich hatte man nicht verzichten wollen.

Flugmotoren- und Lastwagen-Technologie

Der Abgas-Turbolader und sein Arbeitsprinzip waren nicht neu und seit den Dreißiger Jahren bekannt. Bei Flugmotoren hatte man dieses Prinzip schon vor 25 Jahren angewendet, bei Lkw-Dieselmotoren ab 1951. Wenn mitunter in der Presse zu lesen war, es sei die schwedische Firma Saab gewesen, die »den Turbolader fürs Auto nutzbar gemacht« habe, so entspricht dies nicht ganz den Tatsachen. Die beim Turbomotor des Saab 99 – er gab sein Debüt vier Jahre nach der Vorstellung des BMW 2002 turbo – angewendete Innovation Wastegate war lediglich ein Bypass-Rohr, über das Überdruck aus dem Turbosystem abgeleitet wurde. Erfinder der Aufladung unter dem Druck der Abgase war der Schweizer Alfred Büchi, der seine »Stauaufladung« 1905 zum Patent angemeldet hatte. Einen im eigenen Hause entwickelten Turbolader hatte 1954 der Nutzfahrzeughersteller MAN vorgestellt, wobei der 8,72-Liter-Motor des 15-Tonners 758T.L1 in der Leistung von 130 auf 155 PS gesteigert wurde. Dieser Sechszylinder war ein Diesel; in Verbindung mit einem Ottomotor kam erstmals ein amerikanischer Wagen auf den Markt. Dies war der Ende 1961 präsentierte Oldsmobile Turbo Jetfire, dessen V8-Motor mit Aufladung von 185 auf 215 PS kam, gefolgt vom Chevrolet Corvair Turbo Spyder (150-165 PS). Die Motoren beider Modelle litten jedoch unter Überhitzungen und frühzeitigen Verkokungen; man gab das Experiment bald wieder auf.

Nicht zuletzt aber auch, weil die Herstellung eines Motors mit Auladung teurer als ein Saugmotor war, schon durch das komplexe System der Drucksteuerung, also der lastabhängigen Druckminderung durch ein Umluftventil. Elektronische Regeltechnik stand noch nicht zur Verfügung.

Die Umsätze bei BMW bewegten sich auch während der Ölkrise nicht im Rückwärtsgang, und auch der BMW 2002 turbo fand seine Liebhaber; das »Angeberauto« verkaufte sich besser als angenommen. 1974 wurden 1477 Wagen verkauft, 1975 waren es noch einmal 188. Im Vorstellungsjahr hatte man lediglich sieben Vorführ- und Pressewagen komplettiert.

Federführend für das Turbolader-Projekt war Alexander v. Falkenhausen gewesen. Seine ersten Versuche hatte er mit Ladern der Firma Eberspächer unternommen. Der hiermit bestückte, äußerlich kaum modifizierte Testwagen lief an die 230 km/h. Es folgten 1970-71 zwei weitere Versuchswagen, und die mit ihnen erzielten Ergebnisse führten schließlich dazu, dass man eine Serie von 1000 Stück zu bauen beschloss. Robert A. Lutz als Nachfolger Paul G. Hahnemanns vertrat dessen Philosophie, dem Auto ein möglichst auffälliges Erscheinungsbild zu geben, während andere Stimmen im Werk dafür plädierten, auf »Understatement« zu fahren. Lutz setzte sich durch.

In der Serie wies der in der Kompression von 9,5 auf 6,9:1 reduzierte Motor einen KKK-Lader (Kühnle, Kopp & Kausch) auf. Ein Ladedruck von 0,55 atü in Verbindung mit einer mechanischen Saugrohr-Kraftstoffenspritzung von Schäfer – System Kugelfischer – ergaben eine Leistung von 170 PS. Im Rahmen weiterer Veränderungen erhielt der Motor einen Ölkühler, einen etwas vergrößerten Kühlmittelhaushalt, eine Hochleistungs-Kondensatorzündung sowie eine andere, auf den Turbolader abgestimmte Abgasanlage aus »hochwärmefestem Material«, wie es in der Werbung hieß. Doch dieses verkraftete die hohen Temperaturen dennoch nicht, denn der Hitzestau war eine Frage der nicht gut gelösten Wärmeabführung.

Auto des Jahrzehnts?

In der Anwendung der Turbotechnologie war der Wagen ein Wegbereiter; ob er sich für BMW finanziell rentiert hat, sei dahingestellt. Aber er war ja nicht als gewinnbringender Nischenfüller, sondern als Meilenstein der Antriebstechnik zu betrachten. Der BMW 2002 turbo müsse

»nicht nur Auto des Jahres, sondern des Jahrzehnts« werden, da sein Motor eine Revolution sei, hieß es in einem Testbericht in der Münchner Tageszeitung »tz«. Viele Besitzer dieses BMW-Modells waren sicher der gleichen Meinung.
Ein weiterer Turbomotor, der in diesem Zusammenhang Erwähnung finden sollte, war der 1977 von Josef Schnitzer – dann auch von der BMW Motorsport GmbH – gebaute 1,4-Liter von 400 PS (die Hubraumreduzierung basierte auf dem Reglement für aufgeladene Motoren). Mit solchen Aggregaten trat BMW in den USA in der IMSA-Rennserie gegen Porsche an, und mit dem Schnitzer-Turbo wurde Harald Ertl auch 1978 wieder Deutscher Rennsportmeister.
Die Turboentwicklung ging weiter, und last but not least ist es dem Turbolader zu verdanken, dass BMW 1983 die Grand-Prix-Weltmeisterschaft gewann. Als erster Hersteller mit einem Turbo-Formel-1-Motor! Das bis zu 1300 PS Leistung fähige Aggregat basierte auf dem gleichen Serien-Vierzylinder M10, wie er auch im 2002 turbo zu finden war. Was für eine Erfolgsstory... Unbeeindruckt von der öffentlichen Meinung zum Thema Ölkrise machte Porsche da weiter, wo BMW 1975 mit dem 2002 turbo zunächst aufhörte und brachte 1975 den Porsche 911 turbo auf den Markt. Dieser Wagen wurde stetig weiterentwickelt und war ein großer Erfolg.
Bei BMW war das Thema Turboaufladung in einem Serienwagen erst 1983 wieder aktuell: beim 525 td (Diesel), und dann wieder 2006 beim 335i, einem Coupé mit drei Liter großem Benzin-Direkteinspritzer mit zwei parallel arbeitenden Ladern. Da kam wieder Freude am Fahren auf!

Der Bracq-Turbo

Der BMW 2002 turbo hatte einen Vorgänger. Mit ihm hatten Alex v. Falkenhausen und Chefdesigner Paul Bracq im Olympiadejahr 1972 einen besonderen Akzent gesetzt.
Es handelte sich um ein avantgardistisches Sportcoupé mit Mittelmotor, gebaut als Einzelstück und Demonstrationsobjekt, eine Art rollendes Versuchslabor im Sinne damaliger Sicherheits-Prototypen. Das Auto bestach nicht nur durch seinen brillanten Auftritt, sondern durch eine Fülle von Innovationen, die einige betuchte BMW Liebhaber veranlassten, dem Werk Blankoschecks zu schicken in der Hoffnung, einen identischen Wagen als Einzelanfertigung erhalten zu können – was natürlich außer jeder Diskussion stand. Wohl entstand ein Jahr später bei Michelotti mit geringen Abweichungen (es hatte keine Schiebefenster in den Flügeltüren) ein zweites Exemplar, aber ebenfalls nur als Prototyp und zu Ausstellungszwecken. Dennoch wurde das Thema eines Mittelmotor-Supersportwagens (wenn auch in vieler Hinsicht abgewandelt) später aufgegriffen, einschließlich der beiden Markenembleme auf dem Heck: beim spektakulären BMW M1. Konstruktiv direkt verwandt sind die Fahrzeuge jedoch nicht.

Olympischer Technologieträger

Das anlässlich der Olympischen Spiele im August 1972 vorgestellte und intern E25 genannte Coupé trug die schlichte Bezeichnung BMW Turbo und wurde von seinen Schöpfern als ein Experimentalfahrzeug bezeichnet – das vor der Präsentation so gut wie gar nicht auf die Straße gekommen war. Es wurden mit ihm keineswegs lange Distanzen unter extremen Konditionen gefahren, noch setzte man das kostbare Unikat etwa einem Crashtest aus.
Der Turbo war ein zweisitziger Flügeltürer mit einer Kunststoffkarosserie, die unterschiedlich strukturierte Deformationsbereiche und Klappscheinwerfer aufwies. Von Knautschzonen war damals noch nicht die Rede. Außerdem sollten waagerecht angeordnete Teleskopdämpfer im Fall eines Unfalls Aufprallenergie absorbieren. Dem Sicherheitsgedanken entsprach auch die Ausgestaltung des Cockpits sowie die Lackierung in knalligem Rotorange, von vorn nach hinten Hell bis Dunkel changierend.

Elegantes Heck, das man auf der Autobahn leider nie zu sehen bekam.

Unten: Das von Paul Bracq gezeichnete Mittelmotorcoupé hatte Flügeltüren und Klappscheinwerfer – Attribute von hoher Aktualität.

Der von Alex v. Falkenhausen konstruierte 1990-ccm-Vierzylindermotor, Basis 2002 tii, hatte Benzineinspritzung und Abgas-Turboaufladung. Die 200 PS (steigerungsfähig bis zu 280 PS) ermöglichten einen Sprint von Null auf 100 km/h in nur 6,9 Sekunden. Weitere Besonderheiten dieses Wagens waren die aufwändige schwarze Lederausstattung, ein im Bug eingebauter Distanzmesser für den Bremsweg mit Warnfunktion auf dem Cockpitdisplay, eine erste Version des Bordcomputers »Check Control«, Teleskoplenksäule, Scheibenbremsen vorn und hinten sowie superbreite 9 1/2-Zoll-Aluminiumfelgen im Turbolook.

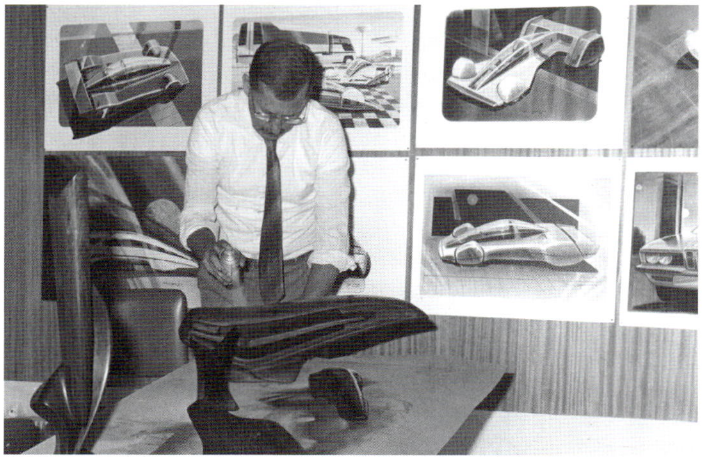

Stylist Paul Bracq in seinem privaten Studio. Er schuf nicht nur Automobilkarosserien, sondern war auch ein begabter Bildhauer.

Ein bis 300 km/h kalibriertes Breitband-Tacho und eine zum Fahrer hin angewinkelte Mittelkonsole – später ein in der Serie übernommenes Element – machten sich ebenso interessant wie eine Plakette vor dem hinteren Radkasten mit der Aufschrift »BMW Styling«. Den berühmten Hofmeister-Knick in der Seitenscheibe hatte Bracq nicht vergessen – ihn allerdings nach vorne gesetzt! Mittig zwischen zwei BMW Emblemen auf dem Heckabschluss prangte die Modellbezeichnung TURBO.

Nicht nur das Turbocoupé war Bracqs stilistisches BMW Vermächtnis. Auch die ersten 5er, 3er und 7er BMW tragen die Handschrift des Künstlers aus Bordeaux.

Geröstet wie am Bratspieß

Das nur 980 kg wiegende Coupé wies auch das Fahrwerk des 2002 tii auf und war absolut straßentauglich, wurde aber nur zu wenigen Versuchsfahrten und Messungen verwendet. Es lief über 250 km/h. Doch Turbolader und Abgassystem litten unter Problemen des Wärmestaus, und die enorme Hitze, die sich beim Abfragen der vollen Leistung entwickelte, teilte sich auch dem eleganten Cockpit mit: die Insassen schmorten wie die Brathendl am Spieß. So gesehen war das Olympische Feuer in Paul Bracqs BMW Turbo bestens präsent.

In nur wenigen Monaten wurde das Fahrzeug bei der Carrozzeria Michelotti in Turin gebaut. Bracq und Kollegen aus der Entwicklungsabteilung begaben sich alle drei Wochen nach Italien, um den Fortgang zu begleiten. Mehr als 230.000 Mark standen nicht zur Verfügung, ein lächerlich geringer Betrag für einen Prototyp. Doch Vorstandschef v. Kuenheim führte das Unternehmen auf Sparkurs.

Denkmal für Bob und Paul

Paul Bracq, im Oktober 1969 vom BMW Chefkonstrukteur Bernhard Osswald von Brissonneau & Lotz abgeworben, hatte beim Vorstand – noch war Paul G. Hahnemann dabei – beste Karten. Seine Sprachgewandtheit und sein gestalterisches Talent standen einander nicht nach. Die erste Studie für den Turbo im Maßstab 1:5 stand

im Büro des Hahnemann-Nachfolgers Bob Lutz, so lange dieser bei BMW tätig war, und wurde dann – unter einer schützenden Glashaube – wie das Original zum Museumsstück erklärt. Interessant ist, dass sich Eberhard v. Kuenheim gern mit dem Modell fotografieren ließ, obwohl er kein so engagierter Promotor des Projekts gewesen war wie etwa Hahnemann. Er hatte lediglich dem Drängen seines neuen Chefverkäufers Lutz nachgegeben, zur Olympiade ein Show Car auf die Räder zu stellen. Weder gab es ein offizielles Budget für solche Extravaganzen, noch stand für ihre Realisierung ein Stab zur Verfügung. Bob Lutz, ab Januar 1972 bei BMW, verwendete die ihm eigene Dynamik, um die Idee durchzusetzen. Er war es auch, der Bracq eine eigene Abteilung einrichtete, die unabhängig von der Karosseriekonstruktion arbeiten konnte; zu seinen ersten Mitarbeitern zählten Georg Bertram und Hans A. Muth.

Bracq sah in seiner Schöpfung die Reinkarnation des BMW Sportwagens 328 in Mille-Miglia-Ausführung von 1940. »Paul und Bob haben sich ein gemeinsames Denkmal gesetzt,« witzelten die Kollegen der neuen Styling-Abteilung. BMW anlässlich der Olympischen Spiele in München mit einem solchen Auto ins Rampenlicht zu bringen, war den beiden großartig gelungen. Paul Bracq lieferte noch weitere Entwürfe zu Sportwagen, offenen wie geschlossenen. Auch die berühmte Pagoden-Baureihe bei Mercedes-Benz (230, 250 280 SL) war sein Werk; für die Stuttgarter war er seit 1957 tätig gewesen. Das Design des Mercedes-Benz 600 und der Heckflossen-Nachfolger W 114 (Strich-8) stammten ebenfalls von Bracq. Die Ideenfülle des kreativen Franzosen schien unendlich, doch die wenigsten Konzepte hatten letztlich die Chance, eine Umsetzung zu finden. Aber seine Handschrift prägte mehr als nur eine Generation von BMW Automobilen, wie Blicke auf die Ahnengalerie der 5er, 3er und 7er Reihen unschwer erkennen lassen.

Neue Sechszylinder-Baureihe

1968 konnte es sich BMW nach dem Erfolg der Neuen Klasse und des Nullzwei erlauben, die Tradition der Dreißiger Jahre mit Sechszylindermotoren zeitgerecht zu erneuern. Die Modelle 2500 und 2800, mit denen das Unternehmen wieder in den Markt der großen Limousinen eintrat, feierten Premiere. Die geräumige Karosserie mit den charakteristischen Doppelscheinwerfern zeigte sich betont sachlich. Ganz anders das gleichzeitig auf den Markt kommende Coupé der Baureihe E9, dessen dynamische Silhouette vor allem auf den Rennstrecken der Welt zum Symbol für Überlegenheit wurde. Die Motoren waren für beide Karosserievarianten gleich: die um 30 Grad geneigt eingebauten Triebwerke hatten eine siebenfach gelagerte Kurbelwelle mit zwölf Gegengewichten für einen vibrationsfreien Lauf und eine obenliegende Nockenwelle. Eine der technischen Neuheiten der beiden konstruktiv glei-

Oben: Die spiegelverkehrte Aufschrift auf dem Spoiler hatten die 2002 turbo-Serienfahrzeuge nicht – angeblich waren sie als Provokation empfunden worden.

Unten: Der 3,3-Liter-Einspritzmotor des Spitzenmodells BMW 3.3i, gebaut 1975 bis 1977. Das Aggregat leistete 200 PS.

Rechts: Ein klassischer »Achtundsechziger«: BMW 2800.

Rechts unten: BMW 3.0S Coupé von 1971.

BMW 3.0 CS Coupé von 1971-75. Ein zeitlos schöner Klassiker.

chen Motoren war der in die Kolben eingeprägte, so genannte Dreikugel-Wirbelbrennraum. Er sorgte für eine intensivere Verbrennung des Gemischs, was sich unter anderem in üppigen Leistungen niederschlug. Der 2,5 Liter brachte es auf 150 PS, der 2,8 Liter auf 170 PS. Das reichte aus, um den 2800 in den exklusiven Kreis der 200 km/h-Wagen zu katapultieren. Und auch der 2500 mit 190 km/h Spitze hatte nur wenig Konkurrenz zu fürchten.
Mit dem Fahrwerk und dem Aufbau der Modelle 2500/2800 stellte BMW im April 1971 eine Dreiliter-Vergaserversion dieses Fahrzeugs als 3.0 S vor, die Serienfertigung begann im Mai. Ab September des gleichen Jahres hatte der Kunde auch die Möglichkeit, eine Einspritzversion in Gestalt des 3.0 Si zu bekommen. Die Kraftstoffzuführung erfolgte drehzahl- und lastabhängig durch sechs Magnet-Einspritzventile, der Zündfolge entsprechend in zwei Gruppen zu je drei Zylindern gesteuert. Dieser Wagen blieb bis 1974 das Flaggschiff der BMW Flotte, ehe der 3,3 Liter auf den Markt kam.
Mit einem um 10 cm verlängerten Radstand und dadurch mehr Beinfreiheit im Fond folgte 1975 der 3.0 L. Alle Dreiliter waren auch mit einem Borg-Warner-Automatikgetriebe zu bekommen. Die Gesamtzahl aller Fahrzeuge dieser Motorisierungsvariante belief sich auf 58.398.

Komfort auf höchstem Niveau
Der erste BMW, der deutlich über 30.000 Mark kostete, war der im Frühjahr 1974 eingeführte 3.3 L. Mit 3295 ccm war der Sechszylinder der größte Motor, den BMW nach dem Kriege bisher gebaut hatte. Die im November 1976 nachgelegte Einspritzversion (Bosch L-Jetronic) hatte eine andere Kurbelwelle mit geringerer Hubhöhe, was einen auf 3210 ccm reduzierten Hubraum zur Folge hatte. BMW 3.3 L und 3.3 Li – das L stand sowohl für Luxus als auch für Langversion, das i für injection – waren die unmittelbaren Vorgänger der im Januar 1977 eingeführten 7er Reihe. Zum Serienumfang der 3,3-Liter-Wagen gehörten Servolenkung, Radio, Kopfstützen auch für die Fondsitze und ein Sicherheitslenkrad. Klima- und Lüftungsanlage entsprachen höchstem Niveau, auf Wunsch gab es auch Getriebeautomatik.
In besonders leistungsstarker Ausführung debütierte im April 1971 der BMW 3.0 CS. Dieses Coupé bildete die Grundlage für die Rennsport-

BMW 3.0 CSi, 1971-75. Die Karosserie wurde bei der Firma Karmann hergestellt.

Chronik BMW E9
Sechszylinder-Klassiker 1968 - 1977

1968
September: Vorstellung des großen Coupés 2800 C der Baureihe E9. Seine Karosserie gleicht der des 2000 CS und wird wie diese bei Karmann in Osnabrück produziert.
Produktionsbeginn der Limousinen 2500 und 2800. Beim 2800 serienmäßig Niveauregulierung und Sperrdifferenzial.
Dezember: Serienanlauf des 2800 CS.

1971
April: Einführung der BMW 3.0 S Limousine mit Vergasermotor. Der 3.0 CS ersetzt den 2800 CS.
Mai: Als Leichtbau-Sportcoupé der Baureihe E9 wird der 3.0 CSL gebaut.
September: 3.0 Si und 3.0 CSi mit Kraftstoffeinspritzung. Vierrad-Scheibenbremsen.

1972
Januar: Entfall der Niveauregulierung beim 2800.
August: Beim 3.0 CSL ersetzt ein Einspritzmotor (200 PS) den Vergasermotor (180 PS).

1973
August: Präsentation des 3.3 L (3154 ccm) mit 10 cm längerem Radstand, mehr Platz im Fond und verbesserter Ausstattung. Mit dem größeren Motor ist auch der CSL erhältlich.
September: Alle E9-Modelle jetzt mit mattschwarzem Kühlergrill, neuen Felgen, neuen Sitzbezugsstoffen, verstellbarem Lenkrad, Automatikgurten und Kopfstützen.

1974
März: Der 3.3 L geht in Serie.
April: Einführung des Coupés 2.5 CS (2494 ccm) mit 150 PS.

1975
Februar: Auch der 2.8 und der 3.0 sind in der Langversion zu bekommen.
Dezember: CSi- und CSL-Modelle werden mit Ablauf des Jahres nicht mehr gebaut.

1976
September: Die Limousine 3.3 L erhält einen Einspritzmotor. Als 3.3 Li leistet der Sechszylinder 197 PS.

1977
Februar: Produktionsende für die Limousinen 2.8, 3.0 und 3.3.

wagen, die vor allem durch die Alpina- und Schnitzer-Teams von Erfolg zu Erfolg pilotiert wurden. Im September 1971 mutierte das Coupé durch Einbau eines Einspritzmotors zum 3.0 CSi, und als spurtstarke Leichtbau-Ausführung kam der 3.0 CSL hinzu, dessen Karosserie eine Vielzahl von Bauteilen aus Aluminium aufwies. Ab 1973 erfuhr der Motor beim CSL eine Änderung (größere Zylinderdimensionen, resultierend in 3153 ccm) und leistete nun 206 statt 180 PS, gut für eine Spitze von 220 km/h. Ein großer Heckflügel, ein Leitblech an der hinteren Dachkante und auffällige Peilstege auf der Motorhaube ließen den Wagen spektakulär aussehen. Vom 3.0 CS wurden 11.063 Stück gebaut, vom CSL waren es 1039, vom CSi 8201.

E9 Sechszylinder-Klassiker 1968 - 1977

Baureihe	Baujahr	Fahrzeugtyp	Motorisierung
E9 2500	1968-1977	Limousine	6 Zyl 2494 ccm 150 PS
E9 2800, 2800 L	1968-1977	Limousine	6 Zyl 2788 ccm 170 PS
E9 3.0 S	1971-1977	Limousine	6 Zyl 2985 ccm 180 PS
E9 3.0 L	1975-1977	Limousine Langvers.	6 Zyl 2985 ccm 180 PS
E9 3.0 Si	1971-1977	Limousine	6 Zyl 2985 ccm 200 PS Einspritzer
E9 3.3 L	1974-1975	Limousine Langvers.	6 Zyl 3295 ccm 190 PS
E9 3.3 Li	1975-1977	Limousine Langvers.	6 Zyl 3295 ccm 200 PS Einspritzer
E9 2800 CS	1968-1971	Coupé	6 Zyl 2788 ccm 170 PS
E9 2.5 CS	1974-1975	Coupé	6 Zyl 2494 ccm 150 PS
E9 3.0 CS	1971-1975	Coupé	6 Zyl 2958 ccm 180 PS
E9 3.0 CSL	1971-1975	Coupé (Leichtbau)	6 Zyl 3153 ccm 206 PS
E9 3.0 CSi	1971-1975	Coupé	6 Zyl 2958 ccm 200 PS Einspritzer

Im Münchner Norden das neue Wahrzeichen der Stadt: das BMW Hochhaus, genannt »der Vierzylinder«.

Stark aufgestellt in der oberen Mitte

»Der neue Zweiliter-Vierzylinder-Wagen der Bayerischen Motoren Werke trägt die Modellbezeichnung BMW 520 (sprich: fünf-zwanzig). Dabei kennzeichnet die erste Ziffer den Wagentyp, die zweite und dritte den Motorhubraum.«

Mit einer knappen, nur zwei Sätze umfassenden Erklärung zur Einführung einer neuen Viertürer-Modellreihe stellte BMW auf der IAA im September 1972 das Modell 520 vor. Die Mittelklasse erfuhr mit dem 5er BMW eine Definition, die sich vom bisherigen Muster abzuheben begann.

Die BMW 5er Reihe

Das Erscheinungsbild der beiden zunächst gezeigten Modelle BMW 520 und BMW 520i ließ eine neue Formensprache erkennen. Große Fensterflächen bei niedriger Gürtellinie waren die auffälligsten Merkmale dieser neuen Form. Im Cockpit dominierte eine auffallend strenge Funktionalität. Der BMW-Chefdesigner Paul Bracq hatte die Grundlage zu einem Stil geschaffen, der Jahrzehnte überdauern sollte und die Marke unverwechselbar machte. Der intern als E12 bezeichnete neue Viertürer löste den 2000 der »Neuen Reihe« ab, wies eine rechnerprogrammierte Sicherheitskarosserie mit Knautschzonen an Bug und Heck auf, hatte die damals so prestigeträchtigen Doppelscheinwer-

Dreißig Jahre liegen zwischen dem am Tegernsee fotografierten BMW 525 der Baureihe E12 von 1974 und dem BMW M5 von 2004.

Chronik BMW 5er E12, E28

1972
September: Vorstellung des viertürigen BMW 5er der Baureihe E12; sie löst die bisherigen Mittelklasse-Viertürer ab, und der 520 mit 115 PS hat fast den gleichen Vergasermotor wie der bisherige BMW 2000 Ti. Mit Kraftstoffeinspritzung (125 PS) heißt das Modell 520i.

1973
September: Auf der IAA zeigt BMW den Sechszylinder 525 (2494 ccm, 145 PS).

1974
Juni: Mit dem 1766-ccm-Vierzylinder des BMW 1800 erscheint der 518 (90 PS).

1975
Februar: Einführung des 528 (165 PS).
September: Für den Export in die USA und nach Kanada wird ein 530i gebaut (3153-ccm-Sechszylinder); er weist u.a. seitliche Zusatz-Blinkleuchten auf.

1977
Juni: Der bisherige Vergaser-528 wird zum 525i mit Einspritzung (176 PS).
August: Der BMW 520 ist jetzt ein Sechs- statt ein Vierzylinder (1990 ccm, 122 PS) mit Doppelregister-Fallstromvergaser.
September: Die BMW Motorsport GmbH präsentiert den M 535i mit modifiziertem Fahrwerk, innenbelüfteten Scheibenbremsen, Fünfgang-Sportgetriebe und großer Frontschürze. Der 3453-ccm-Sechszylinder hat 218 PS.

1980
April: Auslieferungsbeginn des M 535i. Der Wagen wird bis Juni 1981 gebaut.

1981
Juni: Der neue 5er E28 löst den E12 ab. Angeboten werden ein 518, ein 518i, ein 520i sowie ein 525e mit 2693 ccm (125 PS). Spitzenmodelle sind der 525i und der 528i. Optimierte Karosserien, überarbeitete Innenausstattungen.

1983
Juni: Einführung des 524td mit 2443-ccm-Turbodieselmotor (115 PS).

1984
Dezember: Einführung des 535i als Alternative zum M 535i, dessen Nachfolger erst 1985 herauskommt.

1985
Dezember: Der M5 (E28S) löst den M 535i ab. Der Motor ist der Vierventil-2ohc-Sechszylinder aus dem M1 mit 3453 ccm (286 Katalysator-PS).

1986
März: Ohne Turbolader wird der 524d (86 PS) angeboten.

fer sowie Instrumente mit orangefarbener Beleuchtung. Das Fahrwerk mit der Längslenker-Hinterachse entsprach klassischer BMW-Bauweise. Parallel zum BMW 520 gab es ab Oktober 1972 den 520i mit Einspritzmotor gleicher Dimensionen, jedoch 125 statt 115 PS leistend. Ab

BMW 5er E12

Baureihe	Baujahr	Fahrzeugtyp
E12	1972-1976	Limousine 4-tür.
E12/2	1976-1981	Limousine 4-tür.
E12/4	1972-1981	Limousine 4-tür.
E12/5	1977-1982	5er mit M60-Motor 2,0 Liter
E12/6	1972-1981	5er mit M68-Motor 2,8 Liter
E12/8	1973-1981	5er Fertigung Südafrika

Motoren	Spezifikation	Modellbezeichnung
1566 ccm 90 PS R4	ohc	518
1990 ccm 115 PS R4	ohc	520
1990 ccm 130 PS R4	ohc, Bosch-Einspritzung	520i
1990 ccm 122 PS R6	ohc	520-6
2494 ccm 145 PS R6	ohc	525
2788 ccm 165 PS R6	ohc	528
2788 ccm 177 PS R6	ohc, L-Jetronic	528i
3453 ccm 218 PS R6	ohc, L-Jetronic	M535i
2986 ccm 178 PS R6	ohc, L-Jetronic	530i Export USA, Japan

Rechts zwei BMW 520 von 1974.

BMW 5er E28

Baureihe	Baujahr	Fahrzeugtyp
E28	1981-1987	Limousine 4-tür. und M-Version

Motoren	Spezifikation	Modellbezeichnung
1766 ccm 90 PS R4 Otto	ohc	518
1766 ccm 105 PS R4 Otto	ohc L-Jetronic	518i
1990 ccm 125 PS R6 Otto	ohc L/LE-Jetronic	520i kat
2494 ccm 125 PS R6 Otto	ohc Motronic	525e kat
2494 ccm 150 PS R6 Otto	ohc L/LE-Jetronic	525i
2788 ccm 184 PS R6 Otto	ohc L/LE-Jetronic	528i
2693 ccm 121 PS R6 Otto	ohc L-Jetronic/Motronic, Kat	528e Export USA, Japan
3210 ccm 181 PS R6 Otto	ohc L-Jetronic/Motronic, Kat	533i Export USA, Japan
3430 ccm 218 PS R6 Otto	ohc ME-Motronic	535i
3430 ccm 218 PS R6 Otto	ohc ME-Motronic	M535i
3453 ccm 286 PS R6 Otto	2ohc 4v Motronic	M5
2443 ccm 86 PS R6 Diesel	ohc Wirbelk.-Einspritzg.	524d
2443 ccm 115 PS R6 Diesel	ohc Wirbelk.-Einspritzg.Turbo	524td

Oben: Solche Bilder entstehen immer nur dem Fotografen zuliebe...

Links: Testfahrt mit einem BMW 528 von 1976.

Ganz oben: BMW 530 von 1975, wie er auf dem amerikanischen Markt angeboten wurde.

September 1973 konnte man den neuen 5er BMW auch mit dem Sechszylindermotor des BMW 2500 bestellen. Die Ausbaufähigkeit der 5er Reihe hatte ihren ersten Beweis erbracht, und auch der vom Februar 1975 bis September 1978 angebotene BMW 528 als weitere Variante gehörte zu den Bestsellern dieser Klasse.
Mit dem 1766-ccm-Vierzylinder aus dem BMW 1802 erschien im Juni 1974 ein »Sparmobil« in der BMW Palette: der Typ 518. Äußerlich unterschied sich dieser Wagen vom 520 nur durch seine Typenbezeichnung am Heck. Zur Erinnerung: Es herrschte weltweit eine Mineralölkrise, und alle Autohersteller waren darauf bedacht, ihrem Programm leistungs- und verbrauchsminimierte Alternativen hinzuzufügen. Aus diesem Grunde

BMW 528i von 1980 vor oberbayerischer Kulisse.

bot BMW zeitweilig auch einen 1502 an, einen sparsamen und preisgünstigen 1,6-Liter, der sich annähernd 73.000 Mal verkaufen ließ.

M535i – Höhepunkt der Modellreihe E12

Im Herbst 1977 kam als Ablösung des Zweiliter-Vierzylinders ein 5er BMW als Auto der gleichen Größenordnung mit Sechszylindermotor, ein seidenweich laufender Kurzhuber, auf den Markt. Wie seinen Vorgänger erhielt man den 122 PS starken Wagen wahlweise mit Fünf- statt Viergang-Schaltgetriebe. Eine Änderung hatte es im Frontbereich gegeben; die Doppelniere ragte um etwa 3 cm über die vordere Abschlusskante der Motorhaube hinaus. Auch die Heckleuchten hatte man etwas geändert.

Als Abschluss und Höhepunkt der 5er Modellreihe E12 erschien im April 1980 der M535i. Einige Tuningfirmen hatten den im Rennsport eingesetzten 3453-ccm-Motor schon vorher in den Viertürer implantiert; nun bot die BMW Motorsport GmbH ein solches Auto auch selbst an. Ein verstärktes Fahrwerk mit innenbelüfteten Scheibenbremsen trug der Leistung von 218 PS Rechnung, ein Fünfganggetriebe hatte der Wagen serienmäßig. Die tief herabreichende Frontschürze ließ erkennen, dass dieses Auto einer besonderen Spezies angehörte.

Der 5er der zweiten Generation

Im Sommer 1981 erfolgte die Einführung einer neuen 5er Generation, intern als E28 bezeichnet. Man bot den Viertürer in den Motorisierungen 1,8 Liter (518), 2,0 Liter (520) und 2,5 Liter (525e) an. 518i und 520i kennzeichneten ab 1984 die Einspritzversionen mit Bosch L-Jetronic. Der 1983 eingeführte 525e war wie der 520i ein Sechszylinder-Einspritzer mit elektronisch aktivierter Bosch-Motronic. Die Karosserie der Reihe E28, die bis Oktober 1987 aktuell blieb, war im Front- und Heckbereich gefälliger geworden; die Doppelniere war flacher und breiter, die Motorhaube an ihrer Vorderkante tiefer heruntergezogen. Das Design wirkte insgesamt ruhiger. Viel Anklang fand die zum Fahrer hin angewinkelte Mittelkon-

BMW 518i von 1984, Baureihe E28.

Auf Eis und Schnee ließ sich der BMW 5er nicht ganz so flott bewegen wie es hier den Anschein haben mag. Fronttriebler waren ihm überlegen. Erst mit der 1991 vorgestellten Allradversion E34/16 war der BMW-typische Fahrspaß auch auf winterlicher Straße hundertprozentig.

BMW 5er E34

Baureihe	Baujahr	Fahrzeugtyp
E34	1988-1995	Limousine 4-tür.
E34/5	1990-1997	Touring 5-tür.
E34/16	1991-1996	Limousine 4-tür. Allrad
E34/5-16	1991-1996	Touring 5-tür. Allrad
E34S	1988-1995	M5 Limousine
E34/5S	1992-1995	M5 Touring

Motoren	Spezifikation	Modellbezeichnung
1796 ccm 113 PS R4 Otto	ohc Einspr., Kat	518i
1990 ccm 129 PS R6 Otto	ohc Einspr., Kat	520i
1991 ccm 150 PS R6 Otto	2ohc 4v Einspr., Kat	520i 24V
2494 ccm 170 PS R6 Otto	ohc Einspr., Kat	525i
2494 ccm 192 PS R6 Otto	2ohc 4v Einspr., Kat	525i 24V; 525iX 24 V
2986 ccm 188 PS R6 Otto	2ohc 4v Einspr., Kat	530i
3430 ccm 211 PS R6 Otto	2ohc 4v Einspr., Kat	535i
2997 ccm 218 PS V8 Otto	2ohc 4v Einspr., Kat	530i V8
3982 ccm 286 PS V8 Otto	2ohc 4v Einspr., Kat	540i V8
3535 ccm 315 PS V8 Otto	2ohc 4v Einspr., Kat	M5 3,5 Kat
3795 ccm 340 PS V8 Otto	2ohc 4v Einspr., Kat	M5 3,8
2443 ccm 115 PS R6 Diesel	ohc Wirbelk.-Einspritzg. Turbo	524td
2498 ccm 115 PS R6 Diesel	ohc Wirbelk.-Einspritzg. Turbo	525td
2498 ccm 143 PS R6 Diesel	ohc Wirbelk.-Einspritzg. Interc.	525tds

sole, man konnte wirklich von einem »Arbeitsplatz« sprechen. Die letzten, ab April 1987 gebauten 520i waren mit Katalysator erhältlich.
Mit Einführung der 5er Reihe E28 im Jahre 1981 standen auch die beiden Sechszylinder 2,5 und 2,8 Liter parat. Als 525i und 528i mit Bosch-L-Jetronic waren sie die über 200 km/h schnellen Eliteautos im Programm.

Erster BMW mit Dieselmotor

Im Juni 1983 stellten die Bayerischen Motoren Werke ihren ersten Wagen mit Dieselmotor vor. Der ohc-Vierzylinder des 524td hatte einen Abgasturbolader und wurde bei der BMW Motoren GmbH in Steyr, Österreich, gebaut. Die anfangs geäußerte Skepsis, ob ein Diesel zu BMW passe, verflog schon bald, nachdem sich der Selbstzünder (Wirbelkammer-Einspritzer) als ungewöhnlich stark und leise erwiesen hatte. Kurbelgehäuse/Motorblock entsprachen dem im Vergasermotor. Das identische Modell gab es 1986-87 auch als 524d, hier ohne Turbolader. Dieser Motor war auch im BMW 324d zu finden.

Chronik BMW 5er E34

1987
November: BMW kündigt die dritte 5er Generation, Baureihe E34, an. Gänzlich neue Karosserie mit flacher Doppelniere und ansteigendem Heck, optimiertes Fahrwerk.

1988
Januar: Serienanlauf des E34 mit den Modellen 520i, 525i, 530i und 535i.
524td mit Abgas-Turbolader.
August: Einführung des M5 mit 3535-ccm-Motor, er leistete 315 PS.

1990
Mai: Einführung eines neuen Motors (192 PS) im 525i. ABS serienmäßig.

1991
September: Vorstellung des 525iX mit permanentem Allradantrieb. Der vierventilige Sechszylinder hat 2484 ccm Hubraum (192 PS).
525tds (143 PS) als Nachfolger des 524td mit Turbodieselmotor und Ladeluftkühlung.

1992
Januar: Neuer Motor für den M5, jetzt mit 3795 ccm (340 PS).
März: Neue V8-Motoren für die Limousine 530i (2997 ccm, 218 PS) und 540i (3982 ccm, 286 PS).
Mai: Vorstellung des 5er Touring, lieferbar zunächst als 520i und 525i.
September: Alle Sechszylindermotoren mit variabler Nockenwellenverstellung (Vanos).
Dezember: Einführung des Touring mit V8-Motor: 530i, 540i. Als Touring M5 mit 3795-ccm-Sechszylinder (340 PS).

1993
Januar: Ein 518i ergänzt als Sparmodell die 5er Reihe (Vierzylinder 1786 ccm, 115 PS).
April: Modellpflege 518i.
September: 525td (115 PS, ohne Ladeluftkühlung),

1995
Überschneidend mit der neuen 5er Reihe E39 gab es den E34 Touring noch bis Anfang 1996. 1995 kam der 518g (Erdgasbetrieb, 115 Kat-PS) hinzu.

Die Diesel-BMW verkauften sich sehr gut und standen auch auf dem Gebrauchtwagenmarkt noch jahrelang hoch im Kurs.
Nachdem der BMW M535i ab 1981 nicht mehr zu bekommen war, gab es einen vergleichbaren Wagen erst wieder 1984, jetzt mit 218 PS und 225 km/h Höchstgeschwindigkeit. Zunächst figurierte er wie sein Vorgänger als M535i, ab 1986 entfiel das Prefix M. Aus einfachem Grunde: BMW führte eine neue Modellreihe ein, bei der das M als Typenbezeichnung ein Eigenleben zu führen begann. »M-Power« hatte sich durch die vielen Erfolge der Marke BMW im Motorsport als Begriff gut durchgesetzt, und so war auch der erste BMW M5 mit seinem 3453-ccm-Sechszylinder (245 km/h Spitze) sehr viel mehr als nur ein Wolf im Schafspelz. Die Exklusivität des M5 drückte sich nicht nur in seinem hohen Preis aus, sondern auch in seiner begrenzten Auflage: mehr als 2180 wurden nicht gebaut. Den 535i in der E28-Ausführung gab es hingegen 46.653 Mal.

BMW E34 530i von 1992 mit Vierventil-Sechszylindermotor und 188 Katalysator-PS.

Neuer, stärker, schlichter

Im Herbst 1987 präsentiert und Anfang 1988 eingeführt, stellte die dritte 5er Generation mehr als nur eine Weiterentwicklung dar. Es handelte sich um eine grundlegende Neukonstruktion, was dem Auto auch anzusehen war. Alles bayerisch Barocke war verschwunden, die Linien und Flächen geglättet. Das Heck war höher geworden, die Kühlerfront flacher. Nur die Motoren waren alte Bekannte: Es gab nach wie vor einen 2,0 Liter, einen 2,5 Liter, einen 3,0 Liter und einen 3,5 Liter, sämtlich Einspritzer. Die Typenbezeichnungen hießen entsprechend 520i, 525i, 530i, 535i. Einen 518i gab es ebenfalls, anfangs nur für den Export, erst 1993 bis 1996 auch auf dem Inlandsmarkt. Die Baureihe E34 behielt ihre Aktualität bis 1995 (der 1991 hinzugekommene Touring bis 1996), bevor der E39 als vierte 5er Generation sein Debüt gab.
Im Mai 1990 führte BMW bei den 2,0- und 2,5-Liter-Motoren Vierventiltechnik ein, gleichzeitig entfiel der 3,0 Liter. 1991 gab es wieder einen Turbodiesel, jetzt als 525tds bezeichnet, 1993 gefolgt vom 525d ohne Lader. Durch etwas höheren Hub hatten die neuen Dieselmotoren jetzt 2498 ccm Hubraum. Vom Modelljahrgang 1993 an floss eine weitere Neuerung in die Serie ein: die variable Nockenwellenverstellung Vanos, durch die eine noch wirtschaftlichere Kraftstoff-

Chronik BMW 5er E39

1995
September: Debüt des 5er der neuen Baureihe E39 – länger, breiter und höher als der Vorgänger, aber durch Leichtbau nicht schwerer.
Dezember: Markteinführung der Sechszylinder 523i und 528i mit Vanos.

1996
Januar: 525tds Diesel und 520i.
September: 535i und 540i, letzterer mit zusätzlichen Chromstreifen in der Doppelniere.

1997
März: Einführung des neuen 5er Touring E39-2 mit herausziehbarer Ladehilfe.

1998
März: In Genf debütiert der BMW M5 als E39-4 mit 4941-ccm-V8 (400 PS).
September: Vorstellung des 530 mit 3,0-Liter-Turbodiesel (CommonRail) mit elektrisch verstellbarem Lader. 520i jetzt mit 170 statt 150 PS.

1999
November: Heckklappe lässt sich per Fernbedienung öffnen. 528i und 540i mit Luftfederung.

nutzung gegeben war. Im September 1991 überraschte BMW mit einer Allradversion des 5er der Baureihe E34 (in der 3er Reihe gab es einen 4x4 allerdings schon seit 1986). Der Wagen hatte den 2,5-Liter-Sechszylindermotor und hieß 525iX. In Kombination mit einer anderen Motorisierung war der Allrad-BMW nicht erhältlich.
Im September 1991 sorgte eine neue Karosserievariante des 5er für Gesprächsstoff: der Touring. Nach und nach bot BMW den Komfort-Kombi in all jenen Motorisierungen an, wie sie auch bei den Limousinen zu bekommen waren. Im Mai 1992 erfolgte die Markteinführung zunächst mit dem 520i und dem 525i. Zu den Besonderheiten des Wagens zählten ein Doppel-Schiebe-Hebedach sowie eine Hecktür, deren Scheibe sich ausklappen ließ. Die Rücksitzlehne ließ sich zu

Unten: BMW E39 Baujahr 1996.

Rechts: Nur auf den zweiten Blick als Gentleman's Express erkennbar: E39 als M5 von 1997.

BMW 5er E39

Baureihe	Baujahr	Fahrzeugtyp
E39	1995-2003	Limousine 4-tür.
E39S	1998-2003	M5 Limousine
E39/2	1997-2004	Touring 5-tür.
E39/2S	1997-2004	M5 Touring

Motoren	Spezifikation	Modellbezeichnung
1991 ccm 150 PS R6 Otto	2ohc 4v	520i
2171 ccm 170 PS R6 Otto	2ohc 4v	520i
2494 ccm 170 PS R6 Otto	2ohc 4v	523i
2494 ccm 170 PS R6 Otto	2ohc 4v	525i
2793 ccm 193 PS R6 Otto	2ohc 4v	528i
2979 ccm 231 PS R6 Otto	2ohc 4v	530i
3498 ccm 235 PS R6 Otto	2ohc 4v	535i
3398 ccm 286 PS V8 Otto	4ohc 4v	540i
4941 ccm 400 PS V8 Otto	4ohc 4v	M5
2497 ccm 143 PS R6 Diesel	ohc, Wirbelk.-Einspr. Turbo	525d
2497 ccm 115 PS R6 Diesel	ohc, Wirbelk.-Einspr. Turbo	525tds
2926 ccm 184 PS V8 Diesel	ohc, Wirbelk.-Einspr. Turbo	530d
1995 ccm 136 PS R4 Diesel	ohc, Wirbelk.-Einspr. Turbo	520d

zwei oder zu einem Drittel umlegen, wollte man mehr Ladefläche gewinnen.
Die Krönung der Baureihe E34 waren zweifellos die Modelle 530i und 540i, die im November 1992 zunächst als Touring herauskamen, kurz darauf auch als Limousine zu haben waren und unter der Haube einen V8-Motor hatten. Der Achtzylinder, wie er ein Jahr zuvor im 7er sein Debüt gegeben hatte, war ein Vierventiler mit vier obenliegenden Nockenwellen. Der 530i machte den Anfang, und ab November 1993 stand auch der Vierliter (540i) als Touring zur Verfügung. Wahlweise waren ein Fünfganggetriebe mit Handschaltung oder eine Fünfstufen-Automatik erhältlich.
Ab 1988 gab es einen neuen BMW M5. Der 3535-ccm-Sechszylinder (zwei obenliegende Nockenwellen, 24 Ventile) leistete 315 PS. So viel Kraft mit Sicherheitsreserven vernünftig auf den Boden zu bringen, erforderte ein verstärktes Fahrwerk. Leder- und Edelholzausstattung im Inte-

Chronik BMW 5er E60

2003

März: Die fünfte 5er Baureihe wird in Genf als Nachfolger des E39 vorgestellt. Bedienkonzept iDrive im 5er jetzt wie in anderen Baureihen. Gewichtsreduzierter Vorderwagen aus Aluminium. Serienmäßig adaptives Bremslicht, optional ist auch adaptives Kurvenlicht erhältlich. Außer Gurtstraffern und ABS haben alle Modelle CBC (Cornering Brake Control), ESP mit ASR/DTC sowie insgesamt sechs Airbags (Fahrer/Beifahrer, zwei Seitenairbags und durchgehende Kopfairbags).

August: Beginn der Auslieferung des E60, als Modelljahrgang 2004 bezeichnet. Der großen Nachfrage folgend und auch für den chinesischen Markt ist eine Langversion des E60 verfügbar: 523Li, 525Li und BMW 530Li.

November: Einführung der Touring-Version E61.

2005

April: Der neue M5 (E60S) mit einem 5,0-Liter-V10-Motor als Limousine.

2007

März: Modellpflege mit leicht geändertem Erscheinungsbild: neue Stoßfänger, Rücklichter mit LED-Technik, überarbeitete Nebelscheinwerfer und Hauptscheinwerfer in Klarglasoptik, modifizierte Kennzeicheneinfassung in der Heckklappe sowie stärker betonte Niere mit zwei separaten Lichtkanten. Ferner hinaus verfügt der E60 jetzt über eine Batterieladeregelung, mit der die Batterie während der Schub- und Bremsphasen geladen wird (Bremsenergie-Nutzbarmachung/Brake Energy Regeneration). Maßnahmen zur Verbrauchsreduzierung sind auch eine Schaltpunktanzeige für Handschaltmodelle sowie aktiv gesteuerte Brems- und Kühlluftklappen zur Verbesserung der Aerodynamik. Neu: 520d (177 PS) und der 545i mit V8-Motor (306 PS). Der 523i ersetzt den 520i als Basismodell (179 PS). Der 525i erhält einen neuen, 221 statt 192 PS starken Motor. 530i jetzt mit 272 PS. Der 230 PS starke 528i ersetzt den 525i. Der 530i wird durch den 535i mit 300 PS abgelöst. Das Dieselmodell 530d jetzt mit 221 statt 218 PS, der 535d jetzt mit 290 PS statt 276 PS. Die erneuerten Modelle laufen unter der Baureihenchiffre E60N bzw. E61N.

2008

Oktober: Festplatten-Navigationssystem Professional mit einer neuen iDrive-Bedienung.

2010

Juni: Ablösung der Baureihe E60 durch die sechste 5er Generation.

rieur gehörten zum Serienumfang dieses Power-Viertürers aus München

Der sportlich-komfortable Traumwagen wurde nur mit Fünfgang-Handschaltung angeboten. In der Ausführung von 1992-96 bekam das Getriebe sechs Gänge, und dieser M5 war sogar als Touring erhältlich. Der Katalysator-Motor dieser Serie hatte 3795 ccm Hubraum (94,6 x 90 mm) und 340 PS, das Drehmoment betrug 400 Nm. Der Wagen wurde 8298 Mal gebaut und lieferte den Beweis, dass M tatsächlich der stärkste Buchstabe der Welt war, wie die BMW Werbung es behauptete...

BMW 5er E60

Baureihe	Baujahr	Fahrzeugtyp
E60	2002-2007	Limousine 4-tür.
E60N	2007-2010	Limousine 4-tür. LCI
E60S	2002-2010	M5 Limousine
E61	2002-2007	Touring 5-tür.
E61N	2007-2011	Touring 5-tür. LCI
E61S	2002-2010	M5 Touring

Motoren	Spezifikation	Modellbezeichnung
2497 ccm 177 PS R6 Otto	2ohc 4v Valvetronic	523i
2497 ccm 218 PS R6 Otto	2ohc 4v Valvetronic	525i und Xi
2979 ccm 258 PS R6 Otto	2ohc 4v Valvetronic	530i
4398 ccm 333 PS V8 Otto	4ohc 4v Valvetronic Vanos	545i
4999 ccm 507 PS V10 Otto	4ohc Vanos	M5
2993 ccm 218 PS R6 Diesel	2ohc 4v CommonRail Turbo	530d

Ganz oben: Black is beautiful! E39 von 1999. Darunter Nachfolger E60 von 2002 als 530i in Langversion, erkennbar an der deutlich größeren hinteren Tür.

Auf der IAA 1995 wurde die nächste Generation des 5er BMW gezeigt. Das konstruktiv und stilistisch abermals gänzlich neu konzipierte Auto, Bauserie E39, wurde zunächst als Limousine, im März 1997 dann auch als Touring auf den Markt gebracht. An Länge, Breite und Höhe hatte der neue Wagen zugelegt, war aber durch konsequenten Leichtbau nicht schwerer geworden. Vorder- und Hinterachsträger, Bremssättel, Antriebswellen und viele andere Fahrwerksbauteile

Auch die Ästhetik unter der Motorhaube gehört zu den Aufgaben der Autodesigner: BMW V8 Dreiliter-Dieselmotor.

Links: BMW 530d von 2003 (E60) mit 218 PS.

Links: BMW 530i von 2003. Fisherman's Friend?

BMW 530i von 2003. Die kantigen Linien im Wechselspiel zu konkaven und konvexen Flächen im äußeren Erscheinungsbild der Limousine verraten die typische Handschrift eines Chris Bangle.

BMW 525 xi von 2004 in der Touring-Ausführung. Sehr elegant verpackte Allradtechnik!

Unten: Flaggschiff der 5er Reihe 2004, der BMW M5.

Oben: Der M5 der Modellreihe E60 hieß E61S und war von 2002 bis 2010 im Programm.

BMW 5er F07, F10, F11, F18

Baureihe	Baujahr	Fahrzeugtyp
F07	2009-	Limousine GT
F10	2010-	Limousine 4-tür.
F11	2011-	Touring und M5 Touring
F18	2010-	Limousine 4-tür. Langversion

Motoren			Spezifikation	Modellbezeichnung
2996 ccm	204 PS	R6 Otto	2ohc 4v VVT	523i
2996 ccm	258 PS	R6 Otto	2ohc 4v VVT	528i
2979 ccm	306 PS	R6 Otto	2ohc 4v VVT Turbolader	535i und 535i GT
4395 ccm	407 PS	V8 Otto	4ohc 4v 2 Turbolader	550i und 550i GT
1995 ccm	184 PS	R4 Diesel	ohc CommonRail Turbo/Intercool.	520d
2993 ccm	204 PS	R6 Diesel	ohc CommonRail Turbo/Intercool.	525d
2993 ccm	245 PS	R6 Diesel	ohc CommonRail Turbo/Intercool.	530d und 530d GT
4999 ccm	507 PS	V10 Otto	4ohc 4v Saugrohreinspritzung	M5

bestanden aus Aluminium. Die Kühlerniere war jetzt Bestandteil der Motorhaube, und das Interieur wies die Eleganz und Qualität des 7er BMW auf. Das Modell 518g hatte einen Vierzylindermotor, der alternativ mit Erdgas zu betreiben war (angeboten bis Ende 1996). Bei den Sechszylindern standen der 520i, der 523i, der 528i und ab 2000 ein 530i zur Wahl. Es waren durchwegs dohc-Vierventiler, die drei größeren mit Vanos-Ventilverstellung. Der 528i bekam 1999 Luftfederung, der 530i hatte sie von Anfang an.

Selbstverständlich bot BMW in der 5er Reihe E39 auch wieder Achtzylindermodelle an. 1995 kam der 540i mit dem bekannten 4,0-Liter-V8-Motor heraus, erhältlich mit einem manuell schaltbaren Sechsganggetriebe oder Automatik; 1997 folgte die Touring-Ausführung (E39-2), ausgestattet mit einer neuen, platzsparenden Mehrlenker-Hinter-

Chronik BMW 5er F07, F10, F11, F18

2009

September: Noch vor der Präsentation der Stufenheck-Limousine F10 zeigt BMW auf der IAA den 5er Gran Turismo F07, eine Fließheck-Limousine, die kurz vor dem Serienstart steht. Technisch stammt der 5er GT vom 7er ab. Eingeführt werden die Modelle 535i, 550i, 530d und 535d, alle mit optionaler Achtstufen-Getriebeautomatik von ZF und dem Bremsenergie-Regenerationssystem.

November: BMW zeigt die neue Stufenheck-Limousine F10 als Nachfolger des E60. Neues, dem 7er angeglichenes Erscheinungsbild mit betont großer, horizontal betonter Doppelniere. Steifere Karosserie als beim Vorgänger. Statt der McPherson-Federbeine wie bei allen Generationen zuvor weist der F07 vorne eine Doppelquerlenker-Konstruktion aus Leichtmetall auf. Die Allradlenkung (Integral-Aktivlenkung) des 7er der neuen Baureihe F01 kommt auch im F10 zum Einsatz. Serienmäßig ist die elektromechanische Servolenkung. Wahlweise Achtstufen-Automatik.

2010

April: Die wieder Touring genannte Kombivariante (Baureihenbezeichnung F11) wird auf der AMI in Leipzig vorgestellt. Der Wagen gleicht bis zur B-Säule der Limousine.

In Genf zeigt BMW das Konzept eines Vollhybrids auf Basis des 5ers.

Ausschließlich für den chinesischen Markt wird eine Langversion der 5er-Limousine gebaut mit 14 cm mehr Radstand und Komfortsitzen im Fond. Diese Langversion F18 wird als 523i, 528i und 535i geliefert.

Juni: Auslieferungsbeginn der Limousinen 523i, 528i, 535i, 550i, 520d, 525d und 530d.

Dezember: Markteinführung des Touring F11 mit vier Dieselmotoren (520d, 525d, 530d und 535d) sowie drei Ottomotoren (523i, 528i und 535i).

2011

März: Der Tuningspezialist Kelleners Sport zeigt auf dem Genfer Salon eine Interpretation der aktuellen BMW 5er Limousine mit M Sportpaket. Das Aerodynamikpaket umfasst Änderungen an Frontschürze, Seitenschwellern und Heckschürze sowie 20-Zoll-Felgen.

Juni: Markteinführung des 300 km/h schnellen M5 mit sportlichem Tuning-Feinschliff (Scheinwerfer, LED-Blinker, zweites Doppelendrohr am Heck, größere Räder, Heckdiffusor sowie schmaler Spoiler am Kofferdeckel). Der Motor ist ein Doppelturbo-V8 mit 4,4 Liter (578 PS).

Ganz oben: Geöffneter V10-Motor (Zylinderkopf) im BMW M5, 2004.

Oben: Der komplette, einbaufertige Motor von der Schwungradseite her gesehen: 4999 ccm, 507 PS – also Kraft im Überfluss...

Links: Volant eines BMW M5 von 2006.

Oben: BMW M5 von 2007.

Rechts: Heckpartie des M5 mit seinen markanten Doppelauspuffrohr-Paaren.

achse. Die V8-Modelle unterschieden sich von den anderen Versionen durch verchromte Zierstäbe in den Kühlernieren.
Eine Reihe neuer Dieselmotoren fand mit Einführung des 525tds Eingang in die 5er Reihe. Zuerst als Limousine, im Frühjahr 1997 auch als Touring; beide blieben bis Ende 1999 im Programm. Für einige Auslandsmärkte gab es den 525td ohne Intercooler. Die Motoren waren Wirbelkammerdiesel in ohc-Zweiventil-Bauart. 400 PS und fast fünf Liter Hubraum: mit einem solchen Motor war der E39 als M5 das bisher leistungsstärkste Triebwerk in einem normalen Straßenfahrzeug deutscher Produktion. Als »ein Bündel brutaler Kraft« bezeichnete »auto, motor und sport« diese mit M-Power motorisierte Limousine, die von 1998 bis 2003 gebaut wurde und immerhin 20.500 Abnehmer fand. Der 11:1 verdichtete V8 mit vier obenliegenden Nockenwellen und 32 Ventilen war durch seinen tief heruntergezoge-

Freude am Fahren, Freude am Parken – neues Fließheck-Design beim BMW 5er GT, 2009.

nen Frontspoiler mit Gittereinsatz erkennbar sowie an seinen großen 18-Zoll-Rädern mit extrabreiten Reifen.

Neue Designakzente durch Chris Bangle

Als Baureihe E60 präsentierte BMW für das Modelljahr 2003/2004 einen 5er, dessen Styling eine ganz neue Formensprache verkörperte. BMW Chefdesigner Christopher Bangle hatte hier seine Vorstellungen vom Spiel der Flächen und Kanten wie beim neuen 7er und Z4 Roadster voll durchsetzen können, wobei es auch einige Kritik von Seiten nicht ganz so progressiv eingestellter BMW Kunden gab, denen die Frontpartie des E60 zu extravagant und auch die Betonung des Kofferraumdeckels zu auffallend war. Gerade die Heckpartie aber mit ihren keilförmig in die Flanken hineingezogenen Rückleuchten gab dem E60 eine unverwechselbare Optik. Der mit Sechsganggetriebe oder Automatik lieferbare Wagen (zunächst nur Limousine) war mit dem 2,0-Liter Benziner des Vorgängermodells zu bekommen, ferner mit einem Sechszylinder 3,0-Liter, den es als Benziner oder als Diesel gab. Ein 525i und ein 545i V8 folgten im Oktober. Das mit allen elektronischen Raffinessen ausgestattete Fahrwerk wartete mit hoher sportlicher Anmutung auf. Alle Hauptbedienungsfunktionen ließen mittels eines einzigen Drehknopfes (»iDrive«) auf der Mittelkonsole aktivieren.

Im Modell-Erneuerungszyklus löste 2010 die 5er-Baureihe F10 den E60 ab. Vorher aber, im Oktober 2009, hatte BMW den Gran Turismo vorgestellt, der zwar den 5er Reihe zugerechnet wurde, aber weitgehend auf der Plattform des 7er basierte. Er hatte die Statur einer Limousine, aber den Fließheck-Dachverlauf und die rahmenlosen Scheiben eines Coupés. Die relativ hohe Sitzposition war wie in einem SUV. Allradantrieb wurde als Option angeboten. Die Motorenpalette bediente sich bei den Sechszylinder-Benzinern und Dieseln naheliegenderweise aus dem Konzernregal. Mit dem GT besetzte BMW eine weitere Marktnische, eine Programmpolitik, die auf eine langjährige Tradition zurückblicken konnte.

Volant des 5er BMW GT, Arbeitsplatz mit Wohlfühlgarantie.

Oben: 316 und 318 hatten Einzelscheinwerfer, die anderen Modelle Doppelscheinwerfer. Rechts ein 323i von 1978 mit Baur-Cabrioaufbau.

Die BMW 3er Reihe

Die Erwartungshaltung war groß, als im Sommer 1975 im Münchner Olympiastadion die erste 3er Reihe vorgestellt wurde. Mit ihr trat ein gänzlich neues Automobil an, technisch eine Weiterentwicklung der Nullzwei-Reihe, optisch eindeutig verwandt mit der 5er Reihe und doch völlig eigenständig. Charakteristisch für den neuen Zweitürer war die ausgeprägte Keilform, die von der Öffentlichkeit anfangs kontrovers diskutiert wurde. Auch der Innenraum gab sich völlig neu: Das Cockpitdesign entsprach dem des 5er, gekennzeichnet durch eine zum Fahrer hin abgewinkelte Mittelkonsole; viele Jahre blieb dieses Design typisches Merkmal für das BMW Interieur. Der 3er erfüllte – und übertraf sogar – alle in ihn gesetzten Erwartungen. Bei seiner Einführung wurde der Zweitürer zunächst in vier Motorisierungsvarianten angeboten: als 316, 318, 320 und 320i. Alle vier waren Vierzylinder; die kleineren blieben bis 1980 im Programm, der 2,0-Liter wurde 1977 durch ein gleich großes Aggregat als Sechszylinder abgelöst. Der 320 hatte Doppelscheinwerfer und die Typenzahl auf dem Kühlergrill; 316 und 318 kamen mit Einzelscheinwerfern daher. Bei den bis 1977 gebauten Fahrzeugen war zwischen den Rückleuchten jene ominöse schwarze Blende noch nicht vorhanden, die dann bis 1982 dort blieb.

Als der Vierzylindermotor des BMW 320 wie beim Modell 520 im August 1977 durch ein Sechszylinderaggregat abgelöst wurde, war dies kein

Extravagant: Modellschriftzug im Kühlergrill. Er hätte sogar in Spiegelschrift ausgeführt sein dürfen.

BMW 3er E21

Baureihe	Baujahr	Fahrzeugtyp
E21	1975-1977	2-tür. Limousine
E21/2	1977-1979	2-tür. Limousine, Baur-Cabrio
E21/3	1979-1983	2-tür. Limousine, Baur-Cabrio

Motoren	Spezifikation	Modellbezeichnung
1573 ccm 74 PS R4	ohc	315
1573 ccm 90 PS R4	ohc	316
1766 ccm 98 PS R4	ohc	318
1766 ccm 105 PS R4	ohc, Einspritzung	318i
1990 ccm 109 PS R4	ohc	320
1990 ccm 125 PS R4	ohc, Einspritzung	320i
2316 ccm 143 PS R6	ohc, Einspritzung	323i

BMW 3er E30

Baureihe	Baujahr	Fahrzeugtyp
E30	1982-1990	Limousine 4-tür.
E30/2	1982-1990	Limousine 2-tür.
E30/2C	1985-1993	Vollcabrio
E30/2S	1986-1990	M3
E30/2SC	1988-1991	M3 Cabrio
E30/2Cab	1982-1991	Baur-Cabrio TC2
E30/4	1983-1990	Limousine 4-tür.
E30/5	1987-1994	Touring
E30/16	1985-1990	Allrad 325iX
E30/88	1987-1990	Lim. Modellpflege

Motoren	Spezifikation	Modellbezeichnung
1573 ccm 75 PS R4 Otto	ohc	315
1573 ccm 90 PS R4 Otto	ohc	316
1596 ccm 100 PS R4 Otto	ohc, Einspritzung	316i
1766 ccm 105 PS R4 Otto	ohc, Einspritzung	318i
1796 ccm 115 PS R4 Otto	ohc, Einspritzung	318i
1990 ccm 125 PS R4 Otto	ohc, Einspritzung	320i
1991 ccm 129 PS R6 Otto	ohc, Einspritzung	320-6i
2316 ccm 139 PS R6 Otto	ohc, Einspritzung	323i
2494 ccm 170 PS R6 Otto	ohc, Einspritzung	325i
2443 ccm 80 PS R6 Diesel	ohc, Wirbelk.-Einspr. Turbo	324d
2443 ccm 115 PS R6 Diesel	ohc, Wirbelk.-Einspr. Turbo	324td
2302 ccm 195 PS R4 Otto	2ohc 4v, Einspritzung	M3

Chronik BMW 3er E21

1975

Juli: Markteinführung der Vierzylinder-Modelle 316 und 318 mit Einzelscheinwerfern, 320 und 320i (Einspritzmotor) mit Doppelscheinwerfern.

1977

März: Einführung des Modells 320/6 mit 2,0-Liter-Sechszylindermotor, der gleichgroße Vierzylinder wird nicht mehr angeboten.

1978

März: Die Modellpalette wird um den 323i erweitert. Wie bei der »Neuen Klasse« begonnen, wird bei allen Modellen mit Einspritzmotor künftig der Buchstabe i nachgestellt.

1980

Oktober: Umstellung des 1,8-Liter-Motors auf Einspritzung: 318i. Als Vergasermotor weiterhin im 316.

1981

Januar: Vorstellung des Einsteigermodells 315 mit dem auf 75 PS gedrosselten Motor des bisherigen 316.

1983

Juli: Produktionsende des BMW 315 als letzter E23.

Einspritzer, sondern ein Vergasermotor. Erst mit dem Modelljahrgang 1982 erhielt auch dieser Motor Kraftstoffeinspritzung. Dem 320/6 genannten 3er BMW folgte ein knappes Jahr später der 323i mit 2315 ccm Hubraum, und dieser Wagen hatte jetzt auch Scheibenbremsen an den Hinterrädern; die anderen 3er hatten sie bisher nur vorne gehabt.

Mit dem BMW 3er war auch die Grundlage für einen neuen Wettbewerbswagen entstanden. Im Tourenwagen-Motorsport avancierte der Zweitürer zu einem der international erfolgreichsten Wagen seiner Kategorie. Der BMW 320/6, bis 1982 gebaut, war nicht nur auf der Rennstrecke enorm erfolgreich. Ihn verkauften die BMW Händler 270.445 Mal; das Modell 323i brachte es auf 137.107 Stück.

Im Herbst 1980 erfuhren die Fahrzeuge der ersten 3er Reihe, die bis 1983 aktuell blieb und intern als E21 bezeichnet wurde, einige Änderungen. Erst gab es einen modifizierten 316 mit 1,8-Liter-Motor, kurz darauf folgte ein 315 mit 1,6-Liter-Motor, beides Vierzylinder wie bereits der 1979 eingeführte 318i mit Bosch-K-Jetronic. Letztgenannter 3er war mit 192.564 Stück (bis Ende 1982) das bestverkaufte Modell, doch der 315, den es von Februar 1981 bis Ende 1983 gab, war mit 107.838 auch kein Ladenhüter. Er

Oben links: BMW 318 im Wintertest. Auf einen leichten Gasfuß kam es an…

Unten: Links die Vorderradaufhängung am E30 von 1983; daneben Hinterachsaufhängung am gleichen Modell.

Ganz links: Mit einem BMW 315 von 1981 im sonnigen Süden.

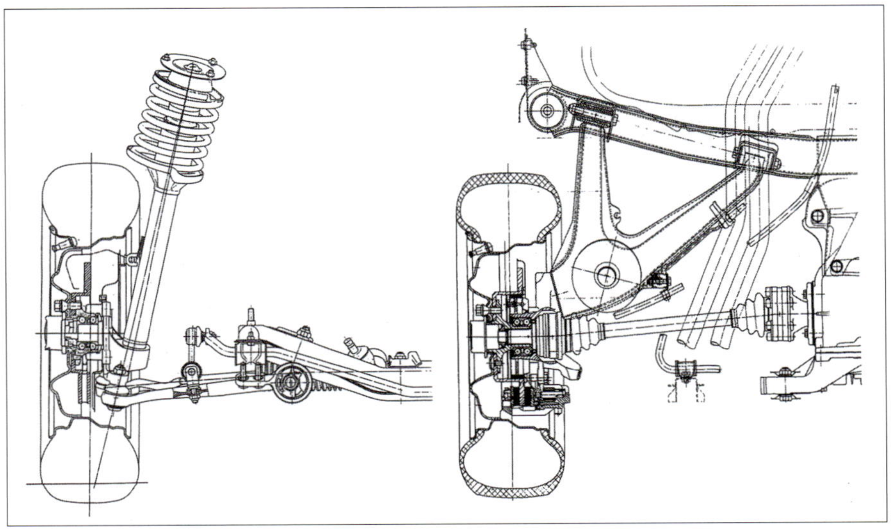

Chronik BMW 3er E30

1982

September: Vorstellung des neuen BMW 3er der Baureihe E30: 316, 318i, 320i, 323i. Äußere Kennzeichen: breitere B-Säule, höheres Heck mit neuen Rückleuchten.

1984

September: Vorstellung des 325e.

1985

April: Der 324d kommt auf den Markt. Der 86-P-Diesel-Sechszylinder hat keinen Turbolader.
August: Vorstellung des 325iX mit permanentem Allradantrieb.

1986

August: Vorstellung des 325i, dessen Motor mit zusätzlichem Ölkühler und Schubabschaltung durch Abstellung der Einspritzventile versehen ist.
September: BMW bietet erstmals wieder ein viersitziges Vollcabrio an (Basis 325i). Es wird bis Anfang 1993 verkauft.
Oktober: Einführung des Hochleistungsmodells M3 durch die BMW Motorsport GmbH mit dohc-Vierventilmotor, ein 2,3-Liter-Vierzylinder von 200 PS, Heckbügel, ausgewölbten Kotflügeln und Breitreifen.

1987

August: Neuer 318i-Motor mit Motronic der 3. Generation sowie Sechszylinder Turbodiesel 324td mit digitaler Einspritz-Elektronik. Facelift aller Modelle durch neue Frontschürzen, neue Kunststoff-Sicherheitsstoßfänger, größere Heckleuchten, neues Ellipsoid-Abblendlicht. Neue Doppelrohr-Gasdruckstoßdämpfer.
Vorstellung des 3er Touring als neue fünftürige Karosserievariante; bleibt als Typ E30/5 bis Anfang 1994 im Programm.

1988

März: Auslieferungsbeginn des 3er Touring; alle Versionen mit Katalysator. Modelle: 320i, 325i, 324td, 325iX.
September: Neu ist das M3 Cabriolet der BMW Motorsport GmbH, bis 1991 mit einem 195 PS leistenden Vierventil-Vierzylinder angeboten. 316i jetzt mit Katalysator.

1989

Januar: 3er Touring auch als 318i erhältlich.
September: Vorstellung des zweitürigen 318is auf der IAA. Sein Motor war ein 136 PS starker 2ohc-Vierzylinder mit 16 Ventilen wie im M3, digitaler Elektronik und Dreiwege-Katalysator.

1991

November: Im M3 wird der 2,3-Liter-Vierzylinder durch einen 286 PS starken 3,0-Liter-Sechszylinder ersetzt, ebenfalls in Vierventiltechnik. Serienmäßig sind Sperrdifferential, Sportsitze, Frontspoiler, Bordcomputer, elektr. Fensterheber sowie Lederlenkrad mit Airbag. Das Modell wird bis Anfang 1993 angeboten.

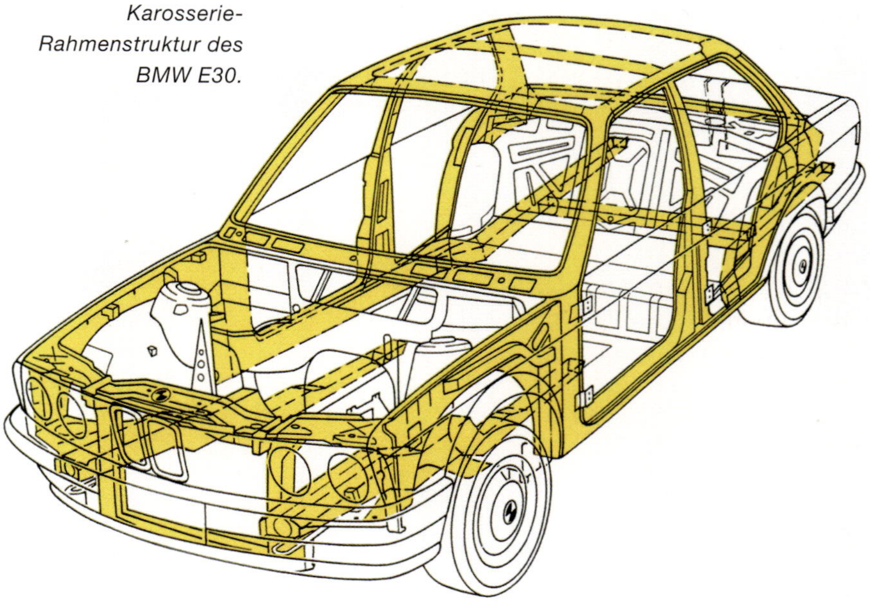

Karosserie-Rahmenstruktur des BMW E30.

Oben rechts: Ein BMW 318i, ein Vertreter der 1982 präsentierten zweiten 3er Generation.

war die BMW »Einstiegsdroge« und vermittelte für nur 15.850 Mark (318i: 20.200 Mark) jede Menge Freude am Fahren. Eigenartigerweise wies die Heckpartie aller BMW 3er zwischen den Rückleuchten eine etwas unmotivierte schwarze Fläche auf, für das hintere Kennzeichen allerdings zu niedrig, weshalb dieses wenig überzeugend unterhalb der Stoßstange befestigt wurde. Stilistisch gab es also ein wenig Nachholbedarf.

Eine Million Dreier

Im Mai 1981 rollte der ein millionste Dreier vom Band. Er galt damit der erfolgreichste BMW aller Zeiten. Im Rahmen einer großartigen Präsentation erfolgte im September 1982 die Einführung der nächsten 3er Generation (E30) für das Modelljahr 1983. Neu war eine stärker ausgebildete B-Säule, die mattschwarz gehalten war und den Wagen gestreckter aussehen ließ, eine höhere Heckpartie (bei der nun das Kennzeichen endlich an der »richtigen« Stelle saß) mit größeren Rückleuchten und eine modifizierte Kühlerfront. Zur Wahl standen zunächst zwei Vierzylinder-Modelle, die sich den 1766-ccm-Motor teilten. Beim 316 hatte er einen Pierburg-Vergaser, beim 318i eine Bosch-L-Jetronic und 105 statt 90 PS. Die Sechszylinder waren ein 320i (1990 ccm, 125 PS) und ein 323i (2316 ccm, 139 PS; ab 1984: 150

PS). Das stärkste Modell hatte auch an den Hinterrädern Scheibenbremsen.
In dichter Folge erschienen weitere Varianten in der E30-Baureihe. So kam 1984 ein Modell 325e ins Programm, dessen 2693-ccm-Sechszylindermotor der gleiche war wie der im zuvor eingeführten 525e (das e stand für »eta«, die technische Bezeichnung für den Wirkungsgrad); 1983 folgte der 324d. Dieser BMW war der erste (Saug-) Diesel-Dreier und hatte wie der gleichermaßen motorisierte 525d keinen Abgas-Turbolader und daher »nur« 86 PS, machte aber mit 165 km/h Spitze der weiß-blauen Marke durchaus Ehre. Einen 115 PS starken 325td gab es dann von 1987 bis Ende 1991.
Anfang 1986 löste der 325i den 323i ab, mit 171 PS spürbar stärker motorisiert und ein eindrucksvoller Sprinter. Dieser 217 km/h schnelle Sechszylinder wurde in hohen Stückzahlen abgesetzt: 216.646 bis zum Modellwechsel 1991/92. Der 325e brachte es auf immerhin 175.508, der 324d, den es bis 1990 gab, auf 76.038 Stück. Ab Oktober 1983 gab es den 3er auch in viertüriger Ausführung – eine Variante, auf die der Markt lange gewartet hatte.

Der Dreier mit Allradantrieb

Im August 1985 gab ein ganz besonderer Dreier sein Debüt: der BMW 325iX als 4x4. Es hatte bereits schon einmal einen 325 mit Allradantrieb gegeben – in den 1930er Jahren, aber jenes Auto war ein Kübelwagen fürs Militär gewesen. Die zweitürige Limousine 325iX war auch nicht als Geländewagen konzipiert, sondern war eine

Ganz oben: Turbodieselmotor des BMW 324td von 1985.

Rechts oben: BMW 323i von 1983; darunter ein BMW 325iX von 1985 – ein Auto mit echten Offroad-Eigenschaften.

schnelle Sportlimousine (212 km/h!), deren 171 PS durch optimale Traktion auf den Boden gebracht werden sollten.
In seinem äußeren Erscheinungsbild entsprach das Fahrzeug dem 325i. Der permanente Vierradantrieb erfolgte über ein zentrales 5-Gang-Verteilergetriebe (auf Wunsch Automatik) mit Planeten-Differenzial und Viscosperre. Der Antrieb der Vorderräder erfolgte getriebeseitig per Zahnkette und Nebenwelle über einen Seitentrieb. Der Hinterradantrieb verfügte ebenfalls über eine Viscosperre. Elektronisch zubemessene Antriebsverteilung war noch nicht im Spiel. Die Tatsache, dass der E30 nun auch als Viertürer zu bekommen war, verschaffte ihm ein ganz neues Kundenpotenzial. Bei diesem Wagen wie auch beim Touring wurde die gleiche Bodenplattform wie beim Zweitürer verwendet. Dabei wies der E30 die gleichen Proportionen wie sein Vorgänger E21 auf: eine relativ lange Motorhaube, ein kurzes Heck, schlanke Dachsäulen. Doch hatte man den Kühlergrill etwas schmaler gehalten, und im Vergleich zum E21 wirkte der vordere Überhang größer. Der Bug fasste die Komponenten Kühlergrill,

Mit dem vierradgetriebenen BMW E30 iX machte die Fahrt in den Wintersport doppelt so viel Spaß.

Oben: BMW 325i der Baureihe E30 von 1986. Darunter der erste M3 von 1986.

Unten: Viertüriger BMW 324td von 1987.

Links: BMW 3er Touring von 1986.

Zwar war die Öffnung der Hecktür beim ersten 3er Touring im Bodenbereich relativ schmal, aber die nutzbare Ladefläche ließ sich genial variieren.

Doppelniere, Stoßstange, Scheinwerfer und Blinker zu einer Einheit zusammen, sie waren keine Einzelelemente mehr. Beibehalten hatte man das Arrangement von zwei Doppelscheinwerfern und mattschwarzem Kühlergrill, während sich die Nierenhälften unaufdringlicher in die Gesamtkomposition einfügten. Der E30 wirkte wie aus einem Guss, sein gesamtes äußeres Erscheinungsbild war harmonischer geworden.
Mit dem 1986 vorgestellten M3 setzte BMW wieder einmal neue Akzente. Er war eine Kreation der BMW Motorsport GmbH, in deren Kompetenz nicht nur Bau und Betreuung von Wettbewerbswagen fielen. Das Auffällige am M3 waren die Kotflügelauswölbungen vorn und hinten für die breiten Reifen der Dimension 205/55 VR 15 auf Leichtmetall-Spezialfelgen im Speichenlook. Der im Sport bewährte Vierzylindermotor des BMW M3, angeboten bis Ende 1990, war ein 2303-ccm-Aggregat mit 200 PS in dohc-Vierventil-Bauweise. Tuner brachten den Motor auf gut 250 PS für 260 km/h Spitze. Die Härte der Stoßdämpfer ließ sich elektrisch auf die Stufen Normal, Komfort und Sport umschalten.
Im August 1987 präsentierte BMW den E30 in einer Touring-Ausführung. Damit war der »kleine« BMW als Kombi im Programm, und zwar als Fünftürer. Die Auslieferung begann im März 1988. Erst drei Jahre später sollte es auch den BMW 5er als Touring geben. Den Touring bot BMW in den Motorisierungen 320i, 325i, 324td und ab 1989 auch 328i mit einem neuen Vierzylinder-Einspritzmotor an. Sogar den Allradler 325iX gab es als Touring. Alle 3er hatten jetzt serienmäßig Katalysator-Motoren.
Den Kombiwagen ließ man alle Neuerungen angedeihen, wie sie die zwei- und viertürigen 3er Limousinen sukzessive bekamen, so die Einführung von Doppelrohr-Gasdruckstoßdämpfern und Schweinwerfern in Ellipsoidtechnik. Alle Fahrzeuge waren wahlweise mit Fünfgang-Handschaltgetriebe oder mit Getriebeautomatik erhältlich.

Stilistische Verbesserungen am E30

Im Zuge der Modellpflege des E30 – von dem es, wie auf Seite 156 beschrieben, auch eine Cabrioausführung gab – wurde dem Dreier der zweiten Generation 1987 das Interieur aufgewertet, doch auch äußerlich ließ man dem E30 einige Änderungen angedeihen. Die jetzt in die Karosserie integrierten vorderen und hinteren Stoßfänger bekamen breitere, chromlose Aufprallflächen. Die Frontpartie unterhalb des Stoßfängers wurde zum Zweck einer verbesserten Kühlung der vorderen Bremsen mit neuen Lufteinlassöffnungen versehen, die nicht nur effizienter waren, sondern auch besser aussahen, außerdem brachten sie aero-

Ein BMW 320 von 1989 mit den in Frankreich zwar längst nicht mehr obligatorischen, aber noch oft anzutreffenden gelben Scheinwerfergläsern.

dynamische Vorteile – sie verringerten den vorderen Auftrieb. Eine stilistische Verbesserung stellten auch die neuen Heckleuchten dar, auch die schmaleren Scheibeneinfassungen standen dem Wagen gut. Längst waren die Arbeiten für den Nachfolger des E30 im Gange. Das Designerteam um Claus Luthe bereitete sich auf die Neunziger Jahre vor; man hatte vor, den Erfolg des E30 noch zu toppen.

Dritte 3er Generation: BMW E36 von Ende 1990. Stilistisch gewonnen hatte vor allem die Frontpartie des Wagens.

Der Dreier zum Dritten

In seiner dritten Generation, intern als Baureihe E36 bezeichnet, präsentierte sich der BMW 3er im Oktober 1990. In der Form noch kompakter und gedrungener, hatte der Wagen vor allem im Frontbereich enorm gewonnen. Die Flächen beiderseits der Doppelniere wurden fast zur Gänze von breiten Leuchteinheiten gefüllt, die Scheinwerfer saßen hinter großen Abdeckungen; im Profil wirkte der Wagen gestreckter. Der neue 3er war ein Viertürer, denn als zweitürige Version folgte 1992 das Coupé. Zur Wahl standen die Modelle 316i, 318i (beides Vierzylinder), 320i und

BMW 3er E36

Baureihe	Baujahr	Fahrzeugtyp
E36	1990-1998	2-tür. Limousine
E36/2	1992-1999	Coupé
E36/2S	1992-1999	M3 Coupé
E36/2C	1993-1999	Cabrio
E36/2CS	1996-1998	M3 Cabrio
E36/3	1995-1999	Touring
E36/4	1991-1998	4-tür. Limousine
E36/4S	1995-1998	M3 Limousine
E36/5	1994-1998	compact

Motoren	Spezifikation	Modellbezeichnung
1596 ccm 100-102 PS R4 Otto	ohc Einspritzung	316i
1796 ccm 113-115 PS R4 Otto	ohc Einspritzung	318i
1796 ccm 140 PS R4 Otto	ohc 4v Einspritzung	318is
1895 ccm 140 PS R4 Otto	ohc 4v Einspritzung	318ti
1991 ccm 150 PS R6 Otto	2ohc 4v Einspritzung	320i
2494 ccm 102 PS R6 Otto	2ohc 4v Einspritzung	323ti
2494 ccm 192 PS R6 Otto	2ohc 4v Einspritzung	325i
2793 ccm 193 PS R6 Otto	2ohc 4v Einspritzung	328i
2990 ccm 286 PS R6 Otto	4ohc 4v Einspritzung	M3 3,0 Liter
3201 ccm 321 PS R6 Otto	4ohc 4v Einspritzung	M3 3,2 Liter
1665 ccm 90 PS R4 Turbodiesel	ohc Wirbelk.-Einspr.	318tds
2497 ccm 115 PS R6 Turbod.	ohc Wirbelk.-Einspr.	325td
2503 ccm 143 PS R6 Turbod.	ohc Wirbelk.-Einspr., Interc.	325tds

Chronik BMW 3er E36

1990

Oktober: Präsentation des BMW 3er in neuem Gewand. Die dritte Generation nennt sich E36. Im Programm die Vierzylinder 316i, 318i sowie die Sechszylinder 320i und 325i. Die Karosserien sind jetzt strömungsgünstiger mit Doppelscheinwerfern hinter durchgehender Verglasung. Serienmäßig sind Dreiwege-Kat sowie (mit Ausnahme des 316i) Drehzahlmesser, Servolenkung und Zentralverriegelung, beim 325i außerdem ABS und Nebelscheinwerfer. Auf Wunsch Getriebeautomatik.

1992

Januar: Vorstellung des 3er Coupés (Länge und Radstand wie beim Viertürer) als 318is, 320is und 325is, alles Vierventiler. Serienmäßig Dreiwege-Kat und ABS.
Oktober: 316is ebenfalls als Coupé.
November: Vorstellung eines neuen 3er Cabrios.
Dezember: E36 Coupé jetzt auch als M3, angeboten bis Ende 1999.

1993

März: Auslieferungsbeginn des Cabrios 325i und 325is sowie des offenen 318i und 318is. Sie basieren auf dem Coupé und werden auch mit identischen Motoren versehen. Der 320i ist jetzt ebenfalls als Cabrio zu bekommen. Neu im Programm auch der 325tds als Limousine und Touring; der Turbodiesel mit Intercooler wird in Steyr gebaut.

1994

Januar: E35 M3 jetzt auch als Limousine und als Cabrio (beide 2990 ccm 286 PS).
März: Vorstellung des 3er compact, ein zweitüriger 2+2 von 4,21 m Länge und mit großer Heckklappe. Erst als 316i, es folgt der 318i.
September: 318tds, gebaut bis September 1998.

1995

März: Neuer Motor für die 3er Limousine: 328i, ein Aluminium-Sechszylinder mit variabler Nockenwellensteuerung, genannt Vanos. Neue Heckgestaltung für den Touring mit größerer Ladeöffnung. Einführung eines 323i Cabrios, angeboten aber nur in einige Exportländern. Neu ist der 318ds als Vierzylinder-Turbodiesel. Der 3er compact jetzt auch als 318tds.
November: 316g compact – ein Sondermodell, das wahlweise mit Benzin oder Erdgas betrieben werden kann; statt einer Sitzbank befindet sich im Fond ein 80-Liter-Gastank. Angeboten bis Ende 1999.

1996

Mai: Neues M3 Cabrio und Coupé (als GT bezeichnet) mit 321 PS starkem 3,2-Liter-Motor.

1997

März: 323i compact. Kleine stilistische Änderungen an allen Modellen der Baureihe E36.

325i (beides Sechszylinder). Wie bei BMW (fast) immer üblich, wiesen die Bezeichnungen auf den Hubraum der Motoren hin. Zur Standardausführung zählten Dreiwege-Katalysatoren nach der strengen Kalifornien-Norm, und bis auf den 316i hatten alle Modelle serienmäßig Drehzahlmesser, Zentralverriegelung mit Wegfahrsperre sowie Servolenkung. Beim 325i gab es ferner Scheibenbremsen auch hinten sowie ABS und Nebelscheinwerfer.

Nur noch Vierventiler
Da die Limousinen der neuen 3er Baureihe E36 nicht mehr zwei-, sondern nur viertürig ausgelegt waren, kam ab Jahresbeginn 1992 ein neuer Zweitürer ins Programm, als Coupé bezeichnet. Radstand und Gesamtlänge waren jedoch mit denen der Limousine identisch. Die dohc-Vier- und Sechszylindermotoren waren sämtlich Vierventiler; zur Modellauswahl gehörten die Versionen 316is, 318is, 320is und 325is.
Die Innenausstattung des wahlweise mit Fünfgang- oder Automatikgetriebe lieferbaren Coupés entsprach zur Gänze der des Viertürers. Auch Doch der M3 fuhr sich handlicher, wendiger und war sehr viel wirtschaftlicher als der alte Sechser. Der Motor war ein 2990-ccm-Vierventiler, wie er bereits beim M3 der Baureihe E30 Verwendung gefunden hatte.
Das Fahrwerk mit der Zentrallenker-Hinterachse entsprach beim neuen M3 dem der in der Serie verwendeten, hatte aber einige Verstärkungen erfahren und war sehr viel straffer abgestimmt, was natürlich Zugeständnisse an den Fahrkomfort bedeutete. Serienmäßig war die 25-prozentige Differenzialsperre.
Die 286-PS-Ausführung bot BMW bis Dezember 1995 an, wenig später wurde dieses Modell durch eine 3,2-Liter-Version mit 321 PS und sequentiell schaltbarem Getriebe abgelöst.
Der E36 wies in seiner Gesamterscheinung eine Anzahl von Übereinstimmungen mit den größeren BMW Modellen auf. Auch gab es Elemente, die sich später im Design der neuen, größeren Baureihen wiederfanden. Übrigens war im Gegensatz zur vorher geübten Praxis der E46 nicht als Zweitürer, sondern als Viertürer das Basismodell. Denn der Zweitürer kam erst ein Jahr nach

Front- und Heckbereich waren so gut wie identisch. Die Stückzahlen erreichten verständlicherweise nicht annähernd die Höhen der Viertürer, die in den ersten vier Jahren ihrer Existenz auf durchschnittlich 300.000 je Motor-Reihe kamen, während die vergleichbaren Coupés je nach Laufzeit 50.000 bis 80.000 erreichten – mit Ausnahme des 318is, der es in sieben Jahren auf rund 150.000 Stück brachte.
Einen M3 in der Baureihe E36 gab es von Dezember 1992 bis Dezember 1999 als Coupé und von April 1994 bis Jahresende 1999 auch als viertürige Limousine sowie als Cabriolet. Das Spitzenmodell der 3er Reihe lag mit 286 PS auf dem Leistungsniveau des früheren BMW 635 CSi. der Einführung des Viertürers auf den Markt, und zwar, wie vorstehend erwähnt, als Coupé.
Die Gestaltung der Bugpartie beim E36 blieb während des nachfolgenden Jahrzehnts voll aktuell; die Ära der im waagerechten Kühlergrill einbezogenen Scheinwerfer mit der Doppelniere als gleichrangige Designkomponente war vorüber. Diese war jetzt vielmehr das dominante, hervorspringende Element. Unter gläsernen Abdeckungen zu beiden Seiten befanden sich die Scheinwerfer.
Die Modellpalette der 3er Reihe E36 rundete der BMW 325tds ab, der ein Temperament an den Tag legte, welches Testfahrer mit dem eines gleich großen Benziners verglichen. Der 2487-

Links: Im März 1994 ergänzte der 3er compact das BMW Programm.

Oben: 3er Touring E36, der im März 1995 ein neues Heck bekam.

BMW 323i von 1995.

ccm-Motor war ein Turboaggregat mit Ladeluftkühlung und elektronisch programmierter Einspritzung, 143 PS stark und für 210 km/h gut. Dank Spezialkatalysator war der Motor besonders umweltverträglich. Man erhielt den 325tds auch in der Ausführung als Touring. Ein Modell mit Vierzylinder-Turbodiesel, 318tds genannt, kam Ende 1994 ebenfalls ins Programm; beide Modelle wurden bis einschließlich Januar 1999 hergestellt.

Kompakter BMW compact

Im April 1994 kam ein weitere Variante innerhalb der 3er Reihe hinzu, der so genannte BMW compact. Mit 421 cm Länge war er zwar nur 23 cm kürzer als die Limousine bzw. das Coupé, doch sein geschicktes Styling ließ ihn tatsächlich gedrungener – eben kompakter erscheinen, schon weil der Wagen kein klassisches Stufenheck hatte, höchstens ansatzweise. Ausgestattet mit zwei verhältnismäßig breiten Seitentüren (für bequemen Einstieg zum Fond) und einer großen Heckklappe ließ sich der compact als 2+2-Kombicoupé einordnen.
Der 3er compact war der erste 3er BMW, der nicht mehr eine stark zum Fahrer hin angewinkelte Konsole aufwies. Die erste Ausführung war ein 316i mit 102 PS, dann folgten ein 318ti, ein 318tds, ein 316g (alternativ mit Erdgas zu betreiben) und 1997 ein 323ti (mit 2,5 Liter Hubraum). Die Motoren – bis auf den Diesel – waren durchweg Vanos-Vierventiler. Servolenkung gab es auf Wunsch, ebenso Getriebeautomatik, die nur beim 318tds entfiel.
Die für ihre Spezialaufbauten bekannte Stuttgarter Karosseriefirma Baur (die zugleich BMW Händlerfirma war) produzierte 1994 bis 1998 ein Cabriolet auf der Grundlage des E36, das genau genommen als Cabriolimousine zu bezeichnen gewesen wäre. Es handelte sich um einen Viertürer, der als Typ TC geführt wurde und bei dem sich das über die ganze Dachbreite führende Verdeck in drei Positionen öffnen bzw. schließen ließ. Die Dachholme hatten Verstärkungen erfahren, so dass die Karosseriestruktur nicht beeinträchtigt war. Der Einsatz über den vorderen Sitzen war ein festes Bauteil, ließ sich aber herausnehmen und im Kofferraum verstauen. Verkauf und Service des Baur Topcabriolets erfolgte über das gesamte BMW Händlernetz. Zu bekommen war der zwischen 65.000 und 78.000 Mark teure Wagen in den Varianten 316i, 318i, 320i, 325i und 328i.
Ausgestattet mit neuen Sechszylindermotoren präsentierte sich die Modellreihe E36 zur Halbzeit ihres programmierten Lebens im März 1995 auf dem Genfer Automobilsalon. Den Anfang machte der 328i mit 193 PS; der Aluminiummotor hatte die variable Nockenwelle Vanos, den dann auch die nachfolgenden Typen 320i und 323i erhielten. Alle Motoren bekam man in der Kombination mit der Limousine, dem Coupé, dem Cabriolet und dem Touring. Eine geringfügig geänderte Karosserie im Heckbereich des 3er Touring machte diesen Wagen praktischer. Eine neue Anordnung der Rückleuchten erlaubte eine breitere Heckklappe – jetzt war das Be- und Entladen sperriger Gegenstände leichter geworden. Die zu einem Drittel oder zu zwei Dritteln umlegbare Rückenlehne der Fondsitze machte dieses Auto zu einem echten Nutz-Fahrzeug im Pkw-Segment.
BMW ließ dem M3 Mitte 1995 eine Frischzellenkur angedeihen, die es in sich hatte. Das Auto gab es als Cabriolet und als GT Coupé; das Antriebsaggregat war ein neuer 3,2-Liter-Vierventilmotor mit 321 PS. Es gab diesen 88.000 Mark teuren BMW ab Januar 1996 zunächst als Coupé zu kaufen, die Cabrio-Ausführung folgte im Mai. Für das Modelljahr 1997 erhielten alle 3er ein Facelifting, das die Doppelniere rundlicher erscheinen ließ und den Scheinwerferpaaren noch mehr Signifikanz verlieh. Selbstverständlich standen für die M-Modelle spezielle Leichtmetallfelgen zur Verfügung.

Der Dreier zum Vierten

Die vierte Generation der 3er Reihe stellte BMW im März 1998 vor. Besonders auffallend war beim E46 die Form der Scheinwerfer mit ihrer unteren, in zwei leichten Bögen verlaufenden Kante, die Kühlerniere war wie beim 5er (E39) Bestandteil der Motorhaube. Die Heckleuchten waren größer geworden und hatten eine L-förmige Form bekommen. Zur Serienausstattung gehörten Front- sowie Seiten- und Kopf-Airbags, ein in der Vertikalen verstellbares Lenkrad und eine Vielzahl weiterer Komfortdetails.
Der in ihrem Profil noch etwas keilförmiger erscheinenden Limousine mit hohem Heck folgte

im September 1998 der Touring. Zunächst waren die Vierzylinderversionen 316i und 318i sowie ein Sechszylinder (2ohc,1895 ccm) als 320i im Programm, letzterer als Vierventiler. Im Jahr 2000 folgten ein 330i, ein 320d und ein 330d. Ende 2001 kam ein 115 PS starker Turbodiesel 318d hinzu. Den 3,0-Liter-Benziner mit 231 PS sowie den Diesel mit 184 PS erhielt man auch in X-Version mit permanentem Allradantrieb.

Im Laufe der nachfolgenden Jahre bot BMW für den E46 – wie bei seinen Vorgängern – eine Reihe neuer Motorisierungsvarianten an, mit denen immer neue Käuferpotenziale erschlossen wurden. So erfolgte 1999 die Einführung eines neuen, 193 PS starken 328i, bei dessen Vierventil-dohc-Motor beide Nockenwellen elektronisch verstellbar waren (Doppel-Vanos), was eine noch effizientere Kraftstoffnutzung erlaubte, und im Jahr 2000 folgte mit gleicher Technik ein neuer 328i mit 170 PS. BMW offerierte beide Motorisie-

Chronik BMW 3er E46

1998

März: Debüt des 3er der vierten Generation, zunächst als 316i. Auffallend die modifizierte Wagenfront mit einer Scheinwerferform, deren untere Kante zwei Wellen aufweist, sowie einer flacheren Kühlerniere, jetzt Teil der Motorhaube. Auch die Heckpartie hat man geändert. Front-, Seiten- und Kopf-Airbags, verstellbare Lenkradhöhe.

1999

März: E46 zusätzlich als 328i und 320i. In Genf Vorstellung eines neuen Coupés mit stark geneigter Frontscheibe. Der Wagen ist breiter und niedriger als der E36.
Juli: Der E46 jetzt auch als Touring, der erst jetzt den Kombi E36 ablöst.
September: Produktionsbeginn des 320Ci Coupés.

2000

März: Einführung des 330d mit 3,0-Liter-Dieselmotor, ferner gibt es den 320d als 2,0-Liter-Vierzylinder. Alle Motorisierungen auch im Touring. Das Programm enthält auch einen 330Xd (Allrad). Debüt des 2,8-Liter-Cabriolets.
Mai: Einführung des neuen 323i. Alle Benzinmotoren mit Doppel-Vanos.
Juni: Im Cabriolet ersetzt ein 231 PS leistender 3,0-Liter den 2,8-Liter-Sechszylinder.
Oktober: E46 auch in Gestalt eines 343 PS starken M3 Coupés mit variabler Differenzialsperre, Klimaautomatik, Dynamischer Stabilitätskontrolle (DSC).

2001

Februar: Neues 320Ci Cabriolet mit 3,3-Liter-Motor
Mai: E46 auch als compact mit 1,8-Liter-Vierzylinder- und 2,5-Liter-Sechszylindermotor. Der Wagen ist 28 cm kürzer als der Viertürer. Neues Interieur.
September: 318d als Limousine und Touring, 115 PS stark (dohc-Vierventiler, Turbolader/Intercooler). Modell 316i mit 1,8-Liter-dohc-Motor und Valvetronic (variable Ventilhubsteuerung). compact-Modelle werden als ti bezeichnet. Optional: M-Sportpaket und ein sequentiell schaltbares Getriebe, zu bedienen über Drucktasten am Lenkrad. Modell 318Ci mit 143 PS auch als viersitziges Cabrio.

2002

März: 320d mit 136 PS als Limousine und Touring, 136 PS stark (dohc-Vierventiler, Turbolader/Intercooler).
Juni: Einführung eines Renntourenwagens 330CSL mit 360 PS, Alu-Motorhaube und einem Dach aus halbtransparentem Kunststoff.
September: Coupé und Cabrio auch mit CommonRail-Dieselmotoren, Sechsgang- oder Automatikgetriebe.

2003

März: Neue compact-Baureihe mit fünf Motorvarianten, auch 318td Diesel. Stark akzentuierte Seitenschweller, neu gestaltete Heckpartie.

2004

September: Bis zur Einführung des neuen BMW E90 ist der 46 nur noch als Touring, Coupé und Cabriolet lieferbar, letzteres bis Februar 2007.

Vierte 3er Generation des BMW Bestsellers, eingeführt im Frühjahr 1998. Den viersitzigen Fließheck-Zweitürer bezeichnete man als Coupé. Darunter die Touring-Ausführung, wie es sie ab Juli 1999 gab.

BMW 3er E46

Baureihe	Baujahr	Fahrzeugtyp
E46/2	1998-2006	Coupé
E46/2S	1999-2006	M3 Coupé
E46/2C	1998-2006	Cabrio
E46/2CS	2000-2006	M3 Cabrio
E46/3	1999-2005	Touring
E46/4	1998-2005	Limousine
E46/5	2000-2004	compact

Motoren			Spezifikation	Modellbezeichnung
1895 ccm	105 PS	R4 Otto	ohc, Einspritzung	316i
1796 ccm	115 PS	R4 Otto	ohc, Einspritzung Valvetron.	316ti
1573 ccm	90 PS	R4 Otto	ohc, Einspritzung	318i
1895 ccm	140-143 PS	R4 Otto	ohc 4v, Einspritzung Valvetron.	318ti
1895 ccm	118 PS	R4 Otto	ohc, Einspritzung	318i
1991 ccm	150 PS	R6 Otto	2ohc 4v, Einspritzung	320i
2494 ccm	170 PS	R6 Otto	2ohc 4v, Einspritzung	323i
2494 ccm	170 PS	R6 Otto	2ohc 4v, Einspritzung Valvetron.	323ti
2494 ccm	192 PS	R6 Otto	2ohc 4v, Einspritzung Valvetron.	325ti
2793 ccm	129 PS	R6 Otto	2ohc 4v, Einspritzung	328i
3201 ccm	321 PS	R6 Otto	2ohc 4v, Einspritzung	M3 3,2 Liter
3246 ccm	346 PS	R6 Otto	2ohc 4v, Einspritzung	M3 3,3 Liter
2665 ccm	90 PS	R4 Turbod.	ohc, Wirbelk.-Einspritzung	318tds
1995 ccm	115 PS	R4 Turbod.	ohc, Wirbelk.-Einspr. Intercooler	318d
1951 ccm	136 PS	R4 Turbod.	2ohc 4v, Direkteinspritzg. Interc.	320d
1998 ccm	150 PS	R6 Turbod.	2ohc 4v, Direkteinspritzg. Interc.	320td
2497 ccm	143 PS	R6 Turbod.	ohc, Wirbelk.-Einspritzung	325tds

rungen in der Limousine, im Touring und im Coupé, wahlweise auch mit Allradantrieb (328iX, 323iX). Auf dem Genfer Salon 1999 zeigten die Bayerischen Motoren Werke erstmals den E46 auch als Zweitürer. Das neue 3er Coupé, das ein Jahr nach der viertürigen Limousine erschien, gab als 320Ci sein Debüt und wies eine stärker geneigte Frontscheibe als das Coupé E36 auf, was die Dachpartie kürzer wirken ließ – eben coupéartiger.

Im Juni 2000 folgte der 330Ci mit 2979-ccm-Vierventilmotor, 2001 der 318Ci, ein Vierzylinder ebenfalls als Vierventiler, aber mit elektronisch geregelter Ventilsteuerung, der so genannten Valvetronic – ein Motor, der 143 PS leistete. Und 2003 wurde das Coupé auch mit 3,0-Liter-Dieselmotor (CommonRail-Einspritztechnik) geliefert, ein bärenstarker Sechszylinder mit 218 PS. Flaggschiff war das Ende 2002 präsentierte, 343 PS starke 330Ci Coupé. Damit war die Palette der Zweitürer komplett – oder doch nicht, denn in Genf 2003 präsentierte BMW den M3 CSL als Beweis, dass die Bayern imstande waren, immer noch eins drauf zu setzen.

Rennwagen-Power im M3

Einen M3 in der Baureihe E46 kündigte BMW ebenfalls im Juni 2000 an. Der Wagen erschien in der Coupéversion und wies eine variable Differenzialsperre mit automatischem, elektronisch gesteuertem Traktionsausgleich an. Dieser M3 war zugleich der erste BMW, dessen Grundpreis 100.000 Mark betrug – allerdings einschließlich schwarzer Lederausstattung, Klimaautomatik, dynamischer Stabilitätskontrolle (DSC) und vieler anderer Extras. Die auffällige, als Stoßfänger ausgebildete Bugschürze mit extrem breitem Lufteinlass und integrierten Nebelleuchten verfehlte ihre aggressive Wirkung nicht. Der Verzicht auf Gummileisten an Front und Heck ließ das Auto noch »bulliger« erscheinen.
334 PS bei einem Eigengewicht von nur 1550 kg – dieser Sechszylinder hatte die Beschleunigung eines Rennwagens und war mit seiner auf 250 km/h abgeregelten Höchstgeschwindigkeit keineswegs am Limit seiner Fähigkeiten angelangt. Im September des Jahres 2001 wurde auf Basis

BMW 3er »Clubsport« Coupé von 2001.

des E46 ein neues Cabriolet gezeigt, das zunächst mit einem 1995-ccm-Vierzylindermotor angeboten wurde und als 318i figurierte. Die Maschine hatte 143 (statt vorher 118) PS und wies zwei obenliegende Nockenwellen, 16 Ventile und Valvetronic auf. 2002 folgte wie beim Coupé ein Modell 330i.
Der Rahmen der extrem geneigten Windschutzscheibe des zweitürigen Viersitzers war als Überrollbügel ausgelegt. Der geräumige Viersitzer, wahlweise mit Fünfganggetriebe oder Automatik erhältlich, übertraf an Eleganz seine offenen Vorgänger; das elektro-mechanisch versenkbare Verdeck ließ sich zur Gänze versenken. Das optional erhältliche sequentielle Getriebe ließ sich durch Drucktasten in den Speichen des Lenkrades betätigen.

E46 compact mit Premium-Anspruch
Mit einem neuen compact auf Basis des E46 startete BMW im Mai 2001 einen Versuch, dieses interessante Segment durch einen Wagen mit Premium-Charakter zu besetzen. Im November 2000 war der Prototyp vorgestellt worden. Mit seinen beiden Einzelscheinwerfern und einer stark der Keilform entsprechenden Karosserielinie gab sich der neue compact noch gedrungener, noch schnittiger als sein Vorgänger, wobei kaum auffiel, dass dieses Modell den gleichen Radstand wie die Limousine hatte, nur in der Gesamtlänge durch sein Stummelheck doch 28 cm kürzer war. Im Frühjahr 2003 gab es stärker konturierte Seitenschweller und eine modifizierte Heckpartie mit anderen Rückleuchten. Den als E46-5 bezeichneten Wagen gab es anfangs nur als 316ti und 325ti mit Motoren aus dem aktuellen Baukastenprogramm, aber wie üblich kamen schon bald weitere Varianten wie der 320td und ein 325ti in M-Version (ab 2003) hinzu. Ab April 2003 statte man den Compact (jetzt groß geschrieben) mit einem Sechsganggetriebe aus. Der E46 als M3 Cabriolet, angeboten ab 2001, war eine besonders reizvolle Variante eines sympathischen Themas, aber das 343 PS starke (3246 ccm) Traumauto kostete auch den stolzen Preis von 60.700 Euro. Mit gleicher Maschine

BMW 320d von 2004. In seinem Auftritt hatte sich der 3er dem 5er angeglichen, der sich wiederum dem 7er angenähert hatte.

Oben: Blick ins Interieur eines BMW 330i von 2004 mit Lederausstattung.

Rechts oben: 3er Touring von 2005.

Unten: Zweitüriger M3 von 2005.

stand für den Einsatz im Motorsport der 3,3-Liter-CSi zur Verfügung, dessen Dach aus kohlefaserverstärktem Kunststoff bestand.
Im Oktober 2002 gab ein weiterer 3er-BMW der Superlative seine Vorstellung (wurde aber erst 2003 in Genf offiziell präsentiert): der M3 CSL. Das von der BMW M GmbH geschaffene Leichtbau-Coupé mit seinem auf 360 PS getrimmten 2ohc-Vierventiler mit einem Drehmoment von 370 Nm hatte ein spezielles Hochleistungs-Fahrwerk und sollte nur in kleiner Stückzahl entstehen. Der Wagen stellte die Basis für ein erfolgreiches Wettbewerbsfahrzeug dar.

Neue Dreier E90 und E91

Die neue Generation der 3er Reihe erschien Anfang 2005 und setzte den Welterfolg dieser Klasse fort. Endlich war ab September 2005 auch wieder eine Touring-Version erhältlich. Wie die 3er Limousine E90 verfügte auch der fünftürige Touring E91 über neue Motoren, kräftiger als ihre Vorgänger und dennoch wirtschaftlicher im

Links: Schematische Darstellung der Antriebs-Kraftverteilung im 3er xDrive, 2005.

Unten: Airbag-Insassenschutz im BMW 3er von 2005.

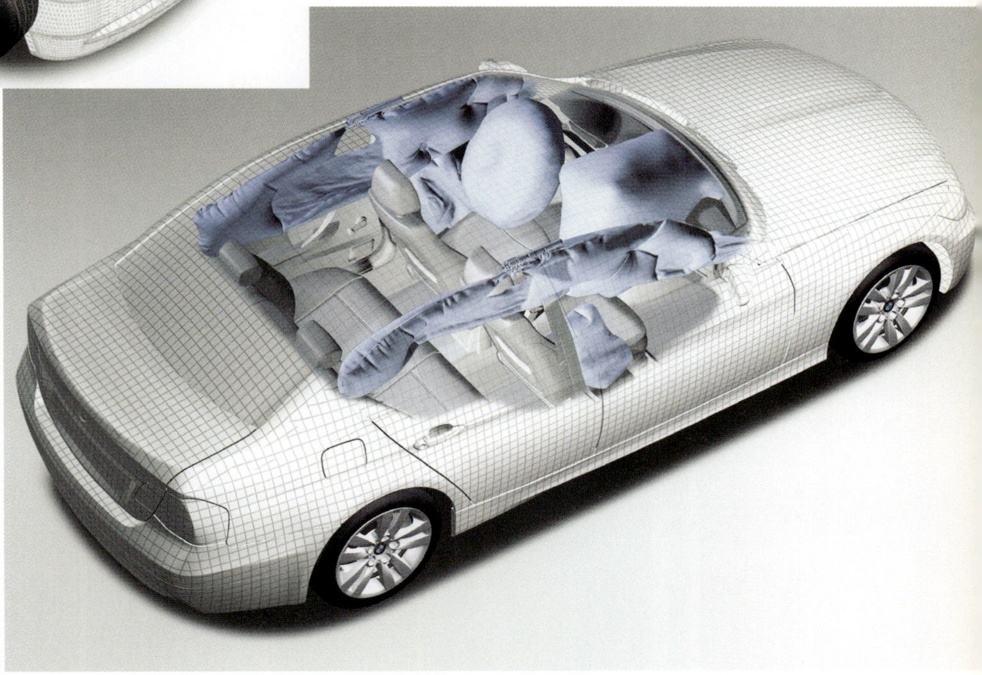

Verbrauch. Als Modell 325i mit 218 PS – 26 PS mehr als vorher – wies er nämlich ein geringeres Gewicht auf, dank Verwendung von Leichtmetall am Fahrwerk und Magnesium für Kurbelgehäuse und andere Motorteile; der Dreiliter war der leichteste Sechszylinder seiner Größe der Welt. Serienmäßig erhielt der neue Touring ein Sechsgang-Handschaltgetriebe (optional: Sechsstufen-Automatik) mit engen Abstufungen. Die Optik des Wagens wies eine dynamische Silhouette auf mit einer Dachlinie, die weich zum Schrägheck abfiel, wobei die Scheibenflächen coupéhaft klein wirkten – dem aktuellen Trend folgend, der die einst so gepriesenen Vorteile großzügiger Fensterflächen ignorierte. Auch auf ein Ersatzrad wurde verzichtet.

Vom E46 zum E90

Der E36 war der bisher meist verkaufte BMW gewesen. Die vierte Generation des 3er, als E46 im Frühjahr 1998 eingeführt, kam zunächst wieder als viertürige Limousine auf den Markt, dem das Coupé mit Jahresabstand folgte. Noch besser nutzbarer Innenraum, noch höherwertige Ausstattung, aber unter Beibehaltung möglichst vieler Stilelemente – das waren die Vorgaben für den bis 2006 gebauten E46 gewesen, für den auch wieder eine umfassende Motorisierungspalette zur Wahl stand. Auffallend war nicht nur die aerodynamisch noch effizientere Frontgestaltung, sondern auch die stärkere Akzentuierung der Heckpartie mit den L-förmigen Rückleuchten. Aber auch im Interieur gab es Optimierungen, so bei den großen Rundinstrumenten mit der orangefarbenen Beleuchtung ihrer Skalen, durch raffinierte Ablagemöglichkeiten und viele gut durchdachte Details zur Entlastung des Fahrers und zur Steigerung des Komforts seiner Passagiere.

Neues Coupé mit xDrive

Als »Eleganz in höchster Vollendung« bezeichnete die BMW Werbung das im März 2006 neu herausgekommene Coupé der Baureihe E90. Nicht eine Variante der Limousine war dieses Modell, sondern es wies ein eigenes Karosserie- und Interieur-Design auf. Die Stahlleichtbau-Karosserie verlieh dem Wagen höhere Festigkeit bei geringerem Gewicht. Dieses Coupé war auch als erstes mit dem xDrive-Allradantrieb erhältlich. An Motorisierungen bot BMW drei Benziner von 218 bis 306 PS sowie den 330d als 232-PS-Diesel an. Die so beliebt gewordenen »Corona-Ringe« als Tagfahrlicht (Bi-Xenon) gehörten ebenso zur Serienausstattung wie automatische Gurtbringer für die vorderen Sitze oder das Sechsgang-Handschaltgetriebe (wahlweise Sechsstufen-Automa-

BMW 335i E90, 2006, erhältlich auch mit Allradantrieb.

BMW 3er Modellprogramm 2006: Touring, Limousine, Coupé.

Links unten: Signifikant beim neuen BMW 3er waren die Scheinwerfer mit so genannten »Corona-Ringen«.

Unten: Neuer Traumwagen: BMW 3er Cabriolet, 2006.

BMW 3er E90, E91, E92, E93

Baureihe	Baujahr	Fahrzeugtyp
E90	2005-2012	Limousine
E90N	2008-2012	Limousine LCI
E91	2005-2013	Touring
E91N	2008-2013	Touring LCI
E92	2008-2010	Coupé
E92N	2010-2013	Coupé LCI
E93	2007-2010	Cabriolet
E93N	2010-2014	Cabriolet LCI
E90/91/92/93 S	2007-	M3

Motoren	Spezifikation	Modellbezeichnung
1599 ccm 122 PS 4R Otto	2ohc 4v	316i
1995 ccm 143 PS 4R Otto	2ohc 4v	318i
1995 ccm 150-170 PS 4R Otto	2ohc 4v	320i
2996 ccm 218 PS 6R Otto	2ohc 4v	325i
2996 ccm 258-272 PS 6R Otto	2ohc 4v	330i
2979 ccm 306 PS 6R Otto	2ohc 4v 2 Turbolader	335i
3999 ccm 420 PS V8 Otto	4ohc 4v	M3
1995 ccm 115 PS 4R Turbodiesel	2ohc 4v Direkteinspr.	316d
1995 ccm 143 PS 4R Turbodiesel	2ohc 4v Direkteinspr.	318d
1995 ccm 163-184 PS 4R Turbod.	2ohc 4v Direkteinspr.	320d
2993 ccm 204 PS 6R Turbodiesel	2ohc 4v Direkteinspr.	325d
2993 ccm 231-245 PS 6R Turbod.	2ohc 4v Direkteinspr.	330d

tik). Und 440 Liter Kofferraumvolumen konnten sich ebenfalls sehen lassen. Der Durchgang zum Fond erfolgte nach Entriegelung der Vordersitze. Die Silhouette des sportlich gestreckt wirkenden Wagens mit ihrer sanft bis in den Heckabschluss verlaufenden Dachlinie verlieh dem Coupé einen ganz spezifischen Charakter.
Im Frühjahr 2007 erschien die vierte Generation des M3 auf der Basis des BMW 3er Coupés. im Herbst folgte die neue M3 Limousine, 2008 ein Cabrio. Ästhetik, hohes Leistungspotenzial und volle Alltagstauglichkeiten kennzeichneten die Fahrzeuge.

In vier Sekunden auf 100 km/h

Ganz neu war 2007 ein V8-Aggregat mit vier Liter Hubraum und satten 420 PS, eigens für die M-Reihe entwickelt. Der Motor wies Einzeldrosselklappen, eine variable Nockenwellenverstellung (Doppel-Vanos) und Bremsenergie-Rekuperation auf, dabei wog der V8 weniger als sein Sechszylinder-Vorgänger. In nur 4,9 Sekunden war man von Null auf Hundert...
Einen besonderen Charakter verlieh dem Fahrzeugt ein vollkommen neu entwickeltes Fahrwerk

Chronik BMW 3er E90

2004

November: Ankündigung der 5. Generation des BMW 3er.

2005

März: Präsentation des E90 in Genf. Gebaut wird der Wagen in den BMW Werken München, Regensburg (Coupé, Cabrio), Leipzig, Südafrika und Thailand. Der 316i wird nur noch in den Niederlanden, Skandinavien, Österreich, Ungarn, Griechenland und Portugal angeboten. Das BMW-typische fahrerbezogene Cockpit hat man durch eine gerade Armaturentafel ersetzt. Sechszylinder-Modelle unterscheiden sich optisch von den Vierzylindern durch Chromelemente (senkrechte Stäbe in der Niere des Kühlergrills, Fenstereinfassungen). Der 320i ist nun ein 2,0-Liter-Vierzylinder (vorher 2,2-Liter-Sechszylinder). 335i mit Doppelturbolader, der die Lücke zum M3 schließt.
September: E90 jetzt auch als Touring (E91).

2006

September: Einführung des Coupés E92. Es unterscheidet sich optisch stärker von der Limousine als beim E46. Die seitlichen Fensterflächen sind deutlich kleiner als bei der Limousine, die Form der Frontscheinwerfer unterscheidet sich stark, die Rückleuchten weisen die BMW-typische L-förmige Gestaltung auf und sind breiter als beim Viertürer.

2007

März: Vorstellung des E90 als M3 Limousine.
Mai: Cabrio F93 mit variablem Stahldach (VHT: versenkbares Hardtop).
September: Facelift für Limousine und Touring. Front- und Heckschürze, die Außenspiegel, die Leuchten sowie Motorhaube und Heckklappe geändert, auch wurde die Spur verbreitert. Die BMW Niere wurde neu gestaltet und die seitliche Linienführung optisch gestreckt. Im Interieur hochwertigere Stoffe, einige Bedienelemente wurden geändert. Die vorderen Sitze sind mit crashaktiven Kopfstützen ausgestattet. Einige bisherige Sonderausstattungen, wie zum Beispiel das Lederlenkrad mit Multifunktionstasten, sind jetzt serienmäßig. Auch der 320d ist jetzt – wie schon 330d, 325i, 330i und 335i – mit dem xDrive genannten Allradantrieb erhältlich; er erreicht damit allerdings nur die Abgasnorm Euro 4 (ohne xDrive: Euro 5).

2009

März: Für den 335i wird ein Performance Power Kit angeboten, das die Motorleistung um 10 PS anhebt.

2010

März: Facelift für das Coupé und das Cabriolet. M3 jetzt ebenfalls als Cabrio. Front- und Heckschürze sowie die Leuchten sind geändert. Die Frontniere wurde neu gestaltet, auch das Interieur hat man dezent überarbeitet. Limousine und Touring werden als drei Editionsmodelle angeboten. Performance Power Kit auch für den 320d (10 PS Mehrleistung).

2011

September: Offizielle Ankündigung des E90-Nachfolgers F30 für das Frühjahr 2012.

mit eigener, M-typischer Achskinetik und überwiegend Aluminium, einer aggressiver gestalteten Frontpartie sowie waagerechte »Kiemen« (zur zusätzlichen Bremsenbelüftung) in den vorderen Seitenwänden, dazu kraftvoll ausgeformte Seitenschweller. Zur Motorisierung passten das manuelle Sechsganggetriebe und der M-Drive zum Einstellen von Motorkennlinien.
Im September 2008 gab es ein Facelift für Limousine und Touring. Front- und Heckschürze, die Außenspiegel, die Leuchten sowie Motorhaube und Heckklappe hatte man geändert, auch die Spur verbreitert. Die BMW Niere war neu gestaltet und die seitliche Linienführung optisch gestreckt worden. Einige bisherige Sonderausstattungen, wie das Lederlenkrad mit Multifunktionstasten, gehörten jetzt zum Serienumfang. Auch der 320d war nun – wie schon 330d, 325i, 330i und 335i – mit dem xDrive genannten Allradantrieb erhältlich. Im März 2010 spendierte BMW auch dem Coupé und dem Cabriolet ein Facelifting, und den M3 bekam man jetzt ebenfalls als Cabrio. Im September 2011 erfolgte schließlich die Ankündigung des E90-Nachfolgers, als Baureihe F30 bezeichnet, für das Frühjahr 2012.

Augen einer asiatischen Schönheit: BMW 3er 2008. Unter der rhombusförmigen Klappe verbirgt sich eine Waschdüse.

Links: Interieur im 3er BMW Modelljahrgang 2010.

Späher der französischen Zeitschrift »L'argus« fingen im Sommer 2011 diesen BMW 3er auf einer Probefahrt ein, in welchem sie zu Recht den Modelljahrgang 2012 vermuteten.

Oben: BMW 1er Cabrio und Coupé, Jahrgang 2008. Für 2012 waren Optimierungen angesagt.

Rechts: BMW 3er Coupé 2010, aus jedem Blickwinkel eine Schönheit. Doch der 1er hat dem 3er keine Marktanteile streitig gemacht.

BMW 1er E81, E87, E88, F20-23

Baureihe	Baujahr	Fahrzeugtyp
E81	2007-2011	Limousine 3-tür.
E82	2007-2012	Coupé
E87	2004-2006	Limousine 5-tür.
E87N	2006-2011	Limousine 5-tür. LCT
E88	2008-2012	Cabrio
F20	ab 2011	Limousine 5-tür.
F21	ab 2011	Limousine 3-tür.
F22	ab 2012	Coupé
F23	ab 2012	Cabrio

Motoren	Spezifikation	Modellbezeichnung
1599 ccm 122 PS R4 Otto	ohc Einspritzung	116i 1,6 Liter
1995 ccm 140 PS R4 Otto	ohc Einspritzung	116i 2,0 Liter
1995 ccm 143 PS R4 Otto	ohc Einspritzung VVT	118i
1995 ccm 170 PS R4 Otto	ohc Einspritzung	120i
2996 ccm 218 PS R6 Otto	2ohc 4v Einspritzung Vanos	125i
2996 ccm 258 PS R6 Otto	2ohc 4v Einspritzung Vanos	130i
2996 ccm 265 PS R6 Otto	2ohc 4v Einspritzung Vanos	130i
2996 ccm 258 PS R6 Otto	2ohc 4v Einspritzung Vanos	135i
1995 ccm 115 PS R4 Diesel	ohc CommonRail VNG Turbo/Int.	116d
1995 ccm 143 PS R4 Diesel	ohc CommonRail VNG Turbo/Int.	118d
1995 ccm 177 PS R4 Diesel	ohc CommonRail VNG Turbo/Int.	120d
1995 ccm 204 PS R4 Diesel	ohc CommonRail VNG Turbo/Int.	123d

Vierzylinder-Ottomotor mit Valvetronic, wie er im BMW 118i seine Arbeit erledigt.

Der 1er BMW

Im Oktober 2004 wurde auf dem Pariser Automobilsalon der neue BMW 1er präsentiert, nachdem im Sommer bereits eine Werbetour durch Europa stattgefunden hatte. Mit der neuen Baureihe E87 gedachte BMW in ein Segment vorzudringen, in welchem Käufer andere Ansprüche an ein Auto stellen als die traditionelle BMW Kundschaft, wozu auch der Einstiegspreis von weniger als 20.000 Euro beitrug. Doch alles war typisch BMW und an Premium-Maßstäben ausgerichtet: das Konzept Motor vorn, Antrieb hinten; der lange Radstand mit kurzem Überhang vorn, die niedrige Dachlinie mit dem typischen Gegenschwung in der C-Säule und selbstverständlich die charakteristische Front mit Niere und Doppelscheinwerfern. Die praktische Heckklappe (von BMW als fünfte Tür bezeichnet) öffnete den großen, va-

Als leistungsstarker 118i ist der BMW 1er die reizvollste Version der kompakten, seit 2004 angebotenen Einsteiger-Modellreihe.

Gedrungen im Format, Premium-Standard im Auftritt und in der Qualität. Der 1er überzeugte von Anfang an.

Oben: Das Design des BMW 1er lässt Chris Bangles Handschrift erkennen. Er ist eines seiner Meisterwerke.

Unten: Ganz schön aggressiv: BMW 1er Jahrgang 2006 auf einer Testfahrt.

riablen Gepäckraum. Der überzeugend gestaltete 1er mit seinem niedrigen cw-Wert von nur 0,29 war in vier Vierzylinder-Motorisierungen zur bekommen. Die Modelle 116i (115 PS) und 120i (150 PS) verfügten über weiter entwickelte BMW Benzinmotoren; dazu gab es die beiden Diesel 118d (122 PS) und 120d (163 PS). Im März 2007 stellte BMW nicht nur neue Benzin- und Dieselmotoren für die 1er Baureihe vor, sondern auch eine neue Karosserievariante: einen Zweitürer mit Heckklappe, wodurch er zum Dreitürer avancierte. Sein Karosseriedesign erfuhr durch die lange Frontpartie eine zusätzliche Betonung und setzte den optischen Schwerpunkt deutlich zur Hinterachse. Die Fertigung des E81 begann im Mai. Im Herbst des gleichen Jahres kam ein 2+2-Coupé E82 hinzu, noch sportlicher konzipiert als der Zweitürer bzw. Dreitürer, das nun auch mit einem

Chronik BMW 1er

2004

September: Markteinführung der Modelle 116i, 118i 120i, 120d.

2005

März: Debüt des Modells 130i, produziert ab August.

2007

März: Facelift, Überarbeitung aller Motoren und Ausstattung mit EfficientDynamics (außer 116i, hier erfolgte die Umstellung im September).
Mai: Produktionsbeginn des Dreitürers. Zu seiner Einführung bietet BMW eine auf 2000 Exemplare begrenzte Limited Sport Edition an (Carbonschwarz-Metallic, M-Paket mit 18-Zoll-Rädern im WTCC Design).
September: Umstellung des 116i (122 PS) auf Direkteinspritzung. Vorstellung einer Cabrioversion (Presse und Händler).
November: Produktionsbeginn des Coupés.

2008

Januar: Auf der Detroit Motor Show offizielle USA-Premiere des 1er Cabrios.
April: Produktionsbeginn des Cabrios. Als 125i und 135i werden ausschließlich Coupé und Cabrio angeboten, während der Motor 130i weiterhin dem Drei- und dem Fünftürer vorbehalten bleibt.

2009

Januar: Technische Anpassungen beim optionalen Navigationssystem »Professional«, jetzt mit interner Festplatte und Schnelltaste. Optional iDrive, Lenkradheizung und Fernlichtassistent als Sonderaustattungen. Die bisher serienmäßige, geschwindigkeitsabhängige Servolenkung sowie Reifen mit Notlaufeigenschaften jetzt gegen Aufpreis.
Oktober: Erweiterung der Motorenpalette des Coupes um den 118d und den 120i. Der 135i ist jetzt mit einem TwinPower Turbolader ausgestattet (einzelner Lader mit zwei Abgaseinströmöffnungen).

2010

März: Für den 135i ist ein Doppelkupplungsgetriebe erhältlich. 116i für einige Exportländer mit 122 anstatt 140 PS. 130i mit 258 statt 265 PS.
Der Motor 123d (204 PS) wurde als »Engine of the Year« gekürt.

2011

Februar: Vorstellung des Elektro-Vorserienfahrzeuges Active E. Die Basis bildet ein modifizierter BMW 1er.
März: Einführung des in Leipzig gefertigten 1er M Coupés; es wird anders als bisherige BMW M-Fahrzeuge, welche üblicherweise über Saugmotoren mit Hochdrehzahlkonzept verfügten, durch einen aufgeladenen Motor angetrieben. Der BMW M TwinPower Turbo genannte Reihensechszylinder-Ottomotor hat 2979 ccm Hubraum und 340 PS.
August: Neue Modellgeneration F20, optisch und technisch weitgehend überarbeitet. Zuerst Produktion des Fünftürers; Einführung eines neuen Dreitürers sowie Cabriolet und Coupé waren für 2012 geplant.

BMW 1er Cabrio, 2008, zu bekommen in den Versionen 125i und 135i.

Es bedarf keinerlei fotografischer Tricks, um die harmonischen Proportionen des 1er BMW optimal zu präsentieren.

Sechszylindermotor angeboten wurde, nachdem in den anderen Modellen der 1er Reihe anfangs nur Vierzylinder zu bekommen waren. Erst mit dem 130i gab es ab August 2005 ebenfalls einen Sechszylinder. Bei gleichem Radstand – mit 2660 mm in der Klasse ungewöhnlich – hatte das Coupé einen ausgeprägten Sportwagen-Look.
Das Coupé gab es als 120d (177 PS) und 123d (204 PS), beides Diesel mit 1995 ccm Hubraum, während der 135i Benziner erst für die richtige »Musik« sorgte. In dieser Ausführung standen 306 PS aus 2979 ccm Hubraum zur Verfügung – für BMW Fahrspaß pur.

Der BMW 1er auch als Cabriolet...
Es war nur eine Frage der Zeit, bis der BMW 1er auch als Cabrio erscheinen würde. Im September 2007 gab dieses agile Auto sein inoffizielles Debüt: ein bildhübscher Viersitzer mit elektrohydraulisch betätigtem Textilverdeck und waagerecht verlaufender Schulterlinie, BMW-typisch in seinen Proportionen und auch Fahrleistungen. Die langen, rahmenlosen Türen mit ihren konvexkonkaven Flächen und den muskulösen hinteren Radhäusern verliehen dem offenen Einser (intern: E88) Eleganz und Rasse. Das Verdeck ließ sich vollständig in den Kofferraum versenken. Im Gegensatz zum größeren 3er Cabrio besaß das 1er-Cabrio ein elektrisch bedienbares Stoffverdeck mit beheizbarer Glasheckscheibe, welches bei Karmann gefertigt wurde und sich bis zu einer Geschwindigkeit von 40 km/h innerhalb von 22 Sekunden öffnen und schließen ließ. Der Kofferraum fasste zwischen 305 Liter bei geschlossenem und 260 Liter bei geöffnetem Verdeck. Die Serien- und Zusatzausstattung orientierte sich an dem Angebot für das 1er-Coupé. Als Besonderheit offerierte BMW gegen Aufpreis eine Lederpolsterung mit spezieller Pigmentierung, die das Aufheizen der Sitze um bis zu 20 Grad Celsius gegenüber normalen Lederpolsterungen senkte.
Das Topmodell 135i erhielt serienmäßig ein modifiziertes M-Aerodynamikpaket und war damit die attraktivste Version; der Twin-Turbo-Sechszylindermotor leistete 306 PS und ein Drehmoment von beachtlichen 400 Nm schon bei 1300 U/min. Als weitere Motorisierungen bot BMW im 125i den Doppel-Vanos-Sechszylinder mit 2996 ccm (218 PS) an, im 120i einen 1995-ccm-Vierzylinder (170 PS), im118i den gleichen Motor mit 143 PS sowie im 120d einen 177-PS-Vierzylinder-Turbodiesel. Der Verkauf des 1er Cabrios setzte in Deutschland im April 2008 ein. Als 125i und 135i wurden ausschließlich Coupé und Cabrio angeboten, während der Motor 130i weiterhin dem Drei- und dem Fünftürer vorbehalten blieb.

...und sogar in M-Version
Im Oktober 2009 gab es eine Erweiterung der Motorenpalette des Coupés um den 118d und den 120i. Der 135i wurde jetzt mit einem Twin Power Turbolader versehen (einzelner Lader mit zwei Abgaseinströmöffnungen). Und ab März 2011 war für den 135i ein Doppelkupplungsgetriebe erhältlich.
Es war zu erwarten gewesen, dass es auch vom 1er BMW eines Tages eine M-Version geben würde. Sie gab ihren Einstand Anfang März 2011. Das in Leipzig gebaute Coupé wurde im Unterschied zu bisherigen BMW M-Fahrzeugen, die

BMW 1er Coupé Jahrgang 2011. Optional gab es jetzt LED-Tagfahrlicht sowie Xenonscheinwerfer mit Kurven- und Abbiegefunktion.

üblicherweise über Saugmotoren mit Hochdrehzahlkonzept verfügten, durch einen aufgeladenen Motor angetrieben. Der BMW M TwinPower Turbo genannte Reihensechszylinder-Ottomotor hatte 2979 ccm Hubraum und 340 PS.

Im Rahmen der Modellpflege ließ BMW dem 1er im Jahre 2011 nicht nur Kosmetik angedeihen. Der Kühlergrill wuchs in die Breite und signalisierte mehr Sportlichkeit, auch stand die Doppelniere etwas steiler. Ähnlich wie bei den 5er und 7er zog sich eine typische »Charakterkante« unterhalb der Fensterlinie durch. Optional gab es LED-Tagfahrlicht und Xenonscheinwerfer mit Kurven- und Abbiegefunktion. Die Abmessungen des Einsteiger-BMW blieben weitgehend unverändert. Etwas mehr Radstand brachte aber mehr Beinfreiheit für die Fondpassagiere. Heck und Heckscheibe fielen etwas weicher ab als beim bisherigen Modell. Der Innenraum orientierte sich weitgehend am neuen BMW X1 und der nächsten 3er Generation, die für 2012 geplant war. Auch hielten interessante Assistenzsysteme im neuen 1er BMW Einzug, so eine elektromechanische Servolenkung und eine intelligente Einparkautomatik.

Für den eiförmigen Käfer warb Volkswagen einst mit dem Slogan, dass es Formen gäbe, die man nicht verbessern könne. Fünfzig Jahre später darf man konstatieren, dass dies wohl ein Irrtum war...

DIE ELITE DES BMW PREMIUM-SEGMENTS

Im Frühjahr 1976 erschien das 6er Coupé, zehn Monate danach die neue 7er Limousine, 1989 der formidable 8er. Alle Baureihen zeichneten sich durch eine neue Designlinie aus und verbanden einen repräsentativen Auftritt mit einer großen Zahl technischer Innovationen.

Von März 1976 bis zum Produktionsende 1989 wurden mehr als 86.000 BMW 6er verkauft. Nie zuvor war ein BMW Coupé erfolgreicher gewesen.

Im März 1976 präsentierte BMW ein neues Oberklasse-Coupé. Mit einer Außenlänge von 4,75 m und einem feudalen Innenraumangebot, das auch im Fond mit zwei großzügig ausgeformten Sitzen hohen Fahrkomfort gewährleistete, stellte sich der 6er BMW als ein hochwertiges, elegantes, zurückhaltend gestaltetes Reisefahrzeug dar. Die neue Baureihe E24 umfasste zunächst die Modelle 630 CS und 633 CSi; ihnen und ihren Nachfolgern waren beste Absatzerfolge beschieden. Bis zum Produktionsende 1989 wurden mehr als 86.000 Exemplare verkauft. Nie zuvor war ein BMW Coupé erfolgreicher gewesen.

Besonderheiten des 6er waren ein Control-Check-System für wichtige Bordfunktionen, eine geschwindigkeitsrelevante Servolenkung, elektrische Scheibenheber und eine Wärmeschutzverglasung. Scheibenbremsen und eine Voll-Lederausstattung gab es ebenfalls serienmäßig, Getriebeautomatik auf Wunsch. Der Wagen hatte Doppelscheinwerfer und eine rundum verlaufende Gummischutzleiste. In der Kofferklappe des viersitzigen Coupés befand sich ein reichhaltig bestücktes Werkzeug-Etui. 1979 folgte der bis 1988 hergestellte 628 CSi mit Einspritzung, der das Vergasermodell 630 CS ablöste.

Mit Heckspoiler: BMW 635 CSi

Mitte 1978 erschien ein weiteres Modell der 6er Reihe, der 635 CSi. Auffallend war die schwarze Spoilerkante auf dem Kofferdeckel. Der Sechszylinder-Einspritzmotor mit 3453 ccm Hubraum leistete 218 PS; mit 225 km/h Spitze war dies Deutschlands schnellstes viersitziges Coupé. Ab November des gleichen Jahres wurde dieses Modell auch mit dem damals neuen Antiblockiersystem (ABS) angeboten. Ein Variante dieses Autos war der M 635 CSi, den die BMW Motorsport GmbH entwickelt hatte. Dieses ab 1984 angebo-

tene Coupé war mit einem modifizierten Fahrwerk, verstärkten Bremsen und einem dohc-Vierventilmotor (auf der Basis des ohc-Zweiventilers des 635) wie beim M1 ausgestattet, 286 PS stark und für 255 km/h gut. Breitere Reifen und ein kleines dreifarbiges M auf dem Kühlergrill wiesen darauf hin, dass dieser BMW der Leitwolf im Rudel war. Im Februar 1989 lief die Produktion dieser Baureihe aus.

Der 6er mit neuem Auftritt

Und dann erschien im Sommer 2003 ein neuer BMW 6er. Im Gegensatz zum »alten« E24, der ausschließlich mit Sechszylindermotor angebo-

BMW 6er E24

Baureihe	Baujahr	Fahrzeugtyp
E24	1976-1982	Coupé 1. Generation
E24/1	1982-1987	Coupé 2. Generation
E24/2	1988-1989	Coupé 3. Generation
E24/1S	1984-1987	Coupé Motor S38
E24/2S	1988-1989	Coupé Vierventilmotor

Motoren	Spezifikation	Modellbezeichnung
2986 ccm 185 PS R6	ohc, Doppel-Registervergaser	630 CS
3210 ccm 200 PS R6	ohc, Einspritzung	633 CSi
3453 ccm 218 PS R6	ohc, L-Jetronic	635 CSi
2788 ccm 184 PS R6	ohc, L-Jetronic	628 CSi
3453 ccm 286 PS R6	dohc 4v, Bosch-Motronic	M635 CSi

Links: BMW 635 CSi von 1971 in den Marmorbrüchen von Carrara, Italien.

Unten: Und noch ein Stückchen weiter südlich entstand diese Aufnahme, nämlich in einem Wildpark in Südafrika.

Chronik BMW 6er E24

1976
März: Vorstellung der BMW Coupés 630 CS und 633 CSi (E24). Scheibenbremsen, Wärmeschutzverglasung und Lederpolster serienmäßig.

1978
Juli: Ergänzung des Programms durch den 635 CSi mit 3453-ccm-Motor, 218 PS und Front-/Heckspoiler.

1979
Juli: Der 630 CS mit Vergasermotor wird durch den 628 CSi mit L-Jetronic-Einspritzung abgelöst (Motor aus dem 528i).

1982
März: Der 633 CSi entfällt. Neue, weiter herumreichende Heck-Stoßfänger.

1984
März: Der M 635 CSi wird als Nachfolger des M1 vorgestellt, dessen Motor er übernimmt. Das Modell bleibt bis 1989 im Programm.

1987
Mai: Der 628 CSi wird aus dem Programm benommen, der M 635 CSi bekommt einen Katalysator. Alle Modelle erhalten neue Gasdruck-Stoßdämpfer, neue Stoßfänger und einen neuen Frontspoiler.

1989
Februar: Die Produktion des E24 läuft aus.

Zwei Generationen 6er BMW: 628 CSi von 1979 neben einem E63 Baujahr 2007. Viel Familienähnlichkeit lässt sich nicht feststellen.

BMW 6er E63, 64, F06, F12, F13

Baureihe	Baujahr	Fahrzeugtyp
E63	2003-2007	Coupé
E63N	2007-2011	Coupé LCI
E64	2004-2007	Cabrio
E64N	2007-2011	Cabrio LCI
E59	2006	Coupé Prototyp
E59/2	2006	Cabrio Prototyp
F06	2011	Gran Coupé / Studie
F12	ab 2011	Cabrio
F13	ab 2012	Coupé

Motoren	Spezifikation	Modellbezeichnung
2996 ccm 258 PS R6 Otto	2ohc 4v	630i
2996 ccm 272 PS R6 Otto	2ohc 4v	630i
4398 ccm 333 PS V8 Otto	4ohc 4v	645 Ci
4799 ccm 367 PS V8 Otto	4ohc 4v	650 Ci
4999 ccm 507 PS V10 Otto	4ohc 4v Saugrohreinspritzung	M6
2993 ccm 286 PS R6 Diesel	2ohc 4v CommonRail Turbo/Interc.	635d

ten worden war, gab es diesen BMW auch mit einem V8-Motor, sogar mit einem V10. Dieser Wagen gehörte indessen auch in jeder anderen Beziehung einer ganz neuen Generation an.

Genau 14 Jahre nach dem Produktionsende des letzten 6er Coupés der Baureihe E24 wurde dessen Nachfolger vorgestellt. Der neue, als 645 Ci alias E63 bezeichnete Zweitürer mit den Qualitäten eines Luxus-GT gab auf der IAA 2003 seinen Einstand vor großem Publikum und hatte sämtliche Komfortattribute des neuen BMW 7er, vom i-drive-Bedienungsknopf auf der Konsole bis zu allen aktuellen, computergesteuerten Fahrwerksraffinessen.

Zur gestreckten Karosserielinie passte sehr gut die formal betonte obere Kofferraumkante, und die Frontpartie mit ihrer breiten Doppelniere und den sie flankierenden Schlitzaugen der Leuchteinheiten im abgerundeten Bug verliehen dem Wagen schon im Stand eine gewisse Dynamik. Der 333 PS starke V8-Motor war mit Ausnahme vom 745i nur diesem Wagen vorbehalten, des-

sen innovative Verbund-Leichtbauweise (Aluminium-Stahl-Kunststoff) im Übrigen in einem Gewicht von nur 1690 kg resultierten. Eine 2+2-sitzige Cabriolet-Version des neuen 6er wurde von BMW vier Monate später, im Januar 2004, auf der Detroit Motor Show präsentiert.

Chronik BMW 6er E63, F12, F13

2003

Juli: BMW kündigt das Coupé 645 Ci mit 4,4-Liter-V8-Motor an (333 PS), Baureihe E63.
September: Offizielle Vorstellung des 645 Ci auf der IAA.

2004

Januar: Vorstellung des 6er Cabrios in Detroit.
September: 630i mit Sechszylindermotor (285 PS).
Dezember: Präsentation des Hochleistungs-Coupés M6 mit 507 PS starkem V10-Motor.

2006

September: M6 auch als Cabrio lieferbar.

2007

Juli: 3,0-Liter-Motor mit Benzin-Direkteinspritzung und 272 PS sowie 635d als 286 PS starker Biturbodiesel.
September: Leichte Design-Überarbeitungen.

2010

Juli: Produktionsende der 6er Reihe E63.
November: Vorstellung des 6er Coupés F12 als Nachfolgemodell des E63. Der Wagen basiert auf dem aktuellen BMW 5er und teilt sich mit ihm einen Großteil der Technik und Ausstattungsmöglichkeiten. Geplant sind ein 640i (Turbo-Sechszylinder 2979 ccm, 320 PS) und ein 650i (V8 4395 ccm, 408 PS).

2011

März: Offizielles Debüt des F12 Cabrios in Genf.
September: Präsentation des neuen 6er F13 Coupés.

BMW 645i von 2004. Das Dach des Cabrios lässt sich elektromechanisch voll versenken.

M6 Cabrio: Exklusivität hat ihren Preis
Im Dezember des Jahres 2004 stellte BMW die Hochleistungs-Variante M6 mit 507 PS starkem V10-Motor vor. Die M-Version des E63 war ab September auch als Cabrio zu bekommen. Im Test der Fachpresse sprintete das M6 Coupé in 4,2 Sekunden von 0 auf 100 km/h, von 0 auf 200 km/h in 12,8 Sekunden. Jeder Zylinder des V10-Motors besaß eine eigene Drosselklappe, und beide Zylinderbänke hatten je einen eigenen Luftfilter.
Das M6 Cabriolet kostete 116.300 Euro. Gegen einen Aufpreis von ca. 2350 Euro bot BMW eine Anhebung der auf 250 km/h gedrosselten

Gegenüberliegende Seite: Blick ins Cockpit des BMW 645i Modelljahrgang 2004. Darunter das äquivalente Coupé.

Rechts und unten: BMW M6 von 2005, ein 507 PS starker Bolide der Zehnzylinder-Liga.

Felgen unterschiedlichster Ausführung standen für den E63 zur Wahl.

Höchstgeschwindigkeit auf 305 km/h an, inklusive Fahrertraining auf einer Rennstrecke. Trotz seines hohen Preises war das M6 Cabrio im Konkurrenzumfeld ein gutes Angebot: Schon die geschlossene Variante des Mercedes-Benz CL mit ebenfalls über 500 PS beispielsweise kostete gut 33.000 Euro mehr. Porsches Top-Turbo mit weniger Leistung und geringerem Platzangebot stand mit 133.000 Euro im Katalog. Aber direkt vergleichbar waren die Fahrzeuge nicht.

Ganz ohne elektronische Begrenzung erreichte der M6 sogar eine Höchstgeschwindigkeit bis zu 335 km/h. Die Fahrcharakteristik war anpassbar, so ließen sich zum Beispiel die Federn (Komfort, Normal, Sport) oder die Schaltgeschwindigkeit des 7-Gang-SMG-Getriebes verstellen, ebenso die Leistung, die nach dem Starten des Motors auf 400 PS reduziert war. Die Stabilitätskontrolle ließ sich abschalten oder auf einen eingeschränkten MDM-Modus einstellen. Das M6 Cou-

pé besaß ein Dach aus Kohlefasermaterial; der Leichtbau ergab einen tieferen Fahrzeugschwerpunkt. Bis zum Produktionsende Mitte des Jahre 2010 wurden 14.152 Exemplare des M6 gebaut, 9087 Coupés und 5065 Cabrios.
Im Juli 2007 kamen ein 3,0-Liter-Motor mit Benzin-Direkteinspritzung und 272 PS sowie ein 635d als 286 PS starker Biturbodiesel ins Programm. Dies waren die letzten Modelle der 6er Reihe E63, die im Juli 2010 endete. Leichte Design-Überarbeitungen hatte es noch im zweiten Halbjahr 2007 gegeben. Doch schon im November 2010 präsentierte BMW ein neues 6er Cabriolet als Nachfolgemodell, intern als F12 bezeichnet. Der Wagen basierte konstruktiv auf dem aktuellen BMW 5er und teilte sich mit ihm auch einen Großteil der Technik und Ausstattungsdetails. Im März 2011 wurde das Cabrio auf dem Genfer Salon präsentiert. Angeboten wurden ein 640i (Turbo-Sechszylinder 2979 ccm, 320 PS) und ein 650i (V8 4395 ccm, 408 PS). Gebaut wurde der F12 ab Februar 2011; auf ein neues 6er Coupé (F13) musste man bis zum Spätherbst 2011 warten. BMW Chef Norbert Reithofer bezeichnete den F12 als einen der schönsten BMWs seit Jahren und lobte vor allem, dass das Design weniger kontrovers sei als bei der vorhergehenden Generation. Vor allem das Heck sei deutlich »entschärft« worden und sollte den Geschmack von deutlich mehr potenziellen Kunden ansprechen.

Von welcher Perspektive auch betrachtet: der neue BMW M6 präsentierte besonders in der Cabrioausführung ein vollendetes Design.

Frontansicht des BMW 6er Coupés E63 von 2007.

Luxuriöses Ambiente im Interieur. Im Juli 2007 kamen ein 3,0-Liter-Motor mit Benzin-Direkteinspritzung und 272 PS sowie ein 635d als 286 PS starker Biturbodiesel ins 6er Programm. Dies waren die letzten Modelle der 6er Reihe E63, die im Juli 2010 abgelöst wurde.

Eine Familie passionierter Golfer und ihr zweitschönstes Vergnügen: offen fahren mit einem schicken BMW.

Das 6er Cabrio von 2011, in Details gegenüber dem Vorgänger optimiert.

Der BMW 7er

Mit einigen zeitlichen Abstand zum 6er Coupé brachte BMW die viertürige Version ihres neuen Oberklasse-Modells heraus, den 7er. Die Fahrzeuge setzten die Tradition der großen Reisewagen mit einem Maximum an Komfort und Fahrkultur fort – Eigenschaften, wie sie 1939 der Typ 335 und ab 1952 der 501/502 den Ruf der Marke im oberen Segment gefestigt hatten.

Chronik BMW 7er E23, E32

1977
Januar: Vorstellung des viertürigen BMW 7er als Ergänzung zum 6er Coupé. Die Modelle 728, 730 und 733i teilen sich auch die Motorisierung und des Ausstattungskomfort mit dem Coupé.

1979
Juli: Im Zuge der Modellpflege Gewichtsoptimierung und Einführung neuer Motoren (alle mit L-Jetronic-Einspritzung): 728i, 732i, 735i.

1980
Juli: Markteinführung des 745i mit einem 3210-ccm-Motor mit KKK-Turbolader, 252 PS leistend. ABS, Bordcomputer, Niveauregulierung und Klimaautomatik serienmäßig.

1981
Juli: Der 735i ist auch in gepanzerter Ausführung erhältlich.

1982
September: Geringe Retuschen an der Karosserie, etwas niedrigere Kühlerniere, andere Frontschürze.

1983
Juli: 745i mit verbesserter Motorkennung.

1984
Oktober: Alle 7er werden ab jetzt serienmäßig mit ABS geliefert.

1986
Mai: Produktionsende des E23, Umrüstung der Bänder auf das Nachfolgemodell.
September: Vorstellung der zweiten 7er Generation (Baureihe E32), erkennbar an der breiteren Kühler-Doppelniere. Karosserie insgesamt verfeinert.

1987
März: 735iL mit einem um 114 mm verlängerten Radstand und mehr Platz im Fond. Gleichzeitig Einführung des 750i bzw. iL mit 300 PS leistendem 4988-ccm-V12-Motor.
August: Beginn der Serienfertigung des 750i. Serienmäßig sind Xenonlicht und Park Distance Control

1992
März: Auf dem Genfer Salon werden der 730i und der 740i gezeigt, beide mit V8-Motor, 2ohc-Vierventiler. Alle 7er jetzt mit Fahrer- und Brifahrer-Airbag. Breitere Doppelniere wie bisher nur beim V12-Modell.
September: Ausstattung der Getriebeautomatik mit adaptiver Getriebesteuerung.

1994
Februar: Produktion der Sechszylinder 730i und 735i läuft aus.
Mai: Ende der Fertigung 740i und 750i.

Serienmäßig wies diese im Januar 1977 vorgestellte Premium-Limousine eine Komplettausstattung auf, die nur wenig Wünsche offen ließ. Der Wagen verfügte über ein Check-Control-System, Seitenscheibenbelüftung und Hohlraumversiegelung. Basismodelle waren der 728i und der 730i. Der hubraumstärkere 733i hatte außerdem Sonnenschutzverglasung und Zentralverriegelung. Gegen Aufpreis bekam man Sperrdifferenzial, Niveauregulierung und Getriebeautomatik. Alle Bedienungsorgane waren ergonomisch zum Fahrer hin angeordnet. Insgesamt durfte man auch dem großen neuen BMW unauffällige Eleganz bescheinigen, zumal sich die Applikation von Chromzierrat in Grenzen hielt. Die Motorisierungen der ersten drei 7er ging aus den Modellbezeichnungen

Mit dem 7er vollzog BMW 1977 den Wiedereinstieg in die Limousinen-Oberklasse, womit der Anschluss an den 3.0 L/Li hergestellt war.

BMW BMW 7er E23, E32

Baureihe	Baujahr	Fahrzeugtyp
E23	1977-1979	Limousine 4-tür.
E23/1	1979-1982	Limousine 4-tür. LCI 1
E23/2	1982-1986	Limousine 4-tür. LCI 2
E23S	1988	mit M-Motor S38 3535 ccm
E32	1986-1994	Limousine 4-tür.
E32/2	1987-1994	Limousine 4-tür. Langversion

Motoren	Spezifikation	Modellbezeichnung
2788 ccm 170 PS R6	ohc, Doppel-Registervergaser	728
2788 ccm 184 PS R6	ohc, L-Jetronic	728i
2983 ccm 184 PS R6	ohc, Doppel-Registervergaser	730
2986 ccm 188 PS R6	ohc, Bosch-Motronic	730i
2788 ccm 184 PS R6	ohc, L-Jetronic	732i
3210 ccm 197 PS R6	ohc, elektron. Einspritzung	733i
3453 ccm 218 PS R6	ohc, L-Jetronic	735i, 735iL
3535 ccm 315 PS R6	2ohc, Bosch-Motronic	735i (Sonderausführung)
3430 ccm 211 PS R6	ohc, Bosch-Motronic	730i
3210 ccm 252 PS R6	ohc, L-Jetronic, Turbolader, Intercl.	745i
4988 ccm 300 PS V12	4ohc, Bosch-Motronic	750i, 750iL V8
2997 ccm 218 PS V8	4ohc 4v, Bosch-Motronic	730i V8
3982 ccm 286 PS V8	4ohc 4v, Bosch-Motronic	740i und 740iL V8

BMW 7er E38

Baureihe	Baujahr	Fahrzeugtyp
E38	1994-2001	Limousine 4-tür.
E38/2	1994-2001	Limousine 4-tür. Langversion
E38/3	1998-2001	Limousine 4-tür. Protection

Motoren	Spezifikation	Modellbezeichnung
2783 ccm 193 PS R6 Otto	2ohc 4v, Vanos	728, 718iL
2997 ccm 286 PS V8 Otto	4ohc 4v, Bosch-Motronic	730i
3498 ccm 235 PS V8 Otto	4ohc 4v, Vanos	735i, 735iL
3982 ccm 272 PS V8 Otto	4ohc 4v, Bosch-Motronic	740i, 740iL
5379 ccm 326 PS V12 Otto	4ohc 4v, Bosch-Motronic	750i, 750iL
2498 ccm 143 PS R6 Diesel	ohc, Wirbelkammer-Einspr.	725tds
2926 ccm 184 PS R6 Diesel	2ohc 4v, CommonRail-Einspr.	730d
3901 ccm 245 PS V8 Diesel	4ohc 4v, CommonRail-Einspr. 2 Turbolader	740dA

728, 730 und 733i hervor, wobei sich der 2,8 Liter am besten verkaufen ließ: er fand 30.717 Käufer, gefolgt vom 733i mit 26.650 und dem 730 mit 16.848 Kunden.

Der ersten Serie des neuen 7er BMW, der im Werk unter der Chiffre E23 lief, folgte im Juli 1979 eine zweite, bei der man durch konsequente Leichtbaumaßnamen – äußerlich aber nur an der noch sparsameren Verwendung von Chrom, etwa am Kühlergrill erkennbar – Gewicht an der Karosseriekonstruktion eingespart und durch leistungsstärkere, zugleich wirtschaftlichere Motoren ein Plus bei den Fahrleistungen erreicht hatte.

Das neue Motorenangebot, durchwegs Einspritzer, begann wieder beim 2,8-Liter, von 170 auf 184 PS erstarkt; daneben gab es einen 3,2-Liter mit 197 PS, und der 735i hatte 218 PS. Schon ein Jahr später schob BMW einen 745i nach, hinter dessen Bezeichnung sich aber kein 4,5-Liter verbarg; es handelte sich um einen 3,2-Liter mit L-Jetronic und ladeluftgekühltem Turbolader.

Die zweite Generation des 7er

Oben das Cockpit eines 7er von 1979, darunter zum Vergleich der Arbeitsplatz in einem 7er des Modelljahrgangs 2008. Einiges hat sich in drei Jahrzehnten verändert, vorsichtig ausgedrückt.

Chronik BMW 7er E38

1994

Juni: Vorstellung des E32-Nachfolgers E38. Neues Gesamtdesign mit ebenso neuem Sicherheitskonzept und neuer Integral-Hinterachse. Die Motoren entsprechen denen des E32. Der neue 7er ist weltweit das erste Auto mit optional ab Werk lieferbarem Navigationsgerät inklusive Bordmonitor.

September: Einführung der E38 Langversion. 750i und iL jetzt mit 5379 ccm und 326 PS.

1995

Januar: Neu im Programm: 728i/iL, ein 193 PS starker Sechszylinder.

November: Vorstellung des 725tds. Mit nur 2498 ccm ist es das hubraumschwächste Aggregat in einem 7er, die Leistung des Turbodiesels beträgt 143 PS. Neben dem 728i der einzige 7er, der alternativ mit Handschaltung zu bekommen ist.

1996

Februar: Der 730i V8 ist nicht mehr im Programm. Er wird durch den 735i/iL (3498 ccm, 235 PS) ersetzt.

1998

September: Vorstellung des 730d mit 3,0-Liter-Direkteinspritzmotor (CommonRail).

1999

September: Erstmals bietet BMW im Spitzenmodell einen V8-Dieselmotor an. Der Vierventiler des 740dA hat zwei Turbolader, vier Nockenwellen, 3901 ccm Hubraum und leistet 245 PS.

Chronik BMW 7er E65, E66, E67

2001

Juli: Die vierte Generation des 7er BMW erscheint (E65). Die aerodynamisch akzentuierte Karosserie, die innovative iDrive-Bedienung für Klima, Audio, Borddaten und Navigation, neuer Schaltmechanismus, Türen mit Gasdruckdämpfern und Knopfdruckanlasser sind einige der Highlights. Motorisierung zunächst als 735i (3498 ccm, 238 PS) und 745i (4398 ccm, 333 PS); beide 4ohc-Vierventil-V8 mit Vanos-Valvetronic.

2002

März: Vorstellung von 730i, 730d, 740d sowie 760i (mit langem Radstand als E66) mit einem 5972-ccm-V12-Motor, 445 PS leistend, und einer kräftiger eingerahmten Kühler-Doppelniere.
September: Alle Modelle optional mit adaptivem Kurvenlicht erhältlich.

2003

Januar: Auslieferung des 760i.
März: Die Motorenpalette wird mit den Modellen 730i und 760i nach oben und unten abgerundet, beide sind auch als Langversion erhältlich. Der Zwölfzylinder verfügt über Vierventiltechnik und Direkteinspritzung, erstmals mit Valvetronic kombiniert. Die Dieselmodelle 730d und 740d besitzen CommonRail-Einspritzung der zweiten Generation.

2005

April: Aufwändige Modellpflege-Maßnahmen. Die Front wird runder, man vergrößert die Doppelniere und verbreitert deren Chromeinfassung. Scheinwerfer serienmäßig mit Xenonlicht. Die Motorhaube geht fließend in Scheinwerfer und Nieren über. Am Heck ändert man das häufig kritisierte Kofferraumplateau, indem man den Kofferdeckel durch breitere Rückleuchten (LED-Technik) und einer horizontalen Chromleiste ins Heck integrierte. Zusätzliche Chromapplikationen an den Stoßleisten, was vorher nur den Langversionen vorbehalten war. Alle Motorvarianten mit Ausnahme des 760i werden überarbeitet.
September: Leistung des 745d jetzt 329 PS sowie das maximale Drehmoment 750 Nm (vorher 700 Nm). Vorstellung der erste 7er-Langversion mit Dieselmotor 730Ld. Die Dieselmodelle 730d und 745d verfügen über CommonRail-Technik der dritten Generation. Der 745d besitzt Biturbo-Aufladung, im 730d wird nur ein Turbolader eingesetzt.

Ganz oben ein BMW 732i der Baureihe E23 von 1979, darunter ein E32 von 1992. Die zweite Generation des 7er war 1986 eingeführt worden.

Die zweite 7er Generation stieß bei ihrer Vorstellung 1986 auf geradezu euphorische Resonanz. Die Ausstrahlung von unaufdringlicher Noblesse, gepaart mit sportlicher Eleganz, begeisterte ebenso wie Leistungsentfaltung, Fahrverhalten und die Ausstattung auf höchstem technischen Niveau. Nach einer Entwicklungszeit von fast sieben Jahren war beim 7er BMW dieser Modellwechsel zum neuen E32 erfolgt. Die Linienführung der Karosserie verlief jetzt flüssiger, die Frontpartie hatte die Kantigkeit verloren, ebenso das Heck. Die Gesamtabmessungen hatten in allen Dimensionen etwas zugelegt, das Gewicht zwangläufig ebenfalls. Moderne Elektronik machte das Fahren dieses großen BMW noch angenehmer und leichter. Serienmäßig waren der 730i und der 735i mit einem Fünfganggetriebe versehen, Vierstufenautomatik gab es auf Wunsch. Ab 1987 war auch eine Langversion mit 114 mm mehr Radstand verfügbar, mit 74.000 Mark Basispreis war dies der teuerste BMW seiner Zeit. Katalysatoren zur Abgasanlage wurden auf Kundenwunsch installiert.

Beim 735i gab es Annehmlichkeiten wie eine Türschlossheizung für den Winter, die durch das Anheben des Griffs aktiviert wurde und innerhalb weniger Sekunden wirkte.

Mut zum Zwölfzylinder

Schon bei der Präsentation der neuen 7er Reihe E32 1987 kursierten Gerüchte, wonach eine Version mit V12-Motor in der Entwicklung sei. Ein solcher Wagen wurde dann auf dem Genfer Automobilsalon im März 1987 vorgestellt, die ers-

ten Auslieferungen für Juni zugesagt. Einen Zwölfzylinder hatte es in Deutschland seit den Dreißiger Jahren nicht mehr gegeben.
Mit diesem Wagen hatte sich BMW die Spitze des deutschen Automobilbaus erobert. Nicht allein in Bezug auf die Zahl der Zylinder, sondern auch in punkto Leistung, Perfektion, Komfort und Auftritt. Der 4988-ccm-Motor mit Bosch-Motronic lieferte satte 300 PS und wartete mit einem Drehmoment von 450 Nm bei 4100 U/min auf. Dabei wog der Leichtmetallmotor samt Nebenaggregaten nicht mehr als 240 kg. Von Haus aus hatte der Wagen eine Vierstufen-Getriebeautomatik; Handschaltung gab es nur auf Sonderwunsch. Die Langversion 750iL war wie bei den Sechszylindern 114 mm länger und bot mehr Fußraum im Fond; dieses Auto kostete 115.000 Mark. Im September 1995 wurde ein auf 5,4 Liter vergrößerter Motor eingebaut, beachtliche 326 PS stark.
Die bis 1994 gebaute Reihe E32 wurde im März 1992 durch zwei Varianten ergänzt, die das Angebot im Topsegment um interessante Alternativen bereicherten. Es waren dies der 730i und der 740i; beide waren Achtzylinder mit Katalysator. Seit dem 3200 CS hatte es keinen BMW Achtzylinder mehr gegeben.
Die neuen V8-Motoren, die auch im 5er angeboten wurden, waren drehmomentstarke, extrem laufruhige Vierventiler mit zwei obenliegenden Nockenwellen und Blöcken aus Aluminiumguss wie beim V12. Den 730i gab es wahlweise mit Fünfgangschaltung oder Automatik, das größere V8-Modell nur in Verbindung mit einer Fünfstufen-Automatik. Selbstverständlich waren beide Fahrzeuge auch wieder in einer L-Version erhältlich. Nach einem kurzen Überschneidungszeitraum lösten die Achtzylinder der 7er Reihe die Sechszylinder ab.

Oben: 1999 war die Heckpartie des BMW 7er noch nicht Gegenstand leidenschaftlicher Design-Diskussionen.

Rechts: Der BMW 735i als E38 von 1996 im Profil.

Unten: Komfortabler Fond im neuen BMW 760i V12 Baumuster E65, eingeführt 2002; mit verlängertem Radstand figurierte er als E66.

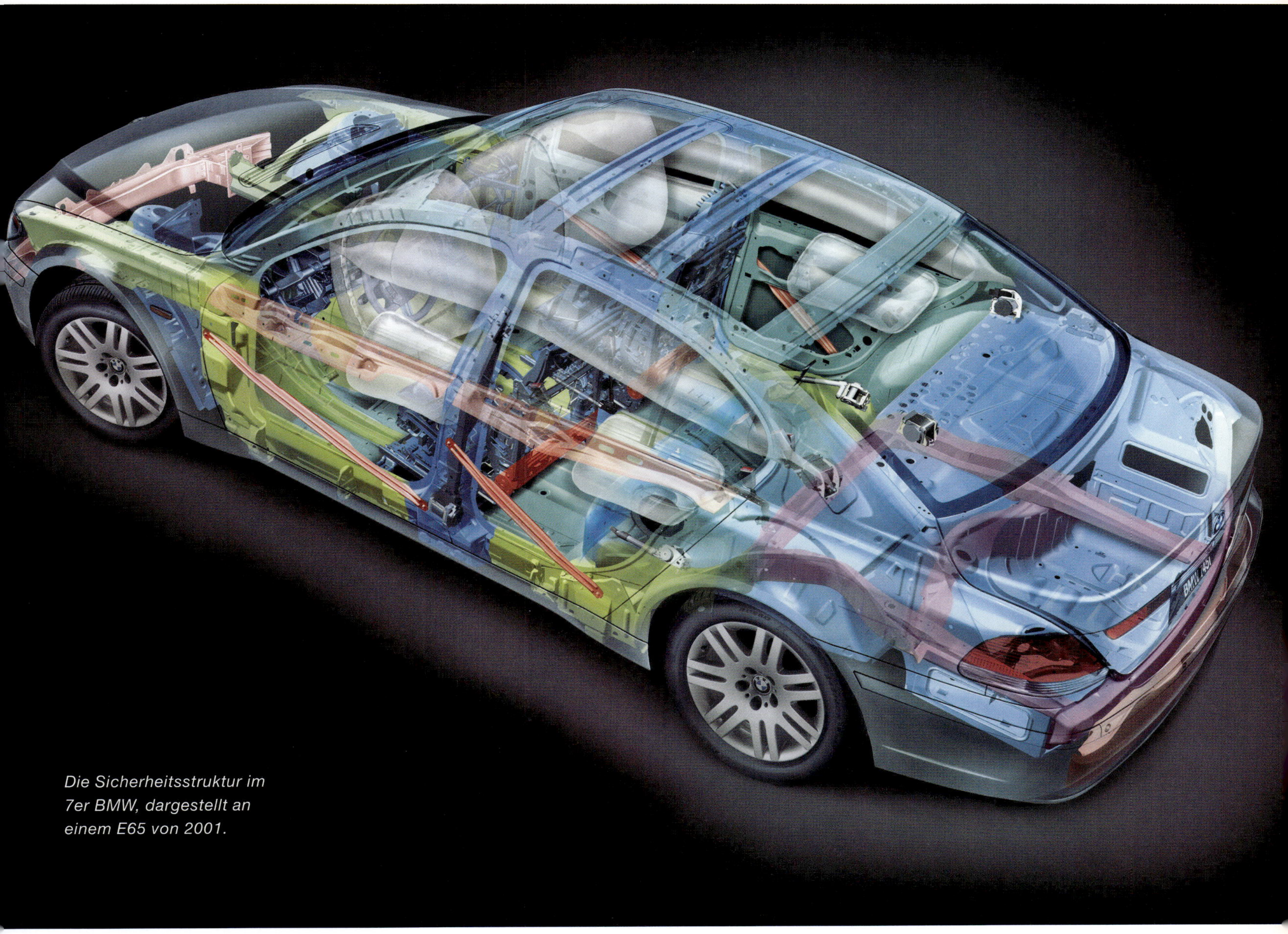

Die Sicherheitsstruktur im 7er BMW, dargestellt an einem E65 von 2001.

Der dritte 7er Generation
Ab Frühjahr 1994 definierte die dritte Evolutionsstufe des 7er den Inbegriff des handlichen Automobils in der Spitzenklasse neu. Mit einer überaus eleganten Linie und neuen Technologien bot er bei nahezu unveränderten Außenabmessungen noch höhere aktive und passive Sicherheit. Die geglätteten Formen ließen das Auto insgesamt schlanker erscheinen. Die Frontpartie mit ihren abgedeckten Scheinwerfereinheiten und der flachen, breiten Kühlerdoppelniere harmonierte mit dem neu gestalteten Heck; rings um den Wagen verlief auf Stoßstangenhöhe eine schwarze Schutzleiste. Ab September 1994 folgte den V8-Modellen 730i und 740i der Zwölfzylinder 750i, der jetzt 5379 ccm Hubraum und eine Leistung von 326 PS aufwies. Die beiden Leztgenannten waren auch wieder mit verlängertem Radstand erhältlich. Fahrstabilitäts- und Traktionskontrolle (ASC+T) gehörten zum Standard, und die reichhaltige Serienausstattung ließ kaum noch Wünsche offen – bis auf einen: zunehmend wurden Mobiltelefonanlagen geordert.
Ein 7er BMW besonderer Art war der im September 1999 eingeführte 740dA. Bei seinem Motor handelte es sich um einen 245 PS starken CommonRail-Diesel in V8-Bauart in dohc-Vierventil-Technik mit 3901 ccm Hubraum und zwei Turboladern. Der extrem leise laufende Motor mit seinem Drehmoment von 560 Nm, der nur wenige Sekunden während eines Kaltstarts verriet, dass er ein Selbstzünder war, beschleunigte das voll

Das automatische Getriebe im 7er BMW E65, 2001.

Der BMW 760i machte eine tadellose Figur. Mit diesem Wagen landeten die Bayern in allen Garagen der internationalen Noblesse-Society.

BMW 7er E65, E66, E67

Baureihe	Baujahr	Fahrzeugtyp
E65	2001-2008	Limousine 4-tür.
E66	2001-2008	Limousine 4-tür. Langversion
E67	2001-2008	Limousine 4-tür. Protection

Motoren		Spezifikation	Modellbezeichnung
2979 ccm 231 PS	R6 Otto	4ohc 4v, Einspritzung Siemens	730i
3498 ccm 238 PS	V8 Otto	4ohc 4v, Motronic, Valvetronic, Vanos	735i
4398 ccm 333 PS	V8 Otto	4ohc 4v, Motronic, Valvetronic, Vanos	745i, 745iL
5972 ccm 445 PS	V12 Otto	4ohc 4v, Motronic, Valvetronic	760i, 760iL
2993 ccm 218 PS	R6 Diesel	4ohc 4v, Valvetronic CommonRail Turbo	730d
3901 ccm 258 PS	V8 Diesel	4ohc 4v, Valvetronic CommonRail 2 Turbo	740d

besetzte Auto (Leergewicht: 1960 kg) wie einen Sportwagen und begnügte sich dennoch mit einem Schnittverbrauch von nur 9,8 Liter auf 100 km. Der Buchstabe A machte deutlich, dass der Wagen mit Automatikgetriebe geliefert wurde.
Hochprozentige Dieselmotoren kamen in Mode; bei Mercedes-Benz gab es einen 3,2-Liter-Turbodiesel mit 197 PS in den Fahrzeugen der S- und der E-Klasse, ab 2000 sogar einen 4-Liter-V8-Turbodiesel mit 250 PS. Ein interessanter Wettbewerb hatte in der Topklasse begonnen.
In der dritten, E38 genannten 7er Reihe kamen Ende 1995 wieder ein Sechszylinder und 1996 auch ein neuer V8 ins Programm. Mit dem erfolgreichen, von 1979 bis 1986 angebotenen 728 hatte BMW einen Motor aus dem Baukasten geholt, der auch im 328i und im 528i zu finden war. Komfort bei mehr Wirtschaftlichkeit hatte hier im Lastenheft gestanden, und der 4ohc-Vierventiler mit Doppel-Vanos war sicher einer der besten Sechszylinder auf dem Markt. Der 735i gleicher Bauart lag in Hubraum und Leistung (3498 ccm, 235 PS) zwischen dem 3,0- und dem 4,0-Liter, löste den 3,0-Liter aber ab und war sogar etwas preisgünstiger als jener.

Technik pur – der Zwölfzylindermotor des 760i: 5972 ccm Hubraum, 445 PS Leistung.

Unten: E65 von 2003. Der stilistisch betonte Kofferraumdeckel fand ebenso viele Kritiker wie Befürworter.

Ein 725tds, mit 2,5 Liter der bislang hubraumkleinste Motor in einem 7er, aber 143 PS stark (Direkteinspritzer, Turbolader mit Intercooler) sowie ein 730d als CommonRail-Vierventiler rundeten die Modellauswahl der Reihe E38 ab. Wie die anderen Modelle erhielten sie ein Facelifting im Frühjahr 1999, mit einer flacheren Doppelniere und Scheinwerfern, deren Unterkante wie beim 3er bogenförmige Aussparungen zeigten.

Chris Bangles Diskussionsbeitrag

Noch nie zuvor hatte ein großer BMW für so viel kontroversen Diskussionsstoff gesorgt wie der 7er der vierten Generation (E65). Der im Juli 2001 präsentierte Viertürer entsprach in seiner Formensprache den anderen von Chris Bangle gezeichneten BMW Modellen jüngster Generation, mit einer durch größere Lufteinlässe und modisch stark ausgeformte Leuchteinheiten akzentuierten Front, jedoch war es der wie nachträglich aufgesetzt wirkende Kofferdeckel, der viele Gemüter erregte. Eine umlaufende Schutzleiste gab es nicht mehr, das ließ die Karosserie molliger erscheinen. In der Langversion mit 5124 mm Wagenlänge sah das Fahrzeug etwas gestreckter aus.

Innovativ war die Reduzierung einer ganzen Reihe von Bedienungselementen (Klima, Borddaten, Audio- und Navigationssystem) auf einen Drehknopf auf der Konsole, iDrive genannt. Die Türen blieben beim Öffnen durch Gasdruckdämpfer in jedem beliebigen Winkel stehen, den Motor startete man per Knopfdruck statt Schlüsseldrehung. Der Kofferdeckel öffnete und schloss sich durch einen Elektromotor. Der 3498-ccm-Motor war wie

Ganz oben: BMW 740d von 2008. Vor gar nicht langer Zeit hatten Zweifler gemeint, BMW und Diesel – das passe nicht zusammen.

Oben: Für den F01 bot BMW sogar ein Sportpaket an.

Rechts: BMW F02 mit langem Radstand, Modelljahrgang 2010.

Oben links: Behaglichkeit im Fond eines BMW 7er mit Exclusiv-Ausstattung.

Oben rechts: Volant eines individualisierten 7er F01 von 2010.

der größere mit 4398 ccm ein V8 mit vier Nockenwellen, 32 Valvetronic-Ventilen und Vanos. Der mit viel internationaler Publicity im Sommer 2001 erfolgten Einführung des neuen 7er BMW folgten 2002 die Modelle 730i, 730d und 740d; im Januar 2003 kam der Zwölfzylinder 760i hinzu. Mit seinem 5972-ccm-V8 war die bisher massigste aller BMW Limousinen ein Superlativ auch in Bezug auf die Innenausstattung mit Leder und viel Edelholz.

Mit 445 PS betrug die Leistung des 760i gut das Doppelte des Sechszylinders 730d mit »nur« 2993 ccm. Aber gerade die Sechszylinder-Ausführung, auf Wirtschaftlichkeit ausgelegt, fand besonderen Anklang. Der 740d war ein V8-Diesel mit zwei Turboladern und ein 4ohc-Vierventiler wie alle BMW Motoren des aktuellen Programms. Mit verlängertem Radstand konnte man jedes Modell der 7er Reihe bekommen. Der erfolgreichste Siebener der BMW Geschichte setzte im Frühjahr 2005 abermals neue Maßstäbe in der Luxusklasse. Mit deutlich erhöhten Fahrleistungen, Optimierungen im Fahrwerksbereich, beim iDrive-Bedienungssystem und bei den Ausstattungen belegte der 7er in seiner optimierten Ausführung wieder einen Spitzenrang. Selbstverständlich gab es auch wieder in einer Langversion mit 14 cm mehr Radstand.

Exklusiv-Editionen für Liebhaber

Mit Ausnahme des bisherigen 445 PS starken V12-Motors im 760i gab es 2005 fünf neue bzw. überarbeitete Triebwerke: 730i (2996 ccm, 258 PS). 740i (4000 ccm, 306 PS), 750i (4799 ccm (367 PS), 730d (2993 ccm, 231 PS) und 745d (4423 ccm, 300 PS).

Um bei höheren Motorleistungen nicht höhere Verbrauchswerte zu erhalten, praktizierte man beim neuen Siebener weitgehend Leichtbau im Fahrwerk, Magnesium beim Motor und andere Gewichtseinsparungen. Dezente Überarbeitungen hatten auch die Frontpartie sowie das Heck (neue Leuchten, modifizierte Schürze, neue Chromleiste) erfahren.

Im Verlauf von viereinhalb Jahren seit der Einführung des E65 – anfangs wegen seiner eigenwilligen Heckgestaltung geschmäht – hatten sich von diesem Modell an die 235.000 Fahrzeuge absetzen lassen. Ein Jahr nach der Vorstellung des modellüberarbeiteten Siebeners präsentierte BMW im Juli 2006 eine Reihe von Exklusiv-Editionen für Liebhaber und Kenner.

Es gab die »Special Edition Exclusive« in den Metallic-Sonderlackierungen Carbonschwarz und Stratusgrau mit Innenausstattungen in Goldbraun

Kompakter und gedrungener als seine Vorgänger war der BMW F01 bzw. F02 auch in aerodynamischer und damit ökonomischer Hinsicht besser geworden.

oder Ecru. Das Besondere waren je nach Lichteinfall changierende Schimmereffekte. Weitere Extras waren 19-Zoll-Leichtmetallfelgen im Sternspeichen-Stil. Die Interieurgestaltung bestand aus dickem Rindsleder, dessen Oberfläche weder gefärbt noch künstlich genarbt war, eine Besonderheit, die bisher britische Nobellimousinen für sich zu beanspruchen pflegten. Das Lenkrad wies einen Lederbezug in gleicher Farbe auf, die Holzapplikationen im Innenraum waren in Pianoschwarz oder Esche Master gehalten.

F wie Feinschliff

Im Juli 2008 präsentierte BMW der Motorpresse die nächste Generation des 7er. Die Baureihe erhielt die Baumusterchiffre F01 – der Buchstabe E (er hatte stets für Entwicklung gestanden) in Verbindung mit zweistelligen Zahlen war ausgeschöpft. Die Modelle mit einem um 140 mm verlängerten Radstand trugen die Bezeichnung F02. Der Kofferraum, dessen Deckel nicht mehr so aufgesetzt wirkte wie beim Vorgänger, fasste 500 Liter. Den elektronischer Gangwahlhebel des serienmäßigen 6-Gang-Automatikgetriebes fand man wieder auf der Mittelkonsole (beim Vorgänger am Lenkrad). Allradantrieb, als xDrive bezeichnet, war für den 750i (408 PS) und den 740d (306 PS) erhältlich.

Im November erfolgte der Serienanlauf des F01 und des F02. Gebaut wurden zunächst die Versionen 740i/Li und 750i/Li sowie der 730d. Drei Monate später folgten der 760i und der 760Li (544 PS) sowie der 730Ld (245 PS). Jetzt war

BMW 7er F01, F02, F03, F04

Baureihe	Baujahr	Fahrzeugtyp
F01	2008-2015	Limousine 4-tür.
F02	2008-2015	Limousine 4-tür. Langversion
F03	2009-2015	Limousine 4-tür. High Security
F04	ab 2010	Limousine 4-tür. ActiveHybrid

Motoren	Spezifikation	Modellbezeichnung
2979 ccm 326 PS R6 Otto	2ohc 4v TwinTurbo	740i, 740Li
4395 ccm 408 PS V8 Otto	4ohc 4v TwinTurbo	750i, 750Li
5972 ccm 544 PS V12 Otto	4ohc 4v TwinTurbo	760i, 760Li
2993 ccm 245 PS R6 Diesel	2ohc 4v CommonRail var. Turbogeometr.	730d, 730Ld
2993 ccm 306 PS R6 Diesel	2ohc 4v CommonRail var. Turbogeometr.	740d
4395 ccm 445 PS V8 Otto	4ohc 4v TwinTurbo + Elektromotor	750i ActiveHybrid

Chronik BMW 7er F01, F02, F03, F04

2008

Juli: Präsentation des neuen 7er der Baureihe F01 vor der Presse. Die Modelle mit einem verlängerten Radstand (+140 mm) tragen intern die Baureihenbezeichnung F02. Der Kofferraum, dessen Deckel nicht mehr so aufgesetzt wirkt wie beim Vorgänger, fasst 500 Liter. Elektronischer Gangwahlhebel des serienmäßigen 6-Gang-Automatikgetriebes wieder in der Mittelkonsole (beim Vorgänger am Lenkrad). Allradantrieb xDrive für 750i (408 PS) und 740d (306 PS).

November: Serienanlauf des F01. Im Programm zunächst 740i/Li und 750i/Li sowie 730d.

2009

Februar: Einführung des 760i und 760Li (544 PS) sowie 730Ld (245 PS). Neu: Achtstufen-Getriebeautomatik. Die Ausführungen 760Li High Security und 750Li High Security sind gemäß der ballistischen Richtlinie BRV 2009 zertifiziert; die Höchstgeschwindigkeit beider Modelle wird elektronisch auf 210 km/h begrenzt.

September: Produktionsbeginn des 740d mit Biturbo-Reihensechszylinder-Dieselmotor (306 PS).

2010

April: Einführung des 7er ActiveHybrid (F04). Für den Hybrid-7er hat man den 750i-Motor auf 465 PS gebracht. Ein zusätzlicher Elektromotor steuert 20 PS und 210 Nm Drehmoment bei, die, anders als beim Verbrennungsmotor, drehzahlunabhängig zur Verfügung stehen. Untergebracht ist der Elektromotor im Gehäuse der neuen serienmäßigen Achtstufen-Automatik.

auch eine Achtstufen-Getriebeautomatik erhältlich, die kraftstoffsparend wirkte. Im September 2009 lief schließlich auch die Produktion des 740d mit Biturbo-Reihensechszylinder-Dieselmotor (306 PS) an.

Der BMW 8er

Der BMW 8er wurde 1989-1999 gebaut und war ein weiterer Meilenstein in der BMW Coupégeschichte. Seine Acht- und Zwölfzylindermotoren katapultierten den 8er locker auf 250 km/h und ermöglichten dem exklusiven Kreis seiner Liebhaber ein bis dahin unerreicht genussvolles Dahingleiten. Durch die rasante, aber diskret absolvierte Beschleunigung und die Fahrkultur bei hohem Tempo fand man sich rascher als »gefühlt« jenseits mancher Geschwindigkeitslimits. Liebhaber sportlicher BMW Coupés betrachteten den 8er – intern E31 genannt – als einen Nachfolger des 635 CSi. Auf der IAA im September 1989 war er erstmals zu sehen. Der dort ausgestellte 850i hatte ein V12-Motor, und seine gestreckte Karosserielinie ließ ihn sehr viel niedriger als das 6er Coupé erscheinen. Aber seine Höhe betrug nur 2 cm weniger, dafür war er um 13 cm breiter als sein Vorgänger. Die flach abfallende Frontpartie mit ihren Klappscheinwerfern erinnerte an den Rennsportwagen M1.
Überhol-Prestige spielte in der Werbung für den 8er eine große Rolle. Im Prachtkalog (28 x 34 cm, 180 Seiten) für diesen Wagen heißt es: »Die klassische Niere mit markanter, neuer Form signalisiert schon von weitem den herannahenden BMW... Das sehr sportliche und zugleich fortschrittliche Gesicht sorgt für eine klare Differenzierung zum Wettbewerb... die Integration von drei Scheinwerfern ist weltweit erst- und einmalig! Lichthupe, Standlicht und Blinker befinden sich im Leuchtenband der Frontverkleidung. Die Klappscheinwerfer müssen bei Tagesfahrt nicht ausgefahren werden«. Das Klappscheinwerfersystem in der Fronthaube brillierte mit der neuen Super-DE-Ellipsoid-Technik. Eine Hochdruck-Reinigungsanlage verstand sich von selbst. Die optisch gefällige Lösung kam ohne störende Aufsatzdüsen aus.
Viel Ingenieurskunst steckte auch im akustischen Gesamtkonzept des 850i. Es gewährleistete sowohl ein sehr niedriges, komfortbetontes Innengeräuschniveau, das auch bei schneller Fahrt normale Unterhaltung erlaubte, als auch für einen dezenten Auftritt gegenüber der Umwelt – das Coupé war alles andere als ein Radaubruder, der lauthals auf sich aufmerksam machte. Dafür sorgten eine perfekte Motorraum-Isolation sowie zwei Nachschalldämpfer in Reflexionsbauweise mit vergrößertem Gesamtvolumen (im Vergleich zum 750i). Die Katalysatoren hatte man in die Kontur des Fahrzeug-Unterbodens einbezogen. Viele weitere Details durften als absolut neu gelten, so auch das eigens für den 850i entwickelte Türdichtsystem und die Türscheibensicherung. Beim Betätigen des Außengriffs (oder des Entriegelungshebels innen) senkte sich die Türscheibe automatisch um 5 Millimeter und blieb in dieser Position, solange die Tür offen war. Dies führte beim Schließen zu einem Druckausgleich, erleichterte also den Vorgang, und trotz einer hermetischen Abdichtung der Türscheibe wurden die Dichtungselemente weitgehend geschont. Die aus Wärmeschutzglas bestehenden Front- und Heckscheiben waren mit der Karosserie verklebt. Radio- und Telefon-Antennen waren in die Heckscheibe integriert.

Superlative Ansprüche

BMW bezeichnete dem 850i als »Höchstmaß an Ingenieurskunst und Perfektion«, versprach auch ein »Höchstmaß an Insassenschutz mit größtmöglichem Verkehrspartnerschutz... alle gesetzlichen Anforderungen werden vom Sicherheitskonzept des 850i weit übertroffen« – und das war nicht übertrieben. Der rassige 2+2 mit seiner In-

BMW 8er E31

Baureihe	Baujahr	Fahrzeugtyp
E31	1989-1999	Coupé
E31S	1992-1996	Coupé CSi

Motoren	Spezifikation	Modellbezeichnung
4988 ccm 300 PS V12	4ohc, Bosch-Motronic	850i
4988 ccm 300 PS V12	4ohc, Bosch-Motronic	850 Ci
5397 ccm 326 PS V12	4ohc, Bosch-Motronic	850 CSi
3982 ccm 286 PS V8	4ohc, Bosch-Motronic	840 Ci

Schön, stark, schnell: Der 850i steckte voller Innovationen. Seine flach abfallende Frontpartie erinnerte an den M1.

Der 850i im Schweizer Alpenland, aufgenommen im März 1990.

Dr 850 Ci mit 5,4-Liter-Motor erschien im März 1994 und wurde fünf Jahre lang gebaut.

tegrallenker-Hinterachse und spurstabilisierender Regelung des Antriebsmoments (ASC+T), Sechsgangschaltung und 250 km/h Spitzengeschwindigkeit war als ein Gran Turismo anzusehen, der Weltformat hatte und jeden Pfennig seines Preises von 135.000 Mark wert war. Der hohe konstruktive und fertigungstechnische Aufwand für dieses Fahrzeug lassen Zweifel aufkommen, ob er durch das, was er dem Unternehmen unterm Strich einbrachte, je gedeckt wurde.
Den BMW 8er gab es nachfolgend in einigen weiteren Motorisierungsvarianten. Im Oktober 1992 erschien die zweite Auflage des Coupés als 850Ci und als 850CSi, und im Februar 1993 kam der Achtzylinder 840Ci hinzu. Der 850Ci entsprach bis auf einige Ausstattungsdetails (mehr

Oben: Vorderachskonstruktion des 850i.

Rechts: Hinterrad-Bremsen mit massiven Scheiben.

Lederapplikationen im Interieur) dem bisherigen 850i, doch der 850 CSi hatte einen von 4988 auf 5357 ccm vergrößerten Motor mit 326 statt bisher 300 PS. Nicht in höherer Endgeschwindigkeit resultierte dieses Powerplus des 4ohc-V12, sondern in noch ruhigerem Lauf, mehr Elastizität und

Chronik BMW 8er E31

1989
September: Vorstellung der BMW Coupés 850i (E31). Der 2+2 gilt als Nachfolger des 6er und hat den 300 PS leistenden V12-Motor des 750i. Die Hauptscheinwerfer sind versenkbar.

1990
Mai: Auslieferung der ersten in Dingolfing gefertigten Exemplare.

1991
September: Fahrdynamik-Paket mit aktiver Hinterachs-Kinematik, elektronischer Dämpferkontrolle EDC, Traktionskontrolle ASC+T und Servotronic-Lenkung. Neue Cockpitgestaltung.

1992
Juli: Die Sitzmulden im Fond entfallen zugunsten einer Gepäckablage mit umlegbarer Rückenlehne.
Oktober: Vorstellung der Version 850 CSi mit 5,6-Liter-Motor und neuer Hinterachse, größerer Frontschürze und 17-Zoll-Fünfspeichenfelgen mit Breitreifen, DSC und Diffusorschürze unter dem Heck.

1993
März: Vorstellung des 840 Ci mit 3982-ccm-V8-Motor.

1994
März: 850 Ci mit 5379 ccm und 326 PS.

1996
Mai: 840Ci jetzt mit 4398 ccm und 286 PS.

1997
März: Der 850 CSi wird nicht mehr angeboten.

1999
Mai: Die Produktion der 840 Ci und 850 Ci läuft aus.

höherem Drehmoment, das sich im Anzugsvermögen bemerkbar machte. Der 8er BMW besaß unverkennbar den Charakter eines Sportwagens.

State of the Art

Der 840i hatte den V8-Motor des BMW 740i bzw. 540i mit »nur« 286 PS. In seinen Fahreigenschaften war dieser 8er den V12-Modellen so gut wie ebenbürtig, verfügte nur nicht über den kraftvollen Biss und die Elastizität des stärkeren Zwillings. Von allen Varianten des BMW E31 wurden bis Mai1999 insgesamt 32.815 Stück gebaut, davon Achtzylindermotor (840 Ci) 7821, womit dieses Modell das seltenere ist. Der BMW 8er durfte als das zu seiner Zeit am höchsten ausgereifte Automobil bezeichnet werden, als »state of the art« schlechthin. Im Vergleich zu nachfolgenden Coupés, gleich welchen Fabrikats, verkörperte

Individualisiertes Interieur eines 850 CSi. Ein so kräftiges Rot gab es nicht serienmäßig; die Ledersitze der meisten 8er waren in Schwarz, Silbergrau, Brasil, Ultramarin oder Pergament gehalten. Als Grundfarbe für das Interieur herrschte Schwarz vor. In den gleichen Farben gab es auch Stoffsitzbezüge.

Aerodynamische Studie des 8er BMW. Sein cw-Wert betrug weniger als 0,3. Der Auftriebswert betrug vorn und hinten je 0,12. Die Seitenwindempfindlichkeit war äußerst gering.

der 8er dabei Understatement pur. Welche Fülle innovativer Kreativität und technischer Perfektion in ihm steckten, ließ seine unauffällige Eleganz nicht erkennen. Doch wer das Vergnügen hatte, den BMW 8er einmal näher kennen zu lernen, sei es mit V8- oder V12-Motor, pflichtete bei, dass die sprichwörtliche Freude am Fahren hier eine ganz besondere Interpretation bekommen hatte. Der 8er verkörperte zu seiner Zeit einen Höchststand an automobiler Kultur und vereinigte in sich den technologischen Topstandard auf hohem Niveau. Er war »state of the art« und so etwas wie eine Ikone. Ein Status, den man ihm noch heute bescheinigen darf.

Freude am sportlichen Fahren

Der Buchstabe M sei der schnellste der Welt, behauptete BMW in den Achtziger Jahren. Schon lange bevor dieses Suffix an einem Serienmodell zu finden war, hätte man den Slogan auf alle drei Buchstaben des Markennamens BMW anwenden können...

Nicht allein Spitzengeschwindigkeiten oder rasante Beschleunigungswerte definieren ein sportlich ausgelegtes Automobil oder das, was man gemeinhin als einen Sportwagen bezeichnet. Die Freude am Fahren – weltweit bekannter BMW Slogan – ist ausschlaggebend, eine ganz bestimmte Freude vielleicht, und die vermitteln flotte Roadster, Cabriolets und Coupés in besonderem Maße.

Sportliches Erbgut

Von jedem Limousinenmodell bot BMW schon in der Vorkriegszeit eine Cabrioversion an, und einige Modelle wie der 315/1, der 319/1 oder der 328 waren von Haus aus Sportwagen in Reinkultur. Auf diese Fahrzeuge wurde bereits eingegangen, so dass die Epoche bis Ende der 1960er Jahre hier übersprungen werden darf.

Frischluftvergnügen: BMW 1600 Cabriolet

Der Tradition der Marke entsprechend, war es geradezu eine Selbstverständlichkeit, dass BMW auch im Nullzwei-Programm (Baureihe 114) bald eine offene Variante haben würde. Den zweitürigen 1600 als Cabriolet auf den Markt zu bringen, hatte man allerdings nicht als vorrangiges Anliegen betrachtet. Viel mehr ging es zunächst um das Erreichen großer Stückzahlen der Serienausführung, um Rentabilität zu erzielen. Für Besonderheiten gab es ja Spezialisten wie Baur

in Stuttgart (wo auch der Aufbau des offenen 700 produziert worden war) und Karmann in Osnabrück. Und besonders bei der Firma Baur, ein BMW seit jeher eng verbundener Karosseriehersteller, wurde man nicht müde, Kreativität zu demonstrieren.
Und so stand auf der IAA 1967 auf dem BMW Stand neben dem 1600 TI eine von Baur realisierte Cabrioletversion des 1600. Reizvoll war an diesem Fahrzeug, dass es ein voll versenkbares Verdeck hatte, was eine harmonische Silhouette ergab. Entstanden war das Cabrio aus dem CKD-

Oben links: BMW 3/15 PS von 1930 mit einer Karosserie der Firma Ihle, Bruchsal.

Oben: BMW 315/1 Werks-Roadster von 1934.

Links: Der legendäre BMW 328, in 465 Exemplaren hergestellt von 1936 bis 1939.

Unten: BMW 329, Baujahr 1937, als Sportcabriolet. Solche Aufbauten fertigte u.a. Baur in Stuttgart für BMW an.

Bausatz einer Serienlimousine, wie BMW ihn zum Beispiel nach Südamerika lieferte.
Die geschlossene, in selbsttragender Bauweise konstruierte Limousine in ein straßentaugliches Vollcabrio zu verwandeln, bedingte umfassende

In nur einem Exemplar wurde der BMW 3200 CS Bertone (1962-1965) als Cabriolet gebaut, und zwar für den Großaktionär Herbert Quandt.

Oben rechts: Die Firma Baur baute auch eine Reihe von Halbcabriolets (»Bügelcabrio») auf Basis des BMW 2002, angeboten 1971-1975.

Versteifungsmaßnahmen im Unterbau des Karosseriekörpers. Schließlich sollten die Türen ihre Spaltmaße auch bei hoher Torsionsbeanspruchung beibehalten und nirgendwo Risse entstehen. Der Windschutzscheibe hatte man eine stärkere Neigung gegeben und ihren Rahmen kräftiger gestaltet, so dass er als Überrollbügel dienen konnte. Da jedes Fahrzeug von Hand aufgebaut wurde, gab es allerdings Abweichungen in Detailmaßen. Bei Baur verfügte man zwar über große Erfahrungen in der Anfertigung von Cabriolets, dennoch passierte der Fehler, dem offenen BMW 1600 nicht jenen Grad an Verwindungsfestigkeit zu geben, den das Auto gebraucht hätte. Auch die Wasserabläufe waren unzulänglich: Regen- wie Waschwasser fand den Weg in Holme und andere Hohlkörper. Letztlich waren diese Mängel eine Folge ungenügenden handwerklichen Aufwands, der sich aus Kostengründen in Grenzen halten musste. So geriet das 1600 Cabrio zu einem Wagen von meist nur kurzer Lebensdauer. Immerhin wurden laut BMW Erfassung bis zum Juni 1971 1692 Stück gebaut.

Als offener Viersitzer war das Auto auf dem Markt konkurrenzlos, denn das VW Käfer-Cabrio rangierte ebenso in einer anderen Klasse wie der offene Mercedes-Benz 280 SE. Doch den BMW geschlossen zu fahren, war nicht unbedingt ein Vergnügen, weder zu zweit noch zu viert. Die Fondpassagiere mussten den Kopf noch mehr einziehen als in der Limousine.

Der offene 1,6-Liter-Wagen war also ein Boulevard-Cruiser für schöne Tage. Er wurde übrigens nicht als 1600-2 oder 1602, sondern als 1600 Cabrio bezeichnet. Eine Anzahl dieser Cabrios stattete man mit dem 105-PS-Motor des TI aus, doch hierüber existieren keine zuverlässigen Angaben. Als 1971 das letzte Vollcabrio vom Typ 1600 ausgeliefert wurde, gab es bereits Prototypen vom Nachfolger. Dies war der »halboffene« 2002, der noch im gleichen Jahr in Schutzbügel-Bauart in die Fertigung ging.

Chronik BMW Cabriolets, Roadster und Sportcoupés 1967 - 1981

1967

September: Der BMW 1600-2 wird durch die Stuttgarter Firma Baur zu einem Vollcabriolet transformiert, das bis Dezember 1971 im Programm bleibt.

Aus dem Erbe der Hans Glas GmbH übernimmt BMW ein Sportcoupé, das bis August 1968 als BMW 1600 GT mit der Antriebstechnik des BMW 1600 (1573 ccm, 105 PS) weitergebaut wird.

1968

Januar: Herstellungsbeginn eines 1,6-Liter-Werks-Cabriolets auf Basis des 02-Typs 114.

1971

April: 2002 und 2002 ti werden bis August als Vollcabriolet angeboten.

Juli: Debüt des Bügel-Cabrios 2002, bei Baur gefertigt bis Juni 1975.

1977

Dezember: Vorstellung eines neuen, bei Baur hergestellten Hardtop-Coupés mit herausnehmbarem Dachteil (E21), angeboten bis 1983 als 316, 318, 320, 323i.

1978

Oktober: Präsentation des M1 Coupés (E26) mit 3453-ccm-Sechszylinder-Mittelmotor als Straßenfahrzeug.

1981

April: Nach anfänglich gutem Verkauf wird mangels Nachfrage die Produktion des M1 beendet.

Baur-Flower: BMW 2002 Cabriolet

Die neue Cabrioversion des BWW 2002 wurde mit Targabügel geliefert. Bei BMW verwendete man diese Bezeichnung nicht (weil sie von Porsche geschützt war), man sprach von einem Schutzbügel. 34 letzte Vollcabrios in der Art des bisherigen 1600, aber bereits mit dem 100-PS-Motor des 2002, waren noch in der Zeit von März bis Ende Juli 1971 komplettiert worden.

Das Design des Bügel-2002 kam wie das des Vollcabrios von der Firma Baur, und dort wurden die Karosserien der Wagen wie die des 1967 eingeführten 1600 Cabrios auch aus CKD-Bausätzen produziert, besser: modifiziert. Nicht zuletzt wies diese Karosserie mehr Formstabilität auf als ein Vollcabriolet.

Das Baur-Bügel-Cabrio bot den Fondpassagieren jedoch weniger Platz als das Vollcabrio, es ließ sich höchstens als 2+2 bezeichnen. Mit geschlossenen Verdeckteilen sah es ebenso gut aus wie offen. Gewöhnungsbedürftig war nur die etwas merkwürdige Proportion im Profil: die Motorhaube nahm sich in Relation zum knappen Dachaufbau und dem dadurch recht lange geratenen Heck etwas kurz aus. Das Auto mit dem sehr stabil ausgeführten, bis in den Fahrzeugbo-

Rechts: In verschiedenen Ausführungen gab es den 501 bzw. 502 als zwei- und viertüriges Cabriolet.

Unten: Eines der seltenen BMW 1600-2 Vollcabriolets, Baujahr 1966.

»Die Lösung ist nicht unbedingt als harmonisch zu bezeichnen, aber doch interessant genug, um vielen Leuten Spaß zu machen.«

»auto, motor und sport« über das BMW Bügelcabrio von Baur

den geführten Targabügel hatte anfangs einen in der Wagenfarbe lackierten Rahmen, doch ab 1972 wurde das obere Teil mattschwarz lackiert, was bei geschlossenem Verdeck den Eindruck erweckte, als sei das Auto ein Vollcabrio. Unter der Karosserie steckte im Übrigen exakt die gleiche Technik, Motor und Fahrwerk betreffend, wie im geschlossenen 2002.

Nomenklatur: Bügel statt Targa

Das BMW 2002 Bügel-Cabrio baute Baur bis Juni 1975. Mit rund 18.000 Mark war dieses bei Baur Topcabriolet genannte Auto um 50 Prozent teurer als der 1967 präsentierte offene 1600er, und er ließ sich auch nicht wesentlich besser verkaufen: es waren 2290 Stück in 50 Monaten, davon 354 mit Rechtslenkung, eine Variante, die es beim offenen 1600 nicht gegeben hatte. Der erste Bügel-2002 war auf dem Autosalon von Amsterdam Anfang 1971 zu sehen. Baur habe sich bei der Dachkonstruktion offensichtlich vom Porsche 914 inspirieren lassen, konnte man in der Zeitschrift »auto, motor und sport« lesen, denn wie bei jenem wies das Dach mit seinen feststehenden Seitenteilen (nach Art früherer Cabrio-Limousinen) eine herausnehmbare Oberplatte sowie ein komplett offenes hinteres Dachteil auf. Die Lösung sei nicht unbedingt als harmonisch zu bezeichnen, »aber doch interessant genug, um vielen Leuten Spaß zu machen«. Sie sei ja auch nicht aus formalen Überlegungen entstanden, sondern um dem Karosseriekörper mehr Verwindungssteifheit als bei einem Faltdach-Cabrio zu geben.

Drei Cabrios in einem

Mit dem Baur Topcabrio ergaben sich drei Offen-Varianten: Man konnte nur das rückwärtige Teil herausnehmen, das sich in den rückwärtigen Kasten unterbringen ließ, womit man wie bei einem Landaulet die Fondpassagiere in den Genuss des Offenfahrens versetzte. Bei zusätzlich herausgenommenem Dachteil hatte man so etwas wie echtes Cabriogefühl.
Fünf Wagen pro Woche wurden bei Baur in Stuttgart anfangs gebaut, ehe sich die Fertigung 1972 fast verdreifachte und 1974-75 wieder auf die Anfangszahl zurückging. Wie alle Nullzwei-Modelle erhielt auch das Baur-Cabrio ab September 1973 rechteckige Heckleuchten anstelle der runden. Die Montage bei Baur war eine arbeitsintensive Angelegenheit, denn die aus München bezogenen CKD-Bausätze umfassten an die 3000 Einzelkomponenten. Baur stattete die Fahrzeuge ausschließlich mit Kunststoffsitzen aus. Wer das Cabrio noch ein wenig aufwerten wollte, dekorierte es mit Stoßstangenhörnern, Drehzahlmesser und einem abschließbaren Tankdeckel. Im Juni wurde das letzte Cabrio der Nullzwei-Baureihe E114 ausgeliefert.

Sportcoupé aus der Glasmenagerie

Aus dem Erbe der erworbenen Hans Glas GmbH in Dingolfing übernahm BMW ein Sportcoupé, das bis August 1968 als BMW 1600 GT mit der Antriebstechnik des BMW 1600 (1573 ccm, 105 PS) weitergebaut wurde. Auf der IAA 1963 hatte Glas erstmals ein schickes 1300 GT Coupé gezeigt, dessen Serienbau im Januar des darauffolgenden Jahres startete; im März begann die Auslieferung.
Die Rohkarosserie bezog Glas von der Carrozzeria Frua in Turin. Der 1290-ccm-ohc-Motor leistete 75 PS; damit erreichten das Coupé und das vier Monate später lieferbare Cabriolet 170 km/h. Im September 1965 wurde die Motorleistung auf 85 PS angehoben. Gleichzeitig gab es Versionen mit 1682 ccm und 100 PS. Weil der Motor des Coupé 1700 ein Langhuber war und mehr Bauhöhe hatte, wurde in der Motorhaube eine Hutze erforderlich.

Chronik BMW Cabriolets, Roadster und Sportcoupés 1985 - 1997

1985

September: BMW stellt das 320i Cabriolet (E30/2C) vor.

1986

Mai: Serienanlauf der neuen 320i und 325i Vollcabriolets.

August: Vorstellung des BMW Z1 Roadsters mit Kunststoffkarosserie und versenkbaren Türen, Technik 325i.

1988

April: 3er Cabrio auch als 323i.

Juni: Serienbeginn des BMW Z1, der bis Juni 1991 gebaut wird.

1990

März: 3er Cabrio jetzt auch mit neuem Kat-Motor 318i.

1992

November: Vorstellung BMW E36 als Cabriolet (E36/4) mit elektr. Verdeckmechanismus, ausfahrbarem Überrollbügel und Alu-Hardtop als Option. Motoren 318i, 325i.

1993

Juni: Serienbeginn des Cabriolet E36/4.

1995

Januar: Cabrio E36/4 jetzt auch als 328i. Einführung des M3 Cabrios E36/2 CS (3201 ccm, 321 PS).

September: Serienanlauf des Roadsters Z3 (E36/7) im Werk Spartanburg, USA, Technik 318is.

1997

Januar: 2,8-Liter-Sechszylinder mit 193 PS für den Z3, einhergehend mit neuer Heckgestaltung sowie Traktionskontrolle ASC+T als Option.
Debüt des Z3 mit dem 321-PS-Motor des M3 und Sperrdifferenzial, erkennbar an vier Endrohren und geändertem seitlichem Ziergitter. Offizielle Bezeichnung: M Roadster.

Oktober: Auslieferung des 100.000 Z3. Vorstellung des Z8 Roadster-Prototyps als Z07.

Mit der Übernahme der Glas-Automobilproduktion in Dingolfing im November des Jahres 1966 erbte BMW nicht nur den Bestseller Goggomobil (das kleine Auto wurde noch bis 1969 weitergebaut), sondern auch alle anderen Modellreihen, von denen aber nur zwei noch ein knappes Jahr (September 1967 bis August 1968) lang im Programm blieben: das Sportcoupé und der viertürige Luxus-V8. In BMW Regie mutierte der Glas 1700 zum BMW 1600 GT. Dem gerade mal vier Meter langen Fließheck-2+2 spendierte man eine BMW Niere an der Wagenfront sowie den 1573-ccm-Motor des BMW 1600 und dessen Schräglenker-Hinterachse. Als BMW 1600 GT wurde dieses Modell 1259 Mal gebaut. Die letzten Exemplare gingen zum Schleuderpreis von nur 10.900 Mark weg, das war etwa ein Drittel weniger als der Wagen anfangs (15.850 Mark) gekostet hatte. Wie es hieß, hatte sich BMW nicht aus eigenen Stücken für die Fertigung des 1600 GT entschieden. Vielmehr soll es eine seitens Glas gegenüber Frua bestehende Abnahmeverpflichtung von noch nicht ausgelieferten Rohkarossen gegeben haben. Da sich BMW mit der Glas-Übernahme auch bestehende Verträge zu erfüllen verpflichtet hatte, standen mehr als eintausend Coupékarossen zur Disposition: zu schade zum Verschrotten... Die Cabrioversion hat BMW jedoch nicht weitergebaut.

Besonders flotte Dreier

Die Modellgeschichte des BMW 3er vom ersten E21 an verzeichnet eine ganze Reihe von Cabrio-

Vom 316 bis zum 323i der Baureihe E30 gab es 1983-1986 auch ein Top-Cabriolet; die Karosserie wurde einmal mehr beim Hoflieferanten Baur produziert.

BMW 318i Cabriolet, angeboten 1990-1992. Der attraktive und 187 km/h schnelle Viersitzer entstand in 14.970 Exemplaren und kostete bei seiner Einführung 43.400 Mark.

lets, mit denen Liebhaber des Offenfahrens angesprochen wurden, eine Zielgruppe, die in der BMW Klientel zahlreich vertreten war. Doch nachdem das letzte echte BMW Vollcabriolet in der Nullzwei-Baureihe 1971 zugunsten des 2002 mit Targadach aus dem Programm verschwunden war und keinen Nachfolger bekommen hatte, dauerte es bis 1986, ehe wieder ein offener Zweitürer mit voll versenkbarem Verdeck zu haben war. So entstand 1985/86 ein offener Viersitzer ohne stilistische Kompromisse mit 2,5-Liter-Motor, ein bildschöner Wagen, für den bereits im Erscheinungsjahr 1986 mehr als 10.000 Bestellungen eingingen. Es wurden von ihm 78.960 Stück gebaut. Von besonderem Reiz war die neue Auflage des 3er Cabrios, die im November 1990 vorgestellt und ab März 1991 ausgeliefert wurde. Dieses Modell war auf Drängen des Konstruktionschefs Dr. Reitzle entstanden, der für einen solchen Wagen in der kleinen Hubraumklasse einen interessanten Markt voraussagte. Dieser »flotte Dreier« wurde bis Ende 1992 gebaut und erreichte eine Auflage von 14.970 Stück. Vor dem 318i Cabrio hatte BMW eine sehr viel stärker motorisierte Variante herausgebracht, die mit rund 90.000 Mark doppelt so teuer war, mit 195 PS aber auch 60 Pferde mehr als der 1796-ccm-Vierzylinder unter der Haube hatte. Das in dieser Version 786 Mal verkaufte M3 Cabrio mit dem drehmomentstarken 2304-ccm-Vierzyindermotor fand noch eine Steigerung durch den 1991-93 in 455 Exemplaren gebauten M3 Sechszylinder, dessen 2990-ccm-Vierventiler 286 PS leistete. Serienmäßig gab es einen auffallenden Bugspoiler, elektrische Fensterheber, Bordcomputer, Sperrdifferenzial und Fahrer-Airbag.

Open Air Festival

Das 1993 bis 1999 gebaute Cabriolet der Baureihe E36 bezeichnete BMW als ein »Open-Air-Festival«, als es im November 1992 angekündigt wurde. Konstruktiv basierte dieses Cabriolet auf dem 3er Coupé und hatte auch dessen 192 PS starken 2494-ccm-Sechszylindermotor mit 24 Ventilen und variabler Nockenwellenverstellung.

Oben: Das von Baur karossierte E30 Top-Cabriolet, das in verschiedenen Motorisierungen, aber einheitlicher Ausstattung angeboten wurde.

Rechts: BMW 325i Cabriolet mit voll versenkbarem Verdeck, fabriziert von 1986 bis 1992. Der Wagen war auf Veranlassung von Dr. Wolfgang Reitzle konstruiert worden, dessen optimistische Prognose sich bestätigen sollte: Es wurden fast 79.000 Stück verkauft, dazu 1241 als stärker motorisierter M3 (Foto).

BMW 3er Cabriolet 320 Ci von 1999, Modellreihe E46. Ab 2001 war auch ein mobiles Hardtop verfügbar. Der Sechszylinder kostete 36.700 Euro.

Die Seitenscheiben waren zur Gänze elektrisch versenkbar, der Rahmen der Windschutzscheibe hatte die Stabilität eines Überrollbügels. Im April 1993 folgte die 150-PS-Version 320i. Einen offenen 2,3-Liter bot BMW ausschließlich in den USA an. Im Sommer 1993 kam ein offener 318i (bzw. is) hinzu, dessen Motor ein Vierzylinder-Einspritzer mit 1796 ccm Hubraum war. Die Gesamtzahl der als E36 gebauten Cabrios belief sich auf rund 125.000.

Baur in Stuttgart produzierte 1994-98 ein Cabriolet auf der Grundlage des E36, das genau genommen als Cabriolimousine zu bezeichnen gewesen wäre. Es handelte sich um einen Viertürer, der als Typ TC geführt wurde und bei dem sich das über die ganze Dachbreite führende Verdeck in drei Positionen öffnen bzw. schließen ließ. Die Dachholme hatten Verstärkungen erfahren, so dass die Karosseriestruktur nicht beeinträchtigt war. Der Einsatz über den vorderen Sitzen war ein festes Bauteil, ließ sich aber herausnehmen und im Kofferraum verstauen. Zu bekommen war der zwischen 65.000 und 78.000 Mark teure Wagen in den Varianten 316i, 318i, 320i, 325i und 328i.

Im September des Jahres 2001 wurde auf Basis des E46 ein neues Cabriolet gezeigt, das zunächst mit einem 1995-ccm-Vierzylindermotor angeboten wurde und dementsprechend als 318i figurierte. Die Maschine hatte beachtliche 143 (statt vorher 118) PS und wies zwei obenliegende Nockenwellen, 16 Ventile und Valvetronic auf. 2002 folgte wie beim Coupé ein Modell 330i. Ein

1996 bis 1999 gebautes BMW M3 Cabriolet E36, mit 321 PS exzellent motorisiert. Es gab auch eine Coupé-Ausführung.

BMW E46 Cabriolet, Baujahr 2000. Der Sechszylindermotor leistete 231 PS bei 5900U/min, gut für 247 km/h.

»Niemand weiß bis heute genau, ob BMW mit dem M1 lediglich dem Markenimage einen neuen Impuls geben wollte oder ob die Münchner Firma vorhatte, sich im illustren Kreis der teuersten Edelsportwagen zu etablieren.«

Eberhard Kittler in »Alle BMW Automobile seit 1928«

optional erhältliches sequentielles Getriebe ließ sich durch Drucktasten in den Speichen des Lenkrades betätigen.

Noch mehr Freude am Fahren: Die Cabrioversion der vierten 3er-Reihe (E90) wies erstmals ein versenkbares Hardtop in Stahlblechbauweise auf. Die dreiteilige Konstruktion mit vollautomatischer Öffnungs- und Schließmechanik funktionierte auch per Fernbedienung. In 23 Sekunden verwandelte sich die Karosserie nach Wunsch. Die um 30 Prozent vergrößerten Seitenscheiben boten bei geschlossenem Dach bessere Rundumsicht als bei der vorhergehenden Softtop-Ausführung.

Der mit einer umfassenden Sicherheitsausstattung (Front-, Kopf-/Thorax-Airbags, Sicherheitselektronik, Überrollschutz, selbsttätig ausfahrende Schutzbügel hinter den Fondsitzen) gelieferte Viersitzer bekam eine Lederausstattung mit auf den Weg, wies allerdings bei versenktem Dach ein nur sehr kleines Kofferraumvolumen auf. Fünf Motoren standen zur Wahl, vom 320i (1995 ccm, 170 PS) bis zum 335i Twin-Turbo (2979 ccm, 306 PS); einen leistungsstarker Diesel (2993 ccm, 231 PS) gab es ebenfalls.

Start mit Schwierigkeiten: BMW M1

Der nach dem 2002 turbo wohl spektakulärste BMW war der im Oktober 1978 auf dem Pariser Salon vorgestellte M1 (E26). Maßgeblich beteiligt an der Realisierung des zweisitzigen, nur 114 cm hohen Rennsportcoupé mit Gittterohrrahmen, das der Homologation wegen auch mit Straßenzulassung angeboten wurde, war das Team um Motorsport-Chef Jochen Neerpasch. Der mit seinem Vierventil-Einspritzmotor, ein Sechszylinder mit 3453 ccm Hubraum und Trockensumpfschmierung, über 260 km/h schnelle Straßenwagen wog nur 1300 kg und kam mit 277 PS aus. In den Rennversionen erzielte man mit Turboaufladung 800 und mehr PS, gut für Tempi bis zu 360 km/h. Einen zunächst in Betracht gezogenen Zehnzylinder-V-Motor hatte man verworfen. Was die Fertigung des M1 betraf, hatte es bis zum Sommer 1978 allerdings noch viele offene Fragen gegeben. Denn da die BMW Motorsport GmbH nicht über die Kapazitäten verfügte, eine Serie von Rennwagen im Alleingang zu bauen, mussten entsprechende Partner akquiriert werden. Während Giorgetto Giugiaro von der Firma ItalDesign für die Gestaltung verantwortlich war, sollte anfänglich Lamborghini die Fabrikation übernehmen.

Doch der italienische Sportwagenhersteller befand sich damals in wirtschaftlichen Schwierigkeiten und konnten seinen Teil der Abmachung nicht einhalten. Bis 1978 war keiner der versprochenen Prototypen fertig gestellt, und auch die 400 Serienfahrzeuge, die für eine Homologation bis Anfang 1979 produziert werden mussten, schienen sich nicht realisieren zu lassen. Zwei bei Lamborghini abgestellte Prototyp-Fragmente hatten BMW Leute in einer Nacht- und Nebel-Aktion auf dem Werksgelände sicher stellen müssen,

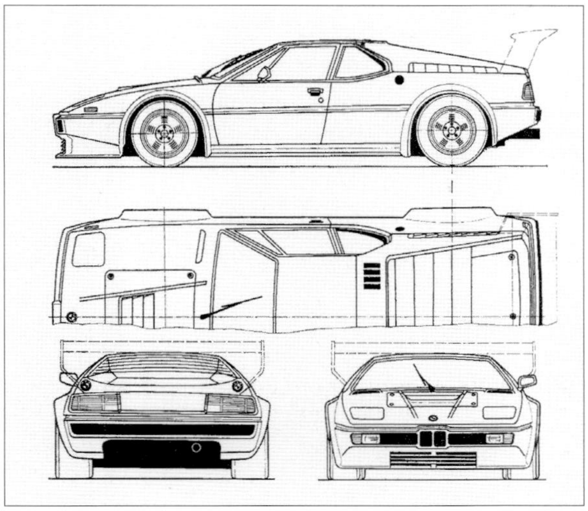

Der 1978 bis 1981 gebaute BMW M1 war 436 cm lang, 183 cm breit und nur 114 cm hoch; das Leergewicht des Coupés betrug 1300 kg.

Zu bekommen war der BMW M1 in drei Leistungsstufen: als Straßensportwagen mit 277 PS sowie als Wettbewerbsfahrzeug mit 470-PS-Saugmotor oder 850-PS-Turbomotor. 450 Stück wurden insgesamt gebaut.

Stilistischer Pate für den BMW M1 war der von Paul Bracq entworfene BMW Turbo mit Flügeltüren von 1972.

Chronik BMW Cabriolets, Roadster und Sportcoupés 1998 - 2003

1998

Januar: Baubeginn des Z3 Coupés, Auslieferung in Europa erst ab Juli.

1999

April: Der 1,9-Liter-Vierzylinder löst im Z3 den bisherigen 1,6-Liter ab.
Neu ist ein 2,0 Liter mit 150 PS und Doppel-Vanos.
Facelift für alle Z3-Versionen, breitere hintere Spur, stärker ausgewölbte Kotflügel, neue Stoßfänger, modifiziertes Heck. Scheinwerfer mit Chromringen, gefüttertes Verdeck.
September: Präsentation des Z8 (E52) mit 400 PS starkem V8-Doppel-Vanos-Motor und Alu-Spaceframe.

2000

Januar: Debüt des BMW E46 als Cabrio 323i, Auslieferung ab April.
April: Auslieferungsbeginn des Z8.
Juni: 330Ci als weiteres E46-Cabrio.

2002

März: Vorstellung des Z4 Roadsters (E85): Sechszylinder 2,5- oder 3,0-Liter.
September: Markteinführung des Z4 in Deutschland.

2003

Juli: BMW beendet die Fertigung des Z8. Für Ersatzteile wird eine Liefergarantie von 50 Jahren gewährt.
September: Z4 auch mit 2,3-Liter-Motor.

»Was dem M1 als Top-BMW noch fehlt, ist ein Schuß Originalität. Revolutionäres sucht man vergebens.«

»Auto Zeitung«, 1978

um zu verhindern, dass sie in unbefugte Hände gelangten. Die Produktion wurde zum Puzzlespiel: Marchesi in Modena übernahm schließlich die Herstellung der Gitterrohrrahmen, die bei Ital-Design in Turin mit den von T.I.R. ebenfalls aus Modena gelieferten Kunststoffkarosserien komplettiert wurden, und bei der Stuttgarter Karosseriemanufaktur Baur wurde die Endmontage und Ausstattung durchgeführt. Der Preis für den Mittelmotor-Zweisitzer betrug 113.000 Mark.
Der in der BMW Procar-Serie von der Weltprominenz des Rennsports eingesetzte M1 wurde 49 Mal gebaut, für die Straße waren es 401 Exemplare. Im Motorsport sorgten die Wagen mit ihren leistungsoptimierten und mit Turboladern versehenen Motoren sowie spektakulären Heckflügeln für spannende Rennen.
Die Ausstattung des M1 beschränkte sich zweckmäßigerweise auf das funktionell Notwendigste, war aber keineswegs unkomfortabel. Die geringe Stückzahl und der besondere Status dieses BMW erklären, warum sein Preis auf dem Liebhabermarkt heute außerordentlich hoch ist. Natürlich gab es nur eine zahlenmäßig kleine Klientel für den M1, und so wurde mangels Nachfrage die Produktion des M1 im April 1981 beendet.

Applaus für einen Außenseiter: BMW Z1

Im September 1986 stellte BMW einen Sportzweisitzer vor, der auf keinem der Serienkonzepte basierte und in jeder Beziehung ein Außenseiter war. Der Z1 genannte Roadster war das

Produkt der Tochterfirma BMW Technik GmbH. Der zunächst als Studienobjekt und gar nicht für die Serie vorgesehene Wagen fand aber so viel Beifall, dass er doch gebaut wurde und eine Auflage von 8000 Exemplaren erlebte. Immerhin hatte der Muterkonzern die entsprechenden Motoren und Fahrwerkskomponenten zu disponieren, die Fertigung vorzufinanzieren und auch im Verkauf und Marketing Kapazitäten bereitzustellen.

Die Basis des Zweisitzers mit versenkbaren Türen war ein Monocoq-Rahmen aus feuerverzinkten Stahlprofilen; der darauf montierte Kunststoffaufbau bestand aus nur wenigen Komponenten. Die Frontpartie glich der des M1 und fand sich später ansatzweise auch beim BMW 850i wieder, nur war der Lufteinlass größer und von zwei weiteren Öffnungen flankiert. Das Antriebsaggregat des Z1 war der Sechszylinder-Einspritz-

Der BMW Z1 mit seinen versenkbaren Türen bot Fahrspaß pur; der Zweisitzer wurde in 8000 Exemplaren aufgelegt.

Unten: Eine neue Sportwagen-Generation verkörperte der BMW Z1 nicht, so attraktiv er auch war. In der Mehrheit wurde der Roadster als Zweitwagen zum BMW 7er gekauft...

Unten: Im Profil deutet der BMW Z1 eine Formensprache sowie Proportionen an, wie sie sich 1994 beim Z3 wiederfanden.

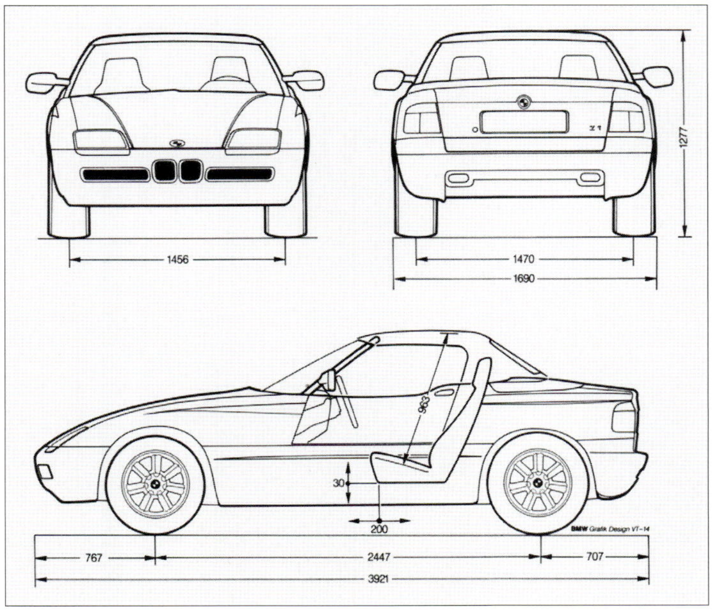

BMW Sportwagen und sportliche Wagen seit 1967

Baureihe	Baujahr	Fahrzeugtyp	Motorisierung
114C	1967-1971	1600-2 Baur Cabrio	4 Zyl 1576 ccm 85 PS
E10C	1971	2002 Cabrio/ti	4 Zyl 1990 ccm 100-120 PS
E10Cab	1971-1975	2002 Targa-Cabrio	4 Zyl 1990 ccm 100 PS
E21Cab	1977-1983	3er Cabrio Baur	4 Zyl 1766 ccm 90 PS
E30/2C	1985-1992	3er Cabrio 325i	6 Zyl 2494 ccm 171 PS
E30/2Cab	1982-1991	3er Cabrio Baur	6 Zyl 2316 ccm 143 PS
E26/1	1978-1981	M1 Coupé	6 Zyl 3453 ccm 277 PS
Z1	1988-1991	Roadster	6 Zyl 2494 ccm 170 PS
E36/2C	1993-1999	3er Cabrio	4 Zyl 1796 ccm 115 PS
			6 Zyl 2793 ccm 193 PS
E36/2CS	1995	M3 Cabrio	6 Zyl 3201 ccm 321 PS
E36/7	1995-2002	Z3 Roadster	4 Zyl 1796 ccm 116 PS
			6 Zyl 1991 ccm 150 PS
			6 Zyl 2793 ccm 192 PS
			6 Zyl 2171 ccm 170 PS
			6 Zyl 2979 ccm 231 PS
E36/7S	1997-2002	M Roadster	6 Zyl 3201 ccm 321 PS
E36/8	1998-2002	Z3 Coupé	4 Zyl 1796 ccm 116 PS
			6 Zyl 1991 ccm 150 PS
			6 Zyl 2793 ccm 192 PS
			6 Zyl 2171 ccm 170 PS
			6 Zyl 2979 ccm 231 PS
E36/8S	1998-2002	M Coupé	6 Zyl 3201 ccm 321 PS
E46/2C	2000-2006	3er Cabrio	4 Zyl 1995 ccm 143 PS
			6 Zyl 2793 ccm 193 PS
E46/2S	2000-2006	M3 Coupé und Cabrio	6 Zyl 3246 ccm 343 PS
E52	1999-2003	Z8 Roadster	V8 Zyl 4941 ccm 400 PS
E85	2002-2009	Z4 und Z4M Roadster	6 Zyl 2497 ccm 192-204 PS
			6 Zyl 2979 ccm 231 PS
			6 Zyl 2979 ccm 258 PS
			6 Zyl 2979 ccm 306 PS
E86	2006-2009	Z4 und Z4M Coupé	6 Zyl 2494 ccm 192 PS
			6 Zyl 2979 ccm 231 PS
E86	2006-2010	Z4 und Z4M Coupé Turbo	6 Zyl 2979 ccm 306 PS
			6 Zyl 2979 ccm 340 PS
E89	2008-2016	Z4 Rdst.-Cpé. Metalldach	6 Zyl 2494 ccm 192 PS
			6 Zyl 2979 ccm 231 PS
E89	2008-2016	Z4 Rdst.-Cpé. Turbo	6 Zyl 2979 ccm 306 PS
			6 Zyl 2979 ccm 340 PS

motor des BMW 525i mit 171 PS; beim Fahrwerk kamen eine Schräglenker-Hinterachse und vorn Eingelenk-Federbeine zum Einsatz. Im Juni 1988 begann die Serienherstellung, sie ging weitgehend in Handarbeit vor sich und endete im Juni 1991. Längst ist jedes einzelne Exemplar in fester Liebhaberhand, und wenn die Z1-Fans ein Problem kennen, dann nur das der gelegentlich klemmenden Versenktüren.

Geburtstagsüberraschung: BMW Z3

Anlässlich des 60. Geburtstages des legendären Sportzweisitzers 328 überraschte BMW die Motorwelt zum Modelljahr 1996 mit einem attrakti-

Ab Werk war der Schlafaugen-Roadster Z1 nur in der 2,5-Liter-Sechszylinder-Motorisierung erhältlich.

Eher selten zu sehen war der BMW Z1 in cremefarbener Lackierung; bei der Innenausstattung hatte der Kunde die Wahl zwischen Rot, Gelb, Dunkelgrau und Hellgrau.

ven Sportwagen, der nicht in Deutschland, sondern im amerikanischen BMW Werk in Spartanburg, South Carolina, gebaut wurde. Technik und Fahrwerk stammten vom BMW der 3er Reihe, die Bodengruppe vom BMW compact. Die Cockpitabmessungen waren für einen Zweisitzer akzeptabel, die Größe des Kofferraums allerdings minimal.
BMW hatte die Präsentation des Z3 (E36/7) aber vorweggenommen, und zwar durch ein so genanntes product placing in einem James-Bond-Film. Dort ließ der legendäre Geheimagent im Dienste ihrer Majestät und gleichzeitig Inbegriff britischen Understatements seinen Aston Martin stehen und stieg auf einen bayerischen Sportwagen um. Was für eine Sensation! Was musste das für ein edles Auto sein, um einen Aston Martin ausstechen zu können? Es war der BMW Z3, ein kleiner Roadster, der durch seine Auslegung als

BMW Z3 in der M-Version, Baureihe E36/7S (1997-2002); der Sechszylindermotor hatte 3201 ccm Hubraum und 321 PS.

kompromisslose Fahrmaschine überzeugte. Die Proportionen mit langer Motorhaube und kurzem Heck entsprachen klassischer Roadster-Bauweise, und das rundliche Design der Fahrzeugfront ließ eine Formgebung erkennen, die sich jetzt auch bei allen BMW Limousinen wiederfand. Die vorn stark abfallende Motorhaube schloss die Doppelniere mit ein; unterhalb der Stoßstange fanden sich ein breiter und zwei schmale Lufteintritte. Der 116-PS starke 1,8-Liter-Motor war der gleiche Vierzylinder, der im BMW 318i zum Einbau kam, wobei es bis Ende 1998 auch einen 1,9-Liter mit 140 PS gab. Im September 1996 kam der Sechszylinder Z3 2.8i hinzu; der Vierventil-Vanos-Motor war der des BMW 328i. Ab 1999 stand für den Z3 ein Hardtop zur Verfügung.
Es war abzusehen gewesen, dass BMW den Z3 mit weiteren Motorisierungen anbieten würde. So wurde der Wagen (Modellreihe E36-7) ab 1999 mit einem Zweiliter-Sechszylinder-Aggregat angeboten, das den 1,9-Liter ersetzte, aber nur kurz im Programm blieb und dann dem Modell 2.2i Platz machte. Zugleich erschien der Z3 3.0i, dessen Doppel-Vanos-Sechszylindermotor mit zwei obenliegenden Nockenwellen 231 PS leistete und für den 1258 kg leichten Zweisitzer das maximal Zumutbare darstellte – zumindest für den Augenblick. Denn noch stärkere Motorisierungen befanden sich bereits in Vorbereitung...

Der Z3 als Coupé

Für das Modelljahr 2000 ließ BMW dem Z3 ein paar kosmetische Verbesserungen angedeihen. So wurde die hintere Spur verbreitert, es gab neue Rückleuchten, neue Stoßfänger und einen geänderten Kofferdeckel. Die Scheinwerfer wurden mit etwas attraktiveren Einfassungen durch Chromränder versehen.
Da der Z3 als Roadster ein zwar reizvoller Sportwagen war, BMW aber glaubte, dass eine nicht zu unterschätzende Klientel ein solches Auto sich auch als Coupé wünschte, kam man diesen Erwartungen nach und stellte im Herbst 1997 den Z3 als eine Art Kombicoupé mit Heckklappe vor, etwa in der Konzeption des einstigen MGB GT. Dieser ebenfalls in den USA gebaute Wagen bot die Möglichkeit, sehr viel mehr Gepäck mitzunehmen, was ihn als Tourer interessanter machte als das Cabrio. Im Januar 1998 war Baubeginn des Coupés, die Auslieferung in Europa setzte aber erst im Juli ein.

Links: Z3 Roadster 2.0i.
Unten: Das 1998 vorgestellte Z3 Coupé E 36/8.

Aus technischer Sicht ist das Z3 Coupé überaus interessant, wie der BMW Z3 Club in seiner Chronik vermerkt: »Ist es doch – anders wie bei den meisten Fahrzeugen, bei denen es eine offene und eine geschlossene Variante gibt – erst nach der offenen Variante entstanden. Wird ein Cabrio von einem Coupé abgeleitet, ist es normalerweise notwendig, aufgrund der geringeren Karosseriesteifigkeit infolge des fehlenden Dachs zusätzliche Versteifungen im Bereich der Bodengruppe anzubringen. Damit ist das Cabrio im allgemeinen schwerer als das Coupé, obwohl das Gewicht des Dachs fehlt. Beim Z3 ist es genau umgekehrt. Weil die Bodengruppe des Roadsters ohne Änderungen beim Coupé übernommen wurde, ist das Leergewicht des Coupés um 5 kg höher als das des Roadsters. Die erhöhte Steifigkeit und die bessere Aerodynamik eines festen Dachs kommt jedoch den Fahrleistungen des Coupes wieder zugute.«

Links: BMW Z3 Coupé 3.0Ci mit 3,2-Liter-Motor, Baujahr 2000. Das Coupé ist im Straßenbild nur selten zu sehen, es blieb ein Außenseiter.

Der Absatz des geschlossenen Z3 hielt sich in Grenzen; er machte mit rund 20.000 Stück nicht einmal 8 Prozent der gesamten Z3-Produktion aus. So geriet er zur automobilen Rarität, zumal die gesamte Baureihe mit dem Erscheinen des Z4 endete.
Von 1998 bis 2000 gab es das Z3 Coupé als 2.8Ci, von 2000 bis 2003 als 3.0Ci. Serienmäßig waren beide Modelle mit ASC+T ausgestattet. Eine M-Version mit 321 PS starkem 3,2-Liter-Motor (2ohc-Vierventiler, Doppel-Vanos) wurde in geringer Stückzahl 1997-2000 verkauft; diese Ausführung kostete in Deutschland 95.000 Mark und damit um die Hälfte mehr als der 3,0-Liter-Roadster. Im Oktober 1997 erfolgte die Auslieferung des hunderttausendsten BMW Z3.

M Coupé – ein starkes Stück
Bevor der ab Anfang 1998 lieferbare Z3 als M-Coupé auf die Straße kam, gab es eine solche Version bereits als Roadster. Dieses von 1997 bis 2000 gebaute Auto trug offiziell indes nicht die Chiffre Z3, sondern hieß schlicht M Roadster. Mit 321 PS und abgeregelten 250 km/h Spitze war somit ein derart extremes Fahrzeug entstanden, dass die Schweizer Zeitschrift »Automobil Revue« meinte, das Doping sei bei diesem Auto fast ein wenig zu weit getrieben worden...
AC Schnitzer, Alpina und andere Manufakturen trauten sich (und ihren Kunden) indessen sogar noch stärkere Kaliber zu und implantierten bis zu 400 PS starke V8-Motoren in den Zweisitzer (bei dem dann so viele Aggregate aus Platzgründen in der Kofferraum wanderten, dass dort nicht einmal ein Lunchpaket mehr unterzubringen war).
Am 5. Juli 2002 lief der letzte Z3 vom Band. Mit knapp 280.000 produzierten Fahrzeugen war der Z3 ein sehr erfolgreiches Modell für BMW. Sein Nachfolger wurde der Z4.

Ein Hauch von Retro: BMW Z8
Als eindrucksvoller Klassiker mit dezentem Retro-Look setzte der Roadster Z8 (E52) eine lange Tradition der Marke BMW fort. Er war ein Hochleistungs-Sportwagen für eine verwöhnte BMW Klientel. Die stilistisch geschickt angedeuteten Anklänge an den legendären BMW 507 ergaben sich aus den Proportionen der Frontpartie, des Instrumentariums und jenes angedeuteten Lufteinlassdekors, das als Extravaganz an den Karosserieseiten des 507 schon im Jahre 1956 für Aufsehen gesorgt hatte. Man durfte von einem Sportwagen der Superlative sprechen, den BMW auf der IAA 1999 in seiner Serienausführung präsentierte. Schon eine vorher gezeigte Studie namens Z07, vorgeführt in Paris im Oktober 1997 und in Detroit Anfang 1998, hatte erkennen lassen, dass man im FIZ an einem Roadster arbeitete, der dem berühmten 507 nachempfunden war – und der Kenner erkannte beim Z8 dann auch die gesuchten und gefundenen Parallelen. Der bewusst auf eine begrenzte Stückzahl aus-

Anklänge an den klassischen BMW 507 sind beim Z8 natürlich nicht ganz zufällig.

gelegte Z8 hatte einen Alu-Spaceframe und wies auch im Fahrwerk und im Aufbau zahlreiche Leichtmetall-Komponenten auf, für die man vor allem im Werk Dingolfing, wo der Wagen überwiegend in Handarbeit gebaut wurde, über viel

Den BMW Z8 darf man zweifelsohne als Klassiker mit eingebauter Wertsteigerung bezeichnen.

Retro auch im Cockpit des Z8, eine Hommage an den von Albrecht Graf Goertz gezeichneten BMW 507.

Erfahrung verfügte. Die Höchstgeschwindigkeit des anspruchsvollen Zweisitzers mit seinem 400 PS starken V8-Motor – ein 4941-ccm-Vierventiler mit vier Nockenwellen – aus dem M5 hatte man bei 250 km/h abgeregelt.

Mit Einführung des Z8 lief die Produktion des 8er Coupés E31 aus. Die letzten 840i und 850i waren 1999 nur noch auf Wunsch gebaut worden. »Wir sind uns darüber im Klaren, dass wir mit einem Wagen wie dem Z8 keine Profite einfahren können,« sagte Vorstandsmitglied Dr. Wolfgang Ziebart bei der Vorstellung des Zweisitzers, dessen Fertigung im April 2000 in Dingolfing begann, »Oder nur sehr kleine...«

Der Listenpreis des Z8 betrug 235.000 Mark bzw. 125.360 Euro. Etwa sieben Jahre werde der Z8 im Programm bleiben, ohne Veränderungen, so hieß es; ein Coupé war nicht vorgesehen.

Dass der Z8 bereits 2003 wieder aus dem Programm genommen wurde, lag weniger an der wegen des Preises zwangsläufig geringen Nachfrage, sondern weil von vornherein eine Stückzahl von nur 5700 Fahrzeugen geplant gewesen war, die man vorfristig erreicht hatte. BMW beendete deshalb die Fertigung des Z8 Ende Juli 2003. Für Ersatzteile wird eine Liefergarantie von 50 Jahren gewährt. Die Leser der Zeitschrift »Motor Klassik« bescheinigten in einer Umfrage dem Z8 das Prädikat eines Sammlerwagens von morgen (was er eigentlich schon heute ist).

Ein Thema mit Variationen: BMW Z4

Im BMW Werk Spartanburg wurde die Sportwagen-Produktion mit dem Z4 fortgesetzt. Konstruktiv gesehen ist der Z4 aber nicht ein Generations-Nachfolger des Z3. Der Z4 ist größer, auch wirkte er erwachsener, und er wurde zunächst auch nur mit Sechszylindermotoren angeboten. Dadurch machte BMW den Anspruch des neuen Fahrzeugs geltend, dass es höherwertiger als der Z3 sein sollte. Konkurrenten bewegten sich jetzt eher auf der Ebene eines Porsche Boxster oder Audi TT und weniger in der Liga eines Mazda MX5. Wem der BMW Z3 Roadster zu bescheiden, zu wenig BMW-like erschienen war, wurde mit dem Z4 (E85), der im Oktober 2002 herauskam, bestimmt glücklich. Zwar hatte der neue Zweisitzer die gleiche Länge wie der Z3, war aber wesentlich breiter geworden, was nicht nur für die Insassen mehr Platz bedeutete, sondern auch das Kofferraumvolumen erhöhte. Markant war der Unterschied im Styling. Mit seinen konkaven und konvexen Formen im Wechsel entsprach der Karosseriekörper diversen Prototypen, die zuvor als Concept Cars gezeigt worden waren. Mit seinem indirekt beleuchteten Markenemblem in den Blinkleuchten an den Flanken, einem stark in die Breite gezogenen Kühlergrill und einem barock aufgewölbten Kofferdeckel war der Z4 eine auffällige Erscheinung. Angeboten wurde der Wagen mit einem 2,5- und einem 3,0-Liter-Sechszylinder aus dem BMW Motorenrepertoire. Serienmäßig hatte das Auto eine elektrisch aktivierte Servolenkung. Zunächst wurde der amerikanische Markt bedient; erst im März 2004 erfolgte die Markteinführung des Z4 in Deutschland. Ein halbes Jahr danach nahm man geringe Modifikationen vor, stellte aber auch einen Z4M 3.3i mit 343 PS vor; in dieser starken Ausführung blieb das Modell bis Mai 2009 im Programm.

Und dann gab es einen Z4 doch mit Vierzylindermotor: das war das im Mai 2005 präsentierte 2,0-Liter-Modell mit 150 PS.

Anfang März 2006 wurde das Z4 Coupé E86 vorgestellt. Eine Designstudie war bereits im September des Vorjahres zu sehen gewesen. Angeboten wurde das neue Coupé zunächst mit einem 3.0 Si-Motor mit 265 PS und als Z4M Coupé mit 3246 ccm und 343 PS, was einer Literleistung von 106 PS entsprach, gut für einen Spurt von Null auf 100 km/h in nur fünf Sekunden. Das Handschaltgetriebe hatte sechs Gänge.

Beim Standardmodell gab es weiterhin die Versionen 2,0- und 2,5-Liter. Der Z4 3.0 Si war aber nicht weniger rasant als die M-Version und beschleunigte von Null auf 100 in 5,7 Sekunden. Beide Fahrzeuge waren auf 250 km/h Spitze abgeregelt. Optisch hob sich der Z4M durch andere Schürzen, eine stärker konturierte Motorhaube und eine Auspuffanlage mit vier Endrohren ab. Mit seiner steilen, sehr kompakt wirkenden Heckpartie und dem stark akzentuierten Hofmeister-Knick der hinteren Seitenscheibe wirkte das Z4 Coupé gedrungen und leistungsbetont. Die konkaven, inzwischen BMW-typisch gewordenen Ausformungen in den Flanken traten stilistisch hinter der Gesamtsilhouette zurück. Im Rahmen der Modellpflege bekam der Z4 etwas geänderte Stoßfänger bzw. Schürzen, neue Scheinwerfer sowie Rückleuchten, auch neue Felgen und neue Farben. Das Interieur wurde durch Chrom-Applikationen aufgewertet und durch neue Ausstattungspakete erweitert. Technische Neuerungen waren unter anderem eine elektronische Ölstandkontrolle und eine Berg-Anfahrhilfe sowie neue Sechszylindermotoren: 2.5i (177 PS), 2.5 Si (218 PS) und 3.0 Si (265 PS). Alle Modelle lieferte man mit manuellem Sechsgang-Schaltgetriebe (vorher nur beim 2.0i und 3.0i).

»Anders als bei der 7er Limousine stimmen beim Z4 die Proportionen; die Krise des bayerischen Heckdesigns darf als überwunden gelten.«

»DER SPIEGEL«, 2002

Der BMW Z4 wurde im Herbst 2002 zunächst in den USA als Nachfolger des Z3 eingeführt. Er wirkte irgendwie erwachsener als sein Vorgänger. Sein einziges Handicap: der Kraftstofftank fasste nur 55 Liter.

Alte Patente, neue Anwendungen

Im Januar 2008 sorgte BMW für eine Überraschung: das Z4 Roadster-Coupé wurde mit ei-

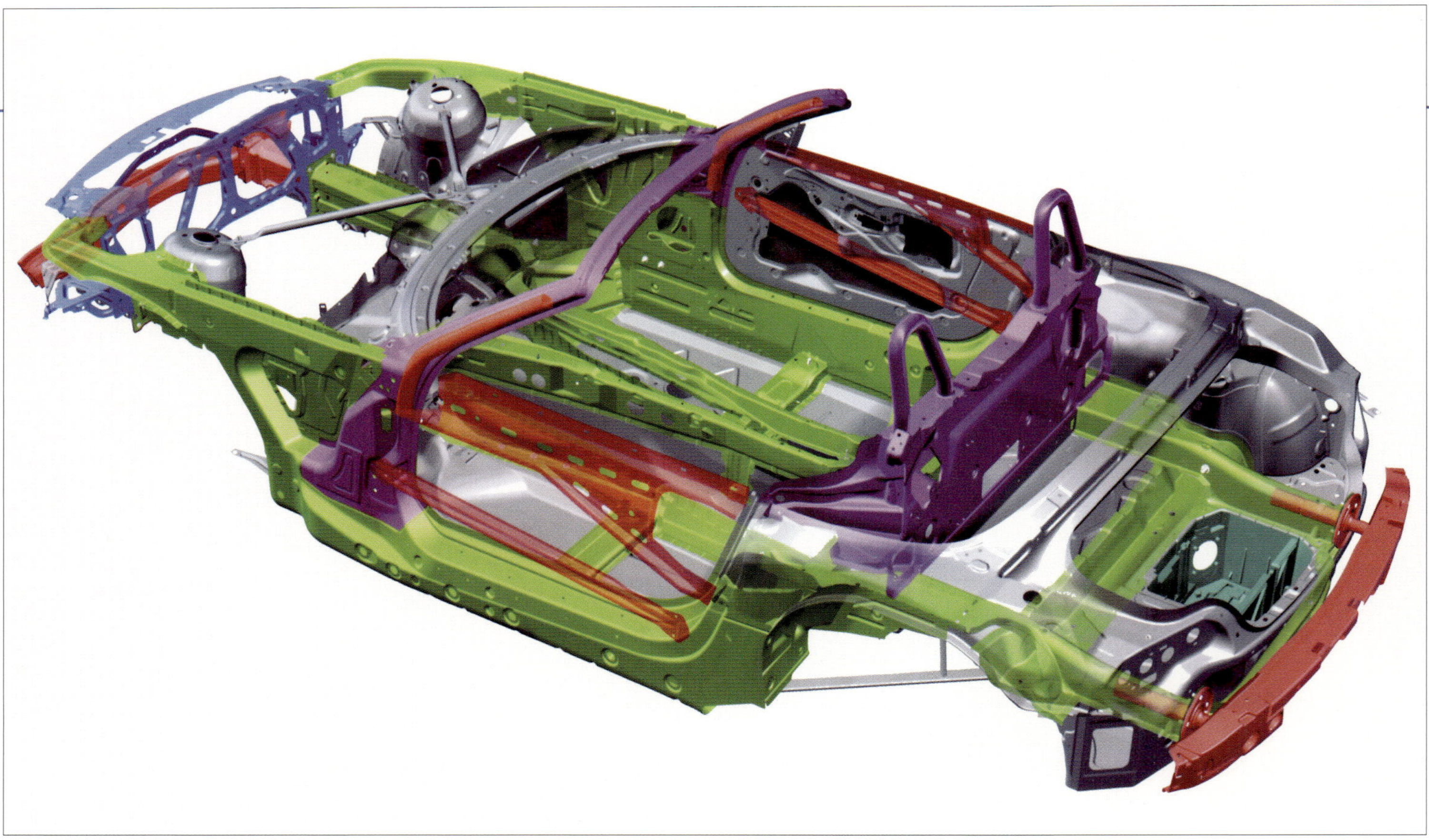

Die Karosseriestruktur des BMW Z4 (oben) bewies ihre Festigkeit in mehreren Crashtests.

Rechts: Interieur des Z4, hier in schwarzer Lederausführung. Alles in ergonomischer Perfektion!

nem versenkbaren Metallklappdach gezeigt. Dieses Auto sollte sowohl den Roadster als auch das Coupé ersetzen – weil es ja beides in einem war. Die Idee, ein Metalldach zur Gänze im Kofferraum verschwinden zu lassen, war nicht neu und hatte schon in den 1930er Jahren bei einigen Modellen von Peugeot Anwendung gefunden, doch die Verwandtschaft mit der BMW Konstruktion war nur sehr marginal. Inzwischen bieten zahlreiche Hersteller solche Coupé-Cabriolets an, stilistisch mal mehr, mal weniger gelungen.
Mitte Juli des gleichen Jahres 2008 teilte BMW offiziell mit, die Produktion des aktuellen Z4 Ende August 2008 zu beenden, um im Mai 2009 den E89 mit Klappdach als Nachfolger anzubieten. Basis-Motorvariante war der 2,5-Liter-Reihensechszylinder mit 204 PS. Dem 25i sollten die Modelle 23i, 30i, 35i und 35is folgen. Das zweiteilige, elektrohydraulisch versenkbare Hardtop in Aluminium-Schalen-Leichtbauweise ließ sich in 20 Sekunden vollautomatisch öffnen oder schließen. In offenem Zustand betrug das Kofferraumvolumen 180 Liter, geschlossen 310 Liter. Serienmäßig wurde der neue Z4 mit einem Sechsgang-Schaltgetriebe geliefert; beim Topmodell 35i kam ein neues 7-Gang-Doppelkupplungsgetriebe zum Einsatz. Beim Z4 23i und 30i wurde eine Sechsgang-Sport-Automatik mit Steptronic angeboten. Serienmäßig vorhanden war die BMW Fahrdynamik Control, bei der sich per Tastendruck die Charakteristika von Gasan-

nahme, Schaltverhalten bei Automatik-Varianten, Servolenkung und DSC-Abstimmung in drei Stufen (Normal, Sport, Sport+) abstimmen lassen. Beim optionalen adaptiven M-Fahrwerk wurde auch die Dämpfercharakteristik angesteuert. Er ist der erste Roadster von BMW, der das iDrive-System verwendet.

Im Gegensatz zum Vorgänger war der neue Z4 148 mm länger, 9 mm breiter und 8 mm niedriger; das Gewicht war allerdings auch um 95 kg gestiegen, wovon jedoch nur 30 kg auf das Dachkonzept entfielen. Der E89 wurde nicht im Werk Spartanburg, sondern in Regensburg gebaut.

BMW Z4 Coupés von 2011. Das Fließheck wirkt etwas organischer als das aufgesetzte Hardtop beim Roadster.

Links: Ein Einzelstück blieb (leider) das 2008 entstandene Turbo-Coupé als Reminiszenz an den 1978-1981 gebauten BMW M1.

Chronik BMW Cabriolets, Roadster und Sportcoupés ab 2005

2005:

Mai: Z4 auch mit 2,0-Liter-Vierzylindermotor (150 PS).

September: Vorstellung des Z4 Coupés als Designstudie.

Oktober: Geringe Modifikationen beim Z4 Roadster. Einführung des Z4M 3.3i mit 343 PS; in dieser Ausführung bleibt das Modell bis Mai 2009 im Programm.

2006

März: Einführung des Z4 Coupés E86 mit einem 3.0 Si-Motor mit 195 kW (265 PS) und als Z4 M Coupé mit einem 3,2-Liter-Sechszylindermotor (252 kW/343 PS) erhältlich.

Modellpflege Z4 durch geänderte Stoßfänger bzw. Schürzen, neue Scheinwerfer sowie Rückleuchten, neue Felgen und neue Farben. Das Interieur wird durch Chrom-Applikationen aufgewertet und durch neue Ausstattungspakete erweitert. Technische Neuerungen sind unter anderem eine elektronische Ölstandkontrolle und eine Berg-Anfahrhilfe sowie neue Sechszylindermotoren: 2.5i (177 PS), 2.5 Si (218 PS) und 3.0 Si (265 PS). Alle Modelle mit manuellem 6-Gang-Schaltgetriebe (vorher nur beim 2,0i und 3,0i). Spitzenmodell: Z4 M mit 343 PS starkem 3,2-Liter-Sechszylindermotor aus dem M3. Optisch hebt sich der Z4 M durch geänderte Schürzen, eine stärker konturierte Motorhaube und einer Auspuffanlage mit vier Endrohren ab.

2008

Januar: Vorstellung der Z4 Roadster-Coupés 23i, 30i, 35i und 35is mit versenkbarem Metallklappdach, soll Z4 Roadster und Coupé ersetzen.

2009

Mai: Serienanlauf des Z4 Roadster-Coupés 25i.

Unten: Z4 Coupé und das Siegerauto der Mille Miglia 1940 (BMW 328 Coupé Touring).

COWBOYS IM NADELSTREIFENANZUG

Seit November 1999 laufen im Werk Spartanburg, USA, nicht nur Sportzweisitzer vom Band. Dort werden seither auch geländegängige Allzweckfahrzeuge gebaut, Kombilimousinen mit permanentem Vierradantrieb, für die BMW den Begriff »Sports Activity Vehicle« prägte.

SAV, wie sich »Sports Activity Vehicle« abkürzt, ist als Abwandlung des in den USA gebräuchlichen SUV zu verstehen: Sports Utility Vehicle. Schon der erste BMW SAV vom Typ X5, intern als E53 bezeichneter Viertürer mit Heckklappe, sorgte für Aufsehen. Mit diesem Auto reagierte BMW auf einen Trend, dem auch andere große Hersteller folgten und der sich auf dem amerikanischen Markt besonders stark ausgeprägt hatte.

Ein Alleskönner namens BMW X5

Mit seinem von der Firma Magna in Österreich entwickelten Allradantrieb und einem Fahrwerk, das im technischen Aufbau dem des 7er BMW entsprach, war der X5 etwa 15 cm kürzer als der 5er Touring. Seine Fahreigenschaften ließen keine Kompromisse erkennen – offroad (wenn man ihn nicht mit einem Land Rover verglich) wie onroad. Als Motorisierung standen zunächst der 3,0-Liter-Sechszylinder (231 PS) und ein 4,4-Liter-V8 (286 PS) zur Verfügung; 2000 folgte der 3,0-Liter-Turbodiesel.

Nach 580.000 verkauften Fahrzeugen vom Typ X5 stellte BMW im August 2006 dieses Modell in seiner nächsten Auflage vor. Es war das erste Auto in dieser Kategorie mit Aktivlenkung (Adaptive Drive) und serienmäßiger Runflat-Bereifung. Serienmäßig war jetzt auch ein weiterentwickeltes iDrive-Bediensystem, lieferbar war ferner ein

Ende 1999 begann in den USA die Produktion des X5 (E53) mit einem 2979-Sechszylinder (231 PS) und einem 4398-ccm-V8-Motor (286 PS). Zunächst wurde der Allradler nur in den Vereinigten Staaten angeboten; in Europa gab es den X5 ab März 2000.

Headup-Display. In seiner Karosserie- und Fahrwerkkonstruktion war der E70 gegenüber seinem Vorgänger E53 vollständig neu entwickelt worden; er hatte um 19 cm in der Länge zugenommen, was dem Innenraum zugute kam. Auf Wunsch ließ sich jetzt sogar eine dritte Sitzreihe installieren. Ausstattung und Fahrkomfort erhielten Aufwertungen, auch die Geländegängigkeit hatte man optimieren können.

In seiner Grundversion hatte der neue X5 einen Sechszylindermotor von 2996 ccm mit 272 PS (18 Prozent mehr Leistung als vorher); es gab daneben den 3.0d als 231-PS-Diesel (+ 8 Prozent) und einen 286 PS starken Doppelturbodiesel bei gleichem Hubraum von 2993 ccm. Als Topmodell fungierte der X5 4.8i mit 4799 ccm und 355 PS. 2008 erfolgte eine Umstellung der Modellbezeichnungen, etwa 30d oder 50i statt bisher 3.0d oder 5.0i, und die neue Generation des Allradantriebs kennzeichnet das vorangestellte Kürzel xDrive. Im Herbst 2009 erschien ein auf 500 Fahrzeuge limitiertes Editionsmodell 10 Jahre BMW X5. Im Juni 2010 erhielt der X5 ein Facelift, bei BMW jetzt LCI genannt. Im Innenraum wurden keine Veränderungen vorgenommen, doch das Exterieur wurde insoweit überarbeitet, als die Frontschürze nun nicht mehr nur teillackiert war. Außerdem waren die Nebelscheinwerfer etwas nach oben gewandert.

Die Motorenpalette wurde komplett erneuert, wobei vor allem ein neuer Reihensechszylinder-Diesel erwähnenswert ist, der mittlerweile in fast allen Baureihen Einzug gehalten hatte. Die Sechsgang-Automatik wurde durch ein automatisches Getriebe mit acht Gängen ersetzt. Zudem führte BMW beim X5 etliche Fahrerassistenzsysteme ein, wie die Speed Limit Info, eine aktive Geschwindigkeitsregelung, und Sideview zum besseren Einparken. Dies war nicht zuletzt deswegen nötig, weil die Mitbewerber so etwas in dieser Klasse bereits anboten.

Aperçu: Im Juni 2008 urteilte das Landgericht München, dass ein chinesischer Geländewagen-Hersteller eine exakte Kopie des BMW X5 der Generation E53 unter der Marke Shuanghuan herausgebracht hatte. Dem beklagten Importeur dieser Fahrzeuge wurde untersagt, diese Autos in Deutschland anzubieten, und man ordnete eine Vernichtung sämtlicher Fahrzeuge mit »diesem bestimmten Aussehen« an, die beim Beklagten in Besitz oder Eigentum standen...

Noch mehr Fahrspaß durch mehr Kraft

2009 debütierte der X5M. Dieses Modell war mit einem V8-Biturbomotor bestückt – der erste M-Motor mit Aufladung. In der Basis handelte es sich bei diesem M-Triebwerk um den 4,4-Liter-V8, der auch im xDrive50i beim X6 zum Einbau

BMW X5

Baureihe	Baujahr	Fahrzeugtyp
E53	1999-2006	SAV 5-tür.
E55	2000	SAV 5-tür. lang (Prototyp)
E70	2006-2013	SAV 5-tür.

Motoren			Spezifikation	Modellbezeichnung
2979 ccm	231 PS	R6 Otto	2ohc 4v, Siemens-Einspr.	X5 3.0i
4398 ccm	286 PS	V8 Otto	4ohc 4v, Siemens-Einspr.	X5 4.4i
4596 ccm	347 PS	V8 Otto	4ohc 4v, Siemens-Einspr.	X5 4.4i High Performance
4799 ccm	360 PS	V8 Otto	4ohc 4v, Siemens-Einspr.	X5 4.8is
2979 ccm	306 PS	R6 Otto	2ohc 4v, 2 Turbolader, Intercooler	X5 35i
4395 ccm	408 PS	V8 Otto	4ohc 4v, 2 Turbolader, Intercooler	X5 50i
4395 ccm	555 PS	V8 Otto	4ohc 4v, 2 Turbolader, Intercooler	X5M
2993 ccm	218 PS	R6 Diesel	2ohc 4v, 2 Turbolader, Intercooler	X5 3.0d
2993 ccm	245 PS	R6 Diesel	2ohc 4v, 1 Turbolader, Intercooler	X5 30d
2993 ccm	306 PS	R6 Diesel	2ohc 4v, 2 Turbolader, Intercooler	X5 40d

Antriebsstrang und Fahrwerk des BMW X5 von 2006.

kam. Auch war der X5M zusammen mit dem X6M das erste M-Modell, das über das Allradsystem xDrive verfügte, das wie die anderen elektronischen Fahrwerkssysteme eine M-spezifische Anpassung für noch mehr Fahrdynamik erfuhr.

Familienzuwachs durch den X3

Auf der IAA im September 2003 drängte sich das Publikum um eine weitere Variante des BMW SAV-Themas. Das Interesse galt dem BMW X3, wie der größere X5 ein Mehrzweck-Kombi in 4x4-Bauart. Es handelte sich aber nicht lediglich um eine verkleinerte Ausgabe dieses Wagens, sondern um eine auch stilistisch andere Version, wenngleich genügend Familienähnlichkeit festzustellen war. Kürzer, schmaler und auch niedriger als der X5, war der intern als E83 bezeichnete Viertürer eine interessante Alternative zum 3er

Unten: BMW X5 nach dem Facelift von Ende 2003 mit etwas geänderter Frontpartie.

Chronik BMW X5/E53/E70 und X3/E83/F25 1999 - 2006

1999
November: Produktionsbeginn des allradgetriebenen X5 – intern E53 genannt – im Werk Spartanburg, USA mit einem 2979-Sechszylinder (231 PS) und einem 4398-ccm-V8-Motor (286 PS). Alle dohc-Motoren sind Vierventiler mit Vanos-Steuerung. Belieferung zunächst des US-Marktes.

2000
März: Der X5 ist jetzt auch als Turbodiesel 3.0d (184 PS) zu bekommen. Lieferbeginn auf den europäischen Märkten.

2001
März: Vorstellung eines X5 mit aufgeladenem V12-Motor (700 PS) als Einzelstück.

2003
Januar: Der Dieselmotor des 3,0-Liter-Modells X5 leistet jetzt 218 statt 184 PS.
November: Facelift für den X5, u.a. geänderter Kühlergrill (sieben statt acht Zierstäbe pro Niere). Neues Allrad-Kraftverteilungssystem xDrive.
September: Vorstellung des X3-Baureihe E83 auf der IAA. Gebaut wird dieses Modell bei Steyr-Magna in Österreich. Motorisierungen 3.0i und 3.0d. Verkauf zunächst nur auf den Exportmärkten.

2004
Januar: Lieferbeginn des X3 auf dem deutschen Markt.

2006
Juni: Vorstellung des überarbeiteten X3 mit neuem Interieur, neuen Scheinwerfern und Rückleuchten. Neu ist auch die xDrive-Allrad-Antriebskonfiguration mit variabler Momentverteilung zwischen Vorder- und Hinterachse sowie eine Sechsstufen-Automatik mit verbessertem Wirkungsgrad.
August: Zweite Generation des X5 (Baureihe E70) jetzt mit neuem Karosseriedesign und neuem Fahrwerk inkl. Aktivlenkung (Adaptive Drive). Basisversion mit 2996 ccm (272 PS), ferner 3.0d (231 PS), Doppelturbodiesel (286 PS), 4.4i mit 4395 ccm (408 PS) und 4.8i mit 4799 ccm (355 PS).

Zwei Mal dem X3 unter die Haube geschaut: links der Dieselmotor des 3.0sd, rechts der Benziner 3.0si, beide vom Jahrgang 2006.

Unten: BMW X3, wo er sich am wohlsten fühlt – außerhalb der Stadt.

Touring. Der mit permanentem Allradantrieb ausgestattete Wagen wurde bei seiner Einführung als X3 3.0i und als 3.0d (CommonRail-Diesel) angeboten, beide Motoren waren 2ohc-Vierventiler mit

BMW X3

Baureihe	Baujahr	Fahrzeugtyp
E83	2003-2006	SAV 5-tür.
E83N	2006-2010	SAV 5-tür.
F25	ab 2011	SAV 5-tür.

Motoren	Spezifikation	Modellbezeichnung
2494 ccm 182 PS 6R Otto	2ohc 4v, Siemens-Einspr.	X3 25i
2979 ccm 231 PS 6R Otto	2ohc 4v, Siemens-Einspr.	X3 30i
1995 ccm 150 PS 4R Otto	2ohc 4v, Siemens-Einspr.	X3 20i
2996 ccm 218 PS 6R Otto	2ohc 4v, Siemens-Einspr.	X3 25i
2996 ccm 272 PS 6R Otto	2ohc 4v, Siemens-Einspr.	X3 30i
2993 ccm 204 PS 6R Diesel	Direkteinspr., 1 Turbo, Intercooler	X3 30d
1995 ccm 143 PS 4R Diesel	CommonRail, 1 Turbo, Intercooler	X3 18d
1995 ccm 177 PS 4R Diesel	CommonRail, 1 Turbo, Intercooler	X3 20d
2993 ccm 245 PS 6R Diesel	CommonRail, 1 Turbo, Intercooler	X3 30d
2993 ccm 306 PS 6R Diesel	CommonRail, 2 Turbo, Intercooler	X3 35d

Doppel-Vanos. Auf Wunsch gab es Getriebeautomatik und jede Mengte Extras. Zusätzliche Motorisierungen für diesen wie der X5 in Spartanburg hergestellten Vielzweck-BMW standen in Aussicht. Zuerst wurde der X3 an Kunden in den USA ausgeliefert; die Belieferung der europäischen Märkte erfolgte erst mit Jahresbeginn 2004.

X3 mit optimierter Technik

Eine überarbeitete Auflage des BMW X3, präsentiert im Juni 2006, ging mit einer Anzahl von Modifikationen einher. Scheinwerfer und Rückleuchten, Armaturentafel, Lenkrad und Mittelkonsole hatten dezente Änderungen erfahren. Besonderes Highlight war jedoch die neue permanente xDrive-Allradkonfiguration mit variabler Momentverteilung von 40:60 bis 0:100 zwischen Vorder- und Hinterachse. Durch selektiven Bremseneingriff wurde an einem durchdrehenden Rad eine Quersperrenfunktion aktiviert. Zur neuen Topmotorisierung war ein Reihensechszylinder-Diesel Twin-Turbo avanciert. Der 3,0-Liter-Motor wies

»Der BMW X3 ist etwas für Leute, die nicht ganz bei Trost sind…«

Der englische Autotester Jeremy Clarkson, nachdem er einige Male offroad im Schlamm stecken geblieben war.
Sein Testwagen hatte allerdings normale Straßenreifen…

Oben: Heckansicht des BMW X3 3.0sd von 2006.

Rechts: Genug Platz für normales Reisegepäck!

»Wie es sich für einen BMW gehört, hat der X3 eine sportliche Note; es lässt sich die Fahrsituation in ihm gut erfühlen. Ermöglicht wird das unter anderem durch die angenehm schwere Lenkung…«

AutoZine, Juni 2006

ein Aluminium-Kurbelgehäuse, CommonRail-Einspritzung und 286 PS Leistung auf. Mit einfachem Turbolader betrug sie »nur« 218 PS. Zwei Benzin-Sechszylinder mit Magnesiumgehäuse, Valvetronic und Doppel-Vanos (2996 ccm, 272 PS und 2497 ccm, 218 PS) standen ebenso zur Verfügung wie ein 1995-ccm-Diesel-Vierzylinder mit 143 PS und ein gleichgroßer Benziner mit etwa identischer Leistung. Neu war auch eine Sechsstufen-Automatik mit verbessertem Wirkungsgrad und die bewährte BMW DSC-Fahrdynamik-Regelung.

Auf der Detroit Auto Show im Januar 2010 präsentierte BMW die zweite Generation des allradgetriebenen X3 unter der Typenchiffre F25. Auch das Fahrwerk als Kombination einer Doppelgelenk-Zugstrebenachse vorn mit einer Fünflenker-Hinterachse war eine Neuentwicklung. Der Wagen hatte zudem eine etwas geräumigere Karosserie erhalten. Zur Wahl standen vier Die-

BMW X3 F25 von 2010. Auf dem Asphalt fühle sich das Auto wohler als im Gelände, urteilten Tester wiederholt – aber niemand bei BMW hatte im Sinn gehabt, aus dem X3 so etwas wie einen Land Rover zu machen.

Rechts: X5 und X3 als Notarztwagen, Baujahr 2010; unten ein Polizei-X3 aus dem gleichen Jahr.

sel- und zwei Benzinmotoren, alles Vierventiler mit Vanos-Steuerung: xDrive 28i, xDrive 35i, xDrive 20d, xDrive 30d. Auf Wunsch bekam man eine Achtgang-Automatik. Serienmäßig verfügte der F25 über eine elektromechanische Servolenkung. Seine Europapremiere hatte der neue X3 neun Monate später in Paris, die Auslieferung an Kunden in Europa setzte im Januar 2011 ein.

»Die neue Linie bringt endlich etwas Eleganz ins SUV-Segment... der X6 hat zwar nicht meinen Verstand gewonnen, wohl aber mein Herz.«

Alex Cohrs, Auto-BILD

BMW der Superlative: Allrad-Coupé X6
Ein Sportcoupé in der Ausführung eines BMW X – das war die vorläufig letzte Herausforderung, die im September 2007 zur Präsentation auf der IAA anstand. Aus dem zunächst als Concept Car bezeichneten Wagen wurde ein Serienfahrzeug, und als solches debütierte es im Januar 2008 auf der Detroit Motor Show.

Der X6 alias E71 basierte in seiner technischen Konzeption auf dem ringsum erneuerten X5 und teilte sich mit diesem auch den Radstand, doch besaß er die Karosserie des »normalen« 6er Coupés der Baureihe E63. Das Auto war ein Viersitzer mit zwei hinteren Einzelplätzen, durch eine Mittelkonsole getrennt. Mit 570 Liter Fassungsvermögen war der Kofferraum relativ groß und durch Umlegen der Fondlehnen auf 1450 Liter zu vergrößern.

Vier Motoren von 2979 bis 4395 ccm standen zur Wahl, wobei letzterer ein V8 mit Doppel-Turbolader und 407 PS darstellte. Die Option Adaptive Drive stimmte Stabilisatoren und Stoßdämpfer in Sekundenbruchteilen elektronisch aufeinander ab, und dank xDrive-Technologie wurden die Antriebsmomente jeder Fahrsituation entsprechend automatisch auf die vier angetriebenen Räder verteilt.

Ende des Jahres 2009 kam – BMW Kenner wunderte es nicht – auch eine M-Version des X6 heraus – kompromisslos anders, wie BMW verlauten ließ. Der Tester Lars Zühlke schrieb in »Auto-Bild« nach einer Fahrt mit dem Prototyp auf dem Nürburgring: »Bereits der normale, 407 PS starke X6 xDrive 50i hinterließ einen nachhaltigen Eindruck, gewann er doch den Vergleich gegen den Porsche Cayenne GTS... Der X6M wird von einem V8-Biturbo angetrieben, der ihn zum stärksten Serien-BMW aller Zeiten macht. Das klingt nach etwa 550 PS. Schließlich gilt in

BMW X6

Baureihe	Baujahr	Fahrzeugtyp
E72	ab 2008	SAV Coupé 4-tür.

Motoren	Spezifikation	Modellbezeichnung
2979 ccm 306 PS R6 Otto	2ohc 4v, 2 Turbolader, Intercooler	X6 35i
4395 ccm 408 PS V8 Otto	4ohc 4v, 2 Turbolader, Intercooler	X6 50i
4395 ccm 485 PS V8 Otto	4ohc 4v, 2 Turbo, Intercooler, Elektromotor	X6 Hybrid
4395 ccm 555 PS V8 Otto	4ohc 4v, 2 Turbolader, Intercooler	X6M
2993 ccm 235 PS R6 Diesel	2ohc 4v, 1 Turbolader, Intercooler	X6 30d

Ins Drive-In mit xDrive: Solchen Besuch sehen die Pommes-Paläste selbst in Kalifornien nur selten. Hoffentlich verteilt sich kein Ketchup auf die teuren Lederpolster des Luxusliners!

Im November 2009 war der X6 auch als Active-Hybrid mit Two-Mode Hybrid-Getriebe erhältlich. Er verfügte über einen 407-PS-V8-Ottomotor und einen 130 kW leistenden Elektromotor.

Links: BMW X6 Concept Car vom Herbst 2007. Bereits vier Monate später ging das Auto als E71 in Serie.

Der X6 schindet Eindruck und ist, wo immer er auftaucht, ein Hingucker. Doch über angemessenen Sitzkomfort verfügt er nur auf den vorderen Sitzen; Fondpassagiere haben es nicht allzu bequem.

der Liga der Power-SUV: nicht kleckern, sondern klotzen. Unter im Vergleich zum normalen X6 etwas weniger bollerndem, dafür aber mechanischer klingendem Achtzylinder-Sound prescht der Prototyp los, als gebe es die rund 2,3 Tonnen Leergewicht nicht.
Die Performance des X6M Prototyps ist überragend. Das Handling setzt für Fahrzeuge dieser Größe Maßstäbe; Leistung und Ansprechverhalten des Biturbo-Achtzylinders sind sensationell.«

Chronik BMW X1/E84, X3/E83/F25, X5/E53/E70, X6/E72 ab 2007

2007
September: Debüt des X6 als Concept Car.

2008
Januar: Vorstellung des X6 (E71) als Serienwagen. Technische Basis ist der X5 mit xDrive-Technologie, wobei die Fließheck-Karosserie der des 6er Coupés E63 gleicht, doch sie hat vier Türen. Zur Wahl stehen vier Motoren von 2979 bis 4395 ccm: 35i, 50i, 30d, 35d. Beim X5 Umstellung der Modellbezeichnungen, etwa 30d statt bisher 3.0d.
Oktober: Auf dem Pariser Salon Vorstellung des X1 als Concept Car.

2009
September: Einführung des X1 als kleinstes Modell der Sports Activity Reihe, technisch auf dem 1er E87 basierend. Motorisierungen: 18i (1995 ccm, 150 PS). 25i (2996 ccm, 218 PS), 28i (2996 ccm, 258 PS), 18d (1995 ccm, 143 PS), 20d (1995 ccm, 177 PS), 23d (1995 ccm, 204 PS). Alle Motoren sind Vierventiler.
Oktober: X5M mit 4935 ccm und 555 PS.
November: X6 als ActiveHybrid mit Two-Mode-Hybrid-Getriebe. 407-PS-V8-Ottomotor plus 130-kW-Elektromotor. Luftfederung, elektronisches Dämpfersystem.

2010
Januar: BMW präsentiert in Detroit die neue Generation des allradgetriebenen X3 F25 mit neuer, geräumigerer Karosserie und einer Auswahl von vier Diesel- und zwei Benzinmotoren, alles Vierventiler mit Vanos-Steuerung. Basismodelle: xDrive 28i, xDrive 35i, xDrive 20d, xDrive 30d. Achtgang-Automatik optional. Das Fahrwerk als Kombination einer Doppelgelenk-Zugstrebenachse vorn mit einer Fünflenker-Hinterachse ist eine Neuentwicklung. Serienmäßig elektromechanische Servolenkung.
Oktober: Europapremiere des X3 F25 in Paris.

2011
Januar: Beginn der Auslieferung des neuen X3 als Nachfolger des E83 in Europa.

Wahlweise ohne Allradantrieb: BMW X1

Im Oktober 2009 erfuhr die X-Modellfamilie eine Ergänzung durch den X1. Den Anfang machten die Versionen 18i, 25i 20i, 28i; etwas später kam das Dieselmodell 18d hinzu. Im Modelljahr 2011 ergänzte der 245 PS starke 28i mit Turboaufladung das Programm. Im Gegensatz zu den größeren X-Modellen wies der fünftürige X1 nicht in jeder Version Allradantrieb auf, daher konnte BMW das 2,0-Liter-Einstiegsmodell, als sDrive bezeichnet, auch besonders preisgünstig anbieten. Dieser heckgetriebene X1 war sogar 3000 Euro günstiger als der 3er Touring mit gleicher Motorisierung. Dabei war er technisch und auch vom Platzangebot her dem 3er sehr ähnlich, sogar der Radstand war mit 2,76 m identisch. Mit 4,45 m war er aber acht Zentimeter kürzer und auch um 2,5 Zentimeter schmaler als der 3er-Kombi, jedoch – seiner konzeptionellen Auslegung entsprechend – 12,5 Zentimeter höher. Für den optionalen xDrive waren 2000 Euro Aufpreis zu zahlen; nur die Top-Modelle gab es ausschließlich mit Allradantrieb sowie Automatikgetriebe. Parallel zur Markteinführung des neuen BMW X1 xDrive28i wurde im April 2011 für alle Motorvarianten des X1 erstmals das begehrte M-Sonderausstattungspaket angeboten. Mit tieferer Fahrwerksabstimmung und 17- oder auch 18-Zoll-Leichtmetallrädern im Doppelspeichendesign gab sich der kleine SAV deutlich sportiver. Weitere Bestandteile des X1-M-Sportpakets waren Einstiegsleisten mit M-Schriftzug sowie die BMW Individual Shadow Line für die Seitenfenstereinfassungen und die dazu passende Individual-Dachreling. Sportsitze in Stoff-/Alcantara-Ausführung, ein M-Lederlenkrad mit Multifunktionstasten und eine Fahrerfußstütze sorgten im Innenraum für zusätzliche Fahrfreude.

Design aus einem Guss, fast ohne Kompromisse: BMW X1.

Rechts: Blick in den Motorraum des X1 23d (Twin-Turbo-Diesel, 204 PS).

Ganz oben: Interieur des X1, funktional, gut durchdacht und BMW-like im Finish.

Oben: Mit dem M-Sportpaket lässt sich der X1 ganz nach Wunsch individualisieren.

High Tech Crossover

Der X1 wies aber bereits in der Standardausführung alle Attribute eines zeitgemäßen High-Tech-Allrounders auf. Neben ABS einschließlich Bremsassistent und Cornering Brake Control (CBC) gab es in dem Wagen Gurtstraffer, Gurtkraftbegrenzer, sechs Airbags, das elektronische

Stabilitätsprogramm mit Schlupfregelung (bei BMW Dynamische Stabilitäts-Control DSC bzw. Dynamische Traktions-Control DTC genannt), Performance Control (Drehmomentverteilung an den Hinterrädern) sowie jede Menge optionaler Extras. Von den vielen Auszeichnungen, die dem X1 zuerkannt wurden, seien nur der als Geländewagen des Jahres 2010 in der Kategorie Crossover, der begehrte Red Dot Award 2010 (den auch der Z4 Roadster und 2009 der 7er BMW erhalten hatten) sowie die SUV Design Trophy der »Auto Zeitung« genannt.

BMW X1

Baureihe		Baujahr	Fahrzeugtyp
E84		ab 2009	SAV 5-tür.

Motoren		Spezifikation	Modellbezeichnung
1995 ccm 150 PS	4R Otto	2ohc 4v	X1 18i
2996 ccm 218 PS	6R Otto	2ohc 4v	X1 25i
2996 ccm 258 PS	6R Otto	2ohc 4v Vanos	X1 28i
1995 ccm 143 PS	4R Diesel	1 Turbo CommonRail	X1 18d
1995 ccm 177 PS	4R Diesel	1 Turbo CommonRail	X1 20d
1995 ccm 204 PS	4R Diesel	2 Turbo CommonRail	X1 23d

Ein Viertürer ist auch der X1, was seine multiplen Einsatzmöglichkeiten vermehrt. Eine große Auswahl an Motorisierungen bis hin zum 258 PS starken Dreiliter wird allen Ansprüchen gerecht. Wenn es etwas zu kritisieren gab, dann die knapp ausgefallenen Dimensionen des Kofferraums. Aber der Cowboy-1er ist eben kein X3 oder X5, seine Qualitäten liegen auf anderen Ebenen.

Concept Cars und Prototypen

Mut zu Innovationen und kreatives Trendsetting kennzeichnen die Entwicklungsarbeit bei BMW. Kostproben in Gestalt interessanter Concept Cars liefern immer wieder Gesprächsstoff und sorgen für Spekulationen über künftige Modelle.

Mit Blitzlicht und Büchse« lautete der Titel eines 1924 erschienenen Bestsellers. Ein Afrikaforscher namens Carl Georg Schillings schildert darin, auf welch abenteuerliche, gefährliche Weise er exotischen Urwaldtieren auflauert und sie erwischt – mit der Kamera und gelegentlich auch mit dem Gewehr. In der zweiten Hälfte des 20. Jahrhunderts entwickelte sich eine Variante dieses Sports in Europa, als vom Jagdfieber erfasste Fotografen es darauf anlegten, mehr oder weniger gut getarnte Automobil-Prototypen, unterwegs im Straßenversuch, mit der Kamera einzufangen. Ihre Büchse war das Teleobjektiv. Motorjournale begannen, gute Honorare für Erlkönig-Bilder zu zahlen (»...wer reitet so spät durch Nacht und Wind...«)
Der Geheimnistuerei um die Formgebung in der Entwicklung befindlicher Autos traten immer mehr Hersteller insoweit entgegen, als sie Designkonzepte als »Studien« einem interessierten Publikum präsentierten und damit jedwede Spekulation über das Aussehen eines in der Entwicklung befindlichen Modells zur öffentlichen Sache machten. Mitunter sollen aber solche Studien auch der Ablenkung dienen und die Konkurrenz irritieren.
Viele der in den USA gern als Dream Cars oder Show Cars bezeichneten Straßenraketen der Fünfziger und Sechziger Jahre waren weit davon entfernt, dereinst in Serie zu gehen; gleichwohl zeigen sie immer wieder Einzellösungen, die sich eines Tages in der Serie wiederfanden. Wenn in Europa die Punktstrahler auf ein »Concept Car« gerichtet werden, darf man heute davon ausgehen, dass seine Umsetzung in die Serie beschlossene Sache ist. Nicht immer, aber immer öfter. Mitunter demonstriert ein Schaumobil le-

Protoyp des BMW 501 von 1951. Vergleicht man das Fahrzeug mit dem späteren Serienwagen, kommt doch Erleichterung auf, dass manche Details nicht üernommen wurden.

diglich das kreative Potenzial eines engagierten Konstrukteurs- und Designerteams, wie die vielen Studien zu Elektrofahrzeugen zeigen, die im Verlauf der vergangenen dreißig Jahre gezeigt – und nicht realisiert wurden.
Dass auch bei BMW an avantgardistischen Ideen kein Mangel herrscht, dafür gibt es genügend Beweise. Die im September 1999 gezeigte Grand-Turismo-Studie Z9 zum Beispiel legte davon Zeugnis ab. Das Fahrzeug war mit dem Achtzylinder-Turbodieselmotor aus dem 740d bestückt. Das Konzept zu einem Langstrecken-Reisecoupé mit Alu-Spaceframe wie beim Z8 hatte man mit einer Karbon-Außenhaut realisiert, das bedeutete Festigkeit bei niedrigem Gewicht. Ein technisches Meisterstück bildete die Türkonstruktion: Zu beiden Seiten erstreckte sich eine lange Flügeltür für bequemen Zugang auch zu den hinteren Sitzen, in dieser Tür befand sich wiederum eine konventionelle, vorn angeschlagene Tür. Elektronik für alle Bedieneinrichtungen (Starten und Gängeschalten per Knopfdruck) hatte der Z9 ebenso zu bieten wie 20-Zoll-Reifen vorn und 21-Zöller hinten.
Pünktlich zur Mondial de l'Automobile 2000 in Paris wurde die Cabrioletversion des Z9 Concept

Unten: Die Kölner Karosseriefirma Deutsch baute 1969 als Einzelstück dieses Cabriolet auf der Basis eines BMW 2800 CS Coupés.

Dieses kleine Coupé mit BMW Motorradmotor (600 ccm), einem Fiat Topolino nicht ganz unähnlich, hätte sicher gute Chancen auf dem Markt gehabt. Es trug die Baunummer 331 und entstand 1949.

Links: So genannte Sitzkiste aus Holz, gebaut für den ersten 7er BMW im Sommer 1975, der zwei Jahre später in Serie ging.
Unten: Aus dem Vollen herausgearbeitet wird hier ein 1:1-Modell aus Tonmasse.

Unten: Kein Prototyp, eher eine Stylingstudie. Die asymmetrische Fahrmaschine entstand 1993 im Rahmen eines Wettbewerbs.

Car fertig. Bei diesem Show Car zeigte sich einmal mehr die neue Designphilosophie des Hauses BMW. Mit 4760 mm Länge war das Cabrio geringfügig kürzer als das Coupé, mit 1970 mm aber ebenso breit. Alle wichtigen Bedieneinheiten befanden sich direkt am Lenkrad, und für die Klimaanlage war der »Controller« zuständig, der kurze Zeit später im neuen 7er sein Seriendebüt gab. Bei der Karosserie des Prototyps und seinem Interieur sorgte ein spannungsreiches Flächen- und Farbenspiel für eine Wechselwirkung, mit der die sorgfältig aufeinander abgestimmten architektonischen Elemente sich gegenseitig aktivierten.
Eine aufregende Premiere gab es auf dem BMW Stand in Genf 2001. Es war das X Coupé, das für

Entwurf zum Z07 von 1997, aus dem der Z8 Roadster wurde.

Aufsehen sorgte, ein in Aluminium ausgeführtes Concept Car mit allen Attributen des HighTech-Zeitalters. Ein Coupé in Allraddiktion, unkonventionell, kontrastreich und in vielfacher Hinsicht aufschlussreich in Bezug auf seine Herkunft. BMW Chefdesigner Chris Bangle hatte zum einen erkennen lassen, was er mit dem für 2002 geplanten Z4 vorhatte, andererseits erinnerte die Heckpartie an die des Fiat Coupés, für dessen Design Bangle einst ebenfalls verantwortlich gewesen war. Der extrem gerundete Bug hätte auch einem Audi TT gut gestanden, dem anderen bayerischen Allrad-Coupé. Asymmetrisch ergänzten sich beim X Coupé die große Heckklappe (einschließlich Kotflügel), die den Zugang zum Fond freigab, und die rechte Einstiegstür. Natürliche Harmonie sei nun einmal nicht symmetrisch, hieß es im Pressetext zum X Coupé.

Blaues Wunder: BMW Z9 Prototyp mit Flügeltüren, gezeigt auf dem Genfer Salon im März 2004.

Impulse von außen

Die Firma Baur in Stuttgart gehörte zu jenen eng mit BMW liierten Karosserieherstellern, als Sonderausführungen prinzipiell (schon aus Kapazitätsgründen) außer Haus angefertigt wurden wie die Cabrioversion des BMW 700 oder in den 1970er Jahren der 1600/2002 als Topcabriolet. Baur hatte für seine Qualitätsarbeit seit Jahrzehn-

Oben: Konzeptstudie von 1995 für einen zweisitzigen Buggy-Roadster; neben einem Lotus Super Seven könnte er sich gut sehen lassen.

Rechts: Antwort auf den Smart? Da war die gute alte Isetta doch praktischer!

Unten: Einer der ersten Entwürfe für das BMW 5er Gran Coupé, entstanden 2009.

Rechts: Entwurf zum BMW 5er GT.

Unten: Fahrfähiger Prototyp für einen BMW 5er CS, 2007.

ten einen ausgezeichneten Namen. Ein attraktives Coupé entstand 1963/64 bei Baur als Studie (neben einem Kombiwagen, der aber ebenso wenig in Serie ging) mit der Frontpartie des BMW 3200 CS auf Basis des aktuellen 1800. Eine Novität stellte die rundum verlaufende Sicke dar. Wie dieses gediehen viele weitere Konzepte aus dem Hause Baur über das Modellstadium nicht hinaus.

Einzelstücke von Baur und Deutsch

Ein Coupé mit der unverkennbaren Handschrift seines Designers Eberhard Schulz, Schöpfer des Isdera Imperator, entstand 1985 bei Baur in Gestalt des BMW TC3. Der Entwurf basierte auf dem BMW E30. Das im Windkanal getestete Modell war für eine Kevlar-Karosserie vorgesehen und hätte sich gut für den Einbau eines M1-Motors geeignet. Eine veritable Cabriolimousine entstand im Karosseriewerk Baur im Jahre 1993 auf Basis des BMW E36. Auch dieser offene, viertürige 3er erhielt den Namen Topcabriolet. Als 316i, 318i Vierzylinder wie auch als 320i und 325i Sechszylinder war dieses Auto zu bekommen; die Preise rangierten von 50.400 bis 73.000 Mark. Ein Cabriolet auf Basis eines BMW 2800 CS Coupés wurde 1969 als Einzelstück bei der Firma Deutsch gebaut; es sah ausgezeichnet aus und hätte sicher gute Marktchancen gehabt. Die traditionsreiche Karosseriefabrik Karl Deutsch GmbH in Köln-Braunsfeld hatte ihre Existenz unter dem Namen Utermöhle begonnen, und der stand für eine im 19. Jahrhundert gegründete Kutschenbaufirma. Karl Deutsch hatte das Unternehmen 1913 erworben und ihm 1916 seinen eigenen Namen gegeben. Bei Deutsch entstanden viele Taxis auf dem Chassis unterschiedlichster Hersteller, dann Sonderkarosserien für lokale Hersteller wie Ford und Citroën Deutschland. Die Firma Deutsch bestand bis 1972.

Unten: Prototyp eines BMW Hybrid Coupés, vorgestellt im Frühjahr 2011.

Prototyp zur Demonstration des 2011 vorgestellten BMW Konzepts ConnectedDrive; sie stellt die intelligente Vernetzung von Informations-, Kommunikations- und Assistenzsystemen innerhalb und außerhalb des Fahrzeugs dar.

Prototyp BMW CS1

Die Spatzen pfiffen es von den Dächern, dass im Jahr 2002 der neue BMW Einser schon so gut wie produktionsreif war, der 2004 erscheinen sollte. Das Konzept und die Formen des Concept Car CS1, gezeigt im März 2002, brachten die neue Formensprache von BMW zum Ausdruck und machten zugleich deutlich, dass auch der kleine, unterhalb vom 3er angesiedelte BMW dem klassischen Konzept treu bleiben würde: Motor vorn, Antrieb hinten.

Der CS1 war als Cabriolet »getarnt«, ließ aber erkennen, wie der Einser als viersitzige Limousine aussehen würde. Der Prototyp war mit einem 1,8-Liter-Vierzylinder mit 118 PS (Valvetronic) ausgerüstet, hatte den vom BMW 7er her bekannten iDrive-Controller auf der Mittelkonsole und verhältnismäßig große 18-Zoll-Räder. Eine breite Schulterlinie und kühn geschwungene Schweller gaben dem Wagen ein ausdrucksstarkes Profil. Aggressiv könnte man die Bugpartie des CS1 nennen. Die für 2004 geplante BMW Einser-Reihe, auf die der CS1 einen Vorgeschmack gab, trug die interne Codebezeichnung E8X. Eine Schrägheck-Limousine und ein zweitüriges Coupé sollten den Anfang machen.

Prototyp oder Vorserienmodell?

Versuchsobjekte, Designstudien, fahrbereite oder nur zum Angucken angefertigte Prototypen: Was Fotojournalisten mitunter auf freier Strecke ablichten oder jenseits des Zauns einer Versuchsstrecke als Prototypen mit der Kamera einfangen,

Ganz oben: Konzeptstudie zum BMW X1, entstanden im Herbst 2007. Darunter ein neuer BMW 6er als Stilübung von 2010.

Ganz unten: Interieur des BMW X6, wie es 2011 als Entwurf entstand.

sind häufig schon seriennahe Vorproduktionsmodelle, die man mit tarnenden Attrappen beklebt hat, um eventuellen Spähern eine Zuordnung zu erschweren. Auch Fahrzeuge der so genannten Nullserie, eventuell erst an einem Pilotband für eine neue Modellreihe gefertigt, werden noch ausgedehnten Klima- und Straßentests unter getarntem Kleid unterzogen, denn nicht alles lässt sich am Computer simulieren, was die Fahrpraxis erst erhellt. Es gibt zwei berühmte Beispiele für medienwirksame Prototypen-Erprobungen: Positiv, weil gezielt für die Presse inszeniert, verlief die werksseitig lancierte Veröffentlichung von »Erlkönigfotos« vom NSU Ro 80 kurz vor dessen Markteinführung 1967, negativ indessen wirkte sich das Versäumnis aus, in der Computersimulation den Kippwinkel jenes Mercedes der A-Klasse durchgespielt zu haben, der am 21. Oktober 1997 in Schweden bei einem Test auf die Seite kippte und auf dem Dach liegenblieb. Die Zeit sei zu knapp gewesen, dies vorher zu berechnen, hieß es später. Als Konsequenz baute Daimler-Benz serienmäßig das Elektronische Stabilitätsprogramm (ESP) in ihre A-Klasse-Wagen ein. Der »Elchtest« – abruptes Bremsen und Ausweichen vor einem Hindernis durch harten Lenkeinschlag – wurde zum Standardprogramm aller Hersteller, durchgeführt in der Praxis und am Computer.

Kein BMW Serienwagen wird vermutlich so aussehen, aber wenn Ingenieure und Designer keine Gelegenheit hätten, ihre Visionen auszuleben, wäre so manche Innovation schon im Vorfeld eingebremst worden...

ALPINA: BMW MIT SECHS BUCHSTABEN

BMW lässt sich auch mit mehr als drei Lettern buchstabieren: ALPINA. Das ist keine Verleugnung oder Kaschierung der Marke, sondern vielmehr ein Kompliment an sie. Die Kooperation ALPINA-BMW kann auf eine lange Tradition zurückblicken.

Es sei ALPINA tatsächlich gelungen, den Z8 Roadster dezent in ein anderes Auto zu verwandeln, ohne am puristischen Charakter zu kratzen. »Der ALPINA lenkt noch etwas kurvenwilliger ein und rollte eine Spur samtpfötiger ab... Der Fahrspaß bleibt erhalten, der Wagen wirkt harmonischer, souveräner... Ein netter Zug unter Freunden, dass BMW diese Nische ALPINA überlassen hat,« schrieb die »Automobil Revue«, Bern, im August 2002.
Der Besucher des BMW Werks Dingolfing ist über die Vielgestalt der Modellmischung erstaunt, die dort von den Bändern läuft. Das digitale Zeitalter hat es ermöglicht, dass ganz individuell ausgestattete Fahrzeuge als Einzelstücke in den Produktionstakt eingebunden werden können – und so mischen sich seit jüngster Zeit auch vereinzelt ALPINA BMW darunter. Sämtliche Komponenten für diese edlen Unikate kommen nach wie vor aus Buchloe, dem Stammsitz der ALPINA Burkard Bovensiepen GmbH & Co. KG. Dieses Unternehmen kann für sich beanspruchen, das älteste der Branche zu sein. Unmittelbar nach der Vorstellung des BMW 1500 im Herbst 1961 begann man dort (seinerzeit noch in Kaufbeuren ansässig) mit dem Modifizieren von Serienwagen für Privatkunden. Mit Tuning im herkömmlichen Sinn, also der Leistungsoptimierung von Motoren durch Weber-Doppelvergaser und dem Verbessern von Fahrwerken, hatte es angefangen – schon bald umfasste das ALPINA-Angebot für BMW Kunden aber weitaus mehr. Die Grundlage hierfür ergab sich aus einem intensiven Engagement im Motorsport in enger Zusammenarbeit mit dem Werk. Vor der im Frühjahr 1972 erfolgten Gründung der BMW Motorsport GmbH oblagen nämlich den Betrieben Schnitzer und ALPINA die Wahrnehmung der BMW Wettbewerbsaktivitäten im Tou-

In den 1960er und 1970er Jahren wurde der BMW Tourenwagensport maßgeblich von ALPINA betreut.

renwagensegment. Besonders ALPINA-Gründer Bovensiepen hatte sich dieser Aufgabe angenommen und Weltklassefahrern Autos andienen können, mit denen sie sich Ruhm und Titel sicherten. Josef Schnitzer und Burkard Bovensiepen bauten in den Sechziger und Siebziger Jahren gegen die starke Konkurrenz von Ford erfolgreiche Renntourenwagen, die man auf Rund- und Bergstrecken ausgiebig sehen – und hören – konnte.
Vor allem ALPINAs Beitrag zur Kontinuität der BMW-Motorportgeschichte in den frühen Siebziger Jahren verdient hohe Anerkennung. Um sich voll auf die Formel 2 konzentrieren zu können, hatte sich BMW zu Beginn der Saison 1970 vorübergehend vom Tourenwagensport verabschiedet, zumal der Wettbewerb gegen Porsche keine guten Aussichten verhieß. Private Initiativen waren hiervon keineswegs berührt, wie zum Beispiel das beachtliche Engagement enthusiastischer 2002-Fahrer im Rallyesport bewies. Allein zur 1970er Rallye Monte-Carlo waren 27 Teilnehmer angetreten, das stärkste BMW Feld bei der »Monte« seit je.
Mit einem leistungsoptimierten BMW 1600 hatte ALPINA-Gründer Bovensiepen 1964 seine erste Visitenkarte abgegeben. In der Tourenwagen-Klasse trat sein 105 PS starker Zweitürer gegen die Alfa-Romeo- und Porsche-Konkurrenz an. Dann folgten schnelle 1600 TI und 2000ti. 1966 erzielte ALPINA erste Erfolge mit Fahrzeugen der neuen Nullzwei-Reihe. Die Zusammenarbeit mit dem Werk in München funktionierte perfekt und wurde immer effizienter. Im Rallyesport mischte der ALPINA-2002 ti ganz weit vorn mit. Acht Europatitel gingen 1970 auf das Konto von ALPINA. Auch der ALPINA 1600 TI war noch aktiv: In seiner Klasse war es vor allem der Österreicher Dr. Hemut Marko, der zusammen mit dem ALPINA-Ingenieur Gert Hack, Dieter Hegels und anderen eine Reihe großartiger Siege einfuhr.

BMW ALPINA B7 (E28) von 1987. Ausnahmsweise in Weiß...

Offiziell agierte ALPINA auch 1971 als Vertreter der BMW Farben in der Tourenwagen-Europameisterschaft in der 2- und der 3-Liter-Klasse. Wobei es der ALPINA 2800 CS nicht leicht hatte,

Oben: BMW ALPINA B3S Bi-Turbo – mit so viel Power muss man im Schnee allerdings behutsam umgehen können.

BMW ALPINA Modelle

Modell	BMW Typ	Leistung	Drehmoment	Bauzeit
A1/3	E21 320	122 PS / 5800	170 Nm / 4000	1975-1977
A2/3	E21 320	152 PS / 6900	173 Nm / 5500	1975-1977
A4/3	E21 320i	162 PS / 6700	180 Nm / 5500	1976-1977
A4S/3	E21 320i	170 PS / 6700	180 Nm / 5500	1976-1977
C1 2,3	E21 323	170 PS / 6000	210 Nm / 4500	1980-1983
B6 2,8	E21 323i	200 PS / 6200	248 Nm / 4500	1978-1981
B6 2,8	E21 323i	218 PS / 6000	265 Nm / 5000	1981-1983
C1 2,3 / 1	E21 323i	170 PS / 6000	225 Nm / 5000	1983-1985
C1 2,5	E30 325i	190 PS / 5800	235 Nm / 5000	1983-1985
C2 2,5	E30 325i	185 PS / 5800	246 Nm / 4800	1986-1986
C2 2,7	E30 325i	209 PS / 5800	267 Nm / 4500	1986-1987
C2 2,7	E30 325i	203 PS / 6000	265 Nm / 4800	1987-1987
B3 2,7	E30 325i	204 PS / 6000	265 Nm / 4800	1987-1992
B6 2,8 / 1	E30 323i/325i	209 PS / 6100	270 Nm / 5000	1984-1986
B6 3,5	E30 323i/325i	261 PS / 6000	346 Nm / 4000	1985-1987
B6 3,5	E30 325i	254 PS / 5900	320 Nm / 4000	1986-1987
B6 3,5	E30 325i	254 PS / 5900	320 Nm / 4000	1987-1990
B6 3,5 S	E30 M3	254 PS / 5900	320 Nm / 4000	1987-1990
B6 2,8	E36 325i	241 PS / 5900	293 Nm / 4700	1992-1993
B3 3,0	E36 325i	250 PS / 5700	320 Nm / 4400	1993-1996
B3 3,2	E36 328i	265 PS / 5800	330 Nm / 4400	1996-1999
B8 4,6	E36 328i	333 PS / 5700	470 Nm / 3900	1995-1998
B3 3,3	E46 328i	280 PS / 6200	335 Nm / 4500	1999-2002
B3 3,3 ALLRAD	E46 330ix	280 PS / 6200	335 Nm / 4500	2001-2005
B3 S	E36 330i	305 PS / 6300	362 Nm / 4800	2002-2006
B3S Bi-Turbo		400 PS / 6000	540 Nm / 4500	2008-
B7 Turbo	E12 528i	300 PS / 6000	462 Nm / 3000	1978-1982
B7 S Turbo	E12 528i	330 PS / 5800	500 Nm / 3000	1981-1982
B9 3,5	E28 528i	245 PS / 5700	320 Nm / 4000	1981-1983
B9 3,5 / 1	E28 528i	245 PS / 5700	320 Nm / 4000	1983-1985
B7 Turbo / 1	E28 528i/535i	300 PS / 5800	501 Nm / 3000	1984-1987
B10 3,5	E28 535i	261 PS / 5800	346 Nm / 4000	1985-1987
B7 Turbo / 1	E28 535i	320 PS / 5700	520 Nm / 2400	1986-1987
B7 Bi-Turbo	F01 760i	507 PS / 5500	700 Nm / 3000	2010-
B10 3,5 / 1	E34 535i	254 PS / 6000	325 Nm / 4000	1988-1992

gegen die überlegenden Ford Capri 3000 RS zu bestehen. Und auch in der kleineren Klasse dominierte Ford. ALPINA hatte einen schweren Stand. Mit allen strategischen und taktischen Mitteln eroberte sich BMW 1973 seine Position wieder zurück, und nicht ganz unbeteiligt daran war das starke Engagement des Hauses ALPINA, jetzt allerdings auch als Konkurrent zu Neerpaschs Werkseinsätzen. So war es kein Werkswagen, sondern ein BMW ALPINA3.0 CSL, mit dem Niki Lauda das prestigeträchtige Vier-Stunden-Rennen von Monza gewann.

Den Capris die Rücklichter gezeigt

Traten die Teams auch gegeneinander an, so kooperierten sie bestens im Technikbereich. Denn im Auftrage der BMW Motorsport GmbH wurden bei ALPINA die 3-Liter-Werksmotoren präpariert, mit denen Neerpaschs Flügel-Coupés an den Start gingen. Der Entwicklungsauftrag sah auch eine Vergrößerung des Hubraums auf 3,5 Liter vor. So erzielten die ALPINA-Techniker einen Wert von 365 PS, und mit solchen Autos ließen sich Erfolge einfahren. Endlich vermochten Hans-Joachim Stuck, Dieter Quester, Chris Amon und Toine Hezemans die Capris in die Schranken zu verweisen.
ALPINAs Arbeiten für die BMW Motorsport GmbH schweißten das Band zwischen Buchloe

Oben: BMW ALPINA B3S von 2005. Ein wenig über dem weißen Mittelstrich, aber wohl nur dem Fotografen zuliebe...

Links: BMW ALPINA B7 (E65, 500 PS) von 2003, angemessen in Szene gesetzt.

und München immer stärker zusammen. Der Umfang der Entwickungsaufträge beschränkte sich bald nicht mehr nur auf Rennmotoren, sondern erstreckte sich auch auf andere Technikbereiche. Doch im Verlauf der Siebziger Jahre verlagerten sich Bovensiepens Aktivitäten zunehmend auf die exklusiven Straßenautomobile, die in seiner Manufaktur entstanden.

Ende 1983 entstanden bei BMW unter aktiver ALPINA-Mitwirkung einige Renncoupés auf Basis des M 635 CSi (E24), ein von Horst Rech und Rainer Bartenstein geleitetes Projekt. Der Leis-

BMW ALPINA Roadster Z4 von 2004, die besondere Interpretation eines von Haus aus reizvollen Themas.

BMW ALPINA Modelle

Modell	BMW Typ	Leistung	Drehmoment	Bauzeit
B10 Bi-Turbo	E34 535i	360 PS / 6000	520 Nm / 4000	1989-1994
B10 3,0 ALLRAD	E34 525ix	231 PS / 5800	312 Nm / 4200	1993-1996
B10 4,0	E34 540i	315 PS / 5800	410 Nm / 4600	1993-1996
B10 4,6	E34 540i	340 PS / 5700	480 Nm / 3900	1994-1996
B10 3,2	E39 528i	260 PS / 5900	330 Nm / 4300	1997-1998
B10 3,3	E39 528i	280 PS / 6200	335 Nm / 4500	1999-2003
B10 V8	E39 540i	340 PS / 5700	470 Nm / 3900	1997-1998
B10 V8	E39 540i	347 PS / 5700	480 Nm / 3700	1998-2002
B10 V8 S	E69 540i	375 PS / 5800	510 Nm / 3800	2002-2004
B5	E60/61 550i	500 PS / 5500	700 Nm / 4250	2005-
B7 Turbo Coupé	E24 630 CSi	300 PS / 6000	462 Nm / 2500	1978-1982
B7 S Turbo Coupé	E24 635 CSi	330 PS / 5800	500 Nm / 3000	1982-1982
B9 3,5 Coupé	E24 635 CSi	245 PS / 5700	320 Nm / 4000	1982-1982
B9 3,5 Coupé/1	E24 635 CSi	245 PS / 5700	320 Nm / 4000	1982-1985
B7 Turbo Coupé/1	E24 635 CSi	330 PS / 5700	512 Nm / 2400	1984-1987
B10 3,5 Coupé	E24 635 CSi	261 PS / 6000	346 Nm / 4000	1985-1987
B7 Turbo Coupé/1	E24 635 CSi	320 PS / 5700	520 Nm / 2400	1986-1988
B6	E63/64 650i	500 PS / 5500	700 Nm / 4250	2006-2008
B6 GT3	E63/64 650i	530 PS / 5600		2009
B6 GT3 Evo	E63/64 650i	530 PS / 5800		2011
B11 3,5	E32 735i	250 PS / 5700	330 Nm / 4000	1987-1987
B11 3,5	E32 735i	239 PS / 5700	310 Nm / 4500	1987-1987
B11 3,5	E32 735i	254 PS / 6000	325 Nm / 4000	1987-1993
B11 4,0	E32 740i	315 PS / 5800	410 Nm / 4600	1993-1994
B12 5,0	E32 750i	349 PS / 5300	470 Nm / 4000	1988-1994
B12 5,7 E-KAT	E38 750i	387 PS / 5200	560 Nm / 4100	1995-1998
B12 6,0 E-KAT	E38 750i	430 PS / 5400	600 Nm / 4200	1999-2001
B7	E65/E66 745i	500 PS / 5500	700 Nm / 4250	2003-2008
B12 5,0 Coupé	E31 850i/850 Ci	349 PS / 5300	470 Nm / 4000	1990-1994
B12 5,7 Coupé	E31 850 CSi	416 PS / 5400	570 Nm / 4000	1992-1996
Roadster	Z1	200 PS / 6000	261 Nm / 4900	1990-1991
Roadster V8	E52 Z8	381 PS / 5800	520 Nm / 3800	2002-2003
Roadster S	E85 Z4	300 PS / 6300	362 Nm / 4800	2003-2005
D10 Bi-Turbo	E39 530d	245 PS / 4200	500 Nm / 3500	2000-2003
D3	E90 320d	200 PS / 4000	410 Nm / 2000	2005-2008

Rechts: Schon das Kennzeichen verrät, um was für ein Modell es sich handelt (Modelljahr 2005).

tung des von ALPINA auf 485 PS gebrachten Vierventilers, gut für 290 km/h, entsprachen auch die geänderten Getriebeabstufungen und Michelin-Pneus der Dimension 220/55 VR.

Automobile Meisterwerke

Die von Burkard Bovensiepen und seinen Mitarbeitern veredelten Automobile begannen ein eigenes Markendasein zu führen. Erst waren es die Vierzylinder der Neuen Klasse, bald erstreckte sich die Arbeit auf alle Modelle. Die Kooperation mit BMW funktionierte von Anfang an ausgezeichnet und setzte sich über die Ära Kuenheim bis heute fort, eine Voraussetzung für erfolgreiches Marketing. Denn es war von großer Bedeutung, dass keine Konkurrenzsituation entstand und sämtliche Aktivitäten Bovensiepens mit BMW abgestimmt wurden. Man legte bei ALPINA wie auch bei BMW stets großen Wert darauf, dass dem auch an alle Automobile aus Buchloe angehefteten weiß-blauen Emblem nur Spitzenattribute zuerkannt werden.

BMW 860i wurde der B12 mit 461 statt 300 PS. Der B3 – auch als Cabriolet zu bekommen – und der B6 basierten auf dem selben 3er-Grundmodell, letzterer war mit einem auf 240 PS erstarkten 2,8-Liter-Motor zu bekommen. Der B11 war ein optimierter 735i. Und etwas ganz Besonde-

res stellte der B8 dar, nämlich ein 3er Coupé mit 4,0-Liter-V8-Motor, 313 PS stark und 275 km/h schnell.
Die auf hohem technischen Niveau vorgenommene Veredelung serienmäßiger BMW Wagen zu automobilen Meisterwerken erfolgte zunehmend in einem Umfang, der es rechtfertigte, dass Bovensiepens Automobilmanufaktur sich beim Verband der Automobilindustrie (VdA) als Automobilhersteller akkreditierte. 500 Fahrzeuge werden im Jahresschnitt unter dem ALPINA-Label auf die Räder gestellt. Man verfügt in Buchloe über umfangreiche Test- und Versuchseinrichtungen sowie Labor- und Fertigungsanlagen.

Individuelle Feinabstimmung

Jeder von ALPINA gebaute Wagen ist ein Einzelstück mit individueller Geschichte, auch die Motoren kommen keineswegs von der Stange. Die Blöcke und andere Komponenten liefert zwar BMW, aber jedes Aggregat erfährt seine Individualisierung und Feinabstimmung, und unter Verwendung selbst entwickelter und angefertigter Bauteile auch eine Leistungssteigerung. Der Motor des ALPINA B10 zum Beispiel, basierend auf dem E39 (5er Generation ab 1995), war ein auf 4,6 Liter aufgebohrter 3982-ccm-V8 aus dem 540i, 61 PS mehr leistend und gut für 279 km/h. Solche Fahrzeuge verfügten selbstverständlich

Großes Foto: Zwei BMW ALPINA D3 Bi-Turbo (Touring und Limousine), Baujahr 2005. Die auf dem 3er E90 / 320d basierenden Wagen waren mit 200 Diesel-PS bestens motorisiert.

Unten: Volant im BMW ALPINA B7 von 2004.

»Er knallt trotz 507 PS und 700 Newtonmeter nicht unbedingt beim ersten Gasgeben, verschüchtert weder mit Monster-Ladedruck noch diabolischem Abblaszischeln, brüllt seinem Fahrer nicht bei jeder Kurbelwellenumdrehung die PS pro Euro ins Ohr. ALPINA verzichtet auf riskante Chip-Programmierung oder simple Ladedruckerhöhung…«

»auto, motor und sport« in einem Test über den B7 Bi-Turbo, Mai 2010

Oben: BMW ALPINA B6S Cabriolet von 2006. Eine ästhetisch-technisch gelungene Gesamkomposition.

Unten: B3 Bi-Turbo in der Allradversion von 2008. Die sportlichen Attribute des Dreier kommen hier voll zur Entfaltung.

Links: Noch einmal ein Traum in Weiß: BMW ALPINA B5 von 2011.

über Fünfgangautomatik mit Switchtronik am Lenkrad. Als V8-S war der Wagen 2002 auch mit 4,8 Liter und 375 statt 347 PS zu bekommen. Mit neuer Kurbelwelle, modifiziertem Ventiltrieb und geänderter Ansauganlage ein Zauberwerk an Feinarbeit.

Ein Ultrasportwagen in feinster ALPINA-Verzauberung war der in Buchloe modifizierte BMW Z8. Dort erhielt der Zweisitzer eine ZF-Fünfstufenautomatik, die mit einem manuellen Schaltmodus kombiniert wurde. Damit hatte der aus dem M5 stammende Motor eine Ergänzung erfahren, die auf jene Kunden zugeschnitten war, für die ein rassiger Sportwagen zugleich komfortabel sein darf.

Vom optimierten 5,7-Liter-V12 (im 8er Coupé) bis zum Z4 und E60 (7er ab 2002) gab es in den vergangenen drei Jahrzehnten kein BMW Spitzenmodell, dessen Bovensiepens Techniker und Designer sich nicht mit Begeisterung und Liebe zum Detail angenommen hätten.

»Wir sind der Auffassung, dass Menschen, die durch ihren Intellekt und ihren Fleiß täglich ein hohes Maß an Wertschöpfung erarbeiten und mit überproportionaler steuerlicher Belastung in besonderer Weise zum Gemeinwohl beitragen, auch ein etwas höherer Zugriff auf natürliche Ressourcen gestattet sein darf,« ist die von ALPINA vertretene Ansicht. Im Grunde aber benötigt solch ein Maß an automobilem Genuss und Faszination, wie sie ein ALPINA vermittelt, keinerlei Rechtfertigung.

Apropos Genuss: Kenner schätzen, dass Burkard Bovensiepen seit geraumer Zeit Importeur edler Weine ist. Er weiß eben, womit er anspruchsvolle Kunden erfreuen kann: Geschmack verbindet...

Unten: ADAC GT Masters-Rennen auf dem Nürburgring, August 2009. Andreas Wirth auf BMW ALPINA trug den Sieg davon.

Damit die Zukunft Gegenwart wird

An der Entwicklung und Erprobung noch wirtschaftlicherer, verkehrsgerechterer, umweltfreundlicherer und noch mehr Sicherheit bietender Automobile arbeiten bei BMW Hunderte von hoch qualifizierten Experten zahlreicher Fakultäten.

Im BMW Forschungs- und Innovationszentrum FIZ – aber nicht nur dort – entstanden im Laufe der vergangenen drei Jahrzehnte zahlreiche Varianten alternativer Mobilitätskonzepte und Antriebstechnologien. Ihnen gingen »Rollende Labors« wie der von Paul Bracq geschaffene BMW Turbo von 1972 oder Prototypen mit Kreiskolbenmotor voraus, ebenso zahlreiche Fahrzeugstudien für Batterie- und Photovoltaik-Betrieb, die man auch medienwirksam dem Publikum vorführte, zum Beispiel anlässlich der Olympischen Spiele in München 1972.
Es war aber immer die begrenzte Kapazität der mitzuführenden Batterien, gleich welcher Bauart oder chemisch-physikalischer Wirkungsweise, die den Aktionsradius eines E-Mobils bis ins 21. Jahrhundert hinein eingrenzte und das Elektrofahrzeug lediglich als Auto für Ballungszentren mit einem (hoffentlich) dichten Netz von Nachladestationen in Frage kommen ließ.

Die Beschäftigung mit elektrischer Energie stellte nur einen von mehreren wissenschaftlich-technischen Ansätzen dar. Dabei ist die Überlegung, elektrischen Strom für den Antrieb eines Wagens

1991 entstandenes Tonmodell eines Elektromobils, eines von mehreren, die von Ingenieuren und Designern in verschiedenen Stadien realisiert wurden.

zu verwenden, fast ebenso alt wie das Auto selbst: Der Coburger Ingenieur Flocken hatte sich bereits 1888 einen Elektro-Kutschwagen gebaut. Besonders intensiv beschäftigte man sich bei BMW mit dem Erdgasantrieb. So stellte man im August 1999 einen 5er mit diese Technologie vor. »Der 523g fährt sauberer als ein Auto mit Elektroantrieb,« erklärte Thomas Steffes damals, Pressesprecher für den Bereich Forschung und Entwicklung.
Der für den Gasbetrieb modifizierte Motor leistete 140 PS (als Serien-Benziner: 170 PS) bei 5500 Touren. Mit zwei insgesamt 145 Liter fassenden Drucktanks ergab sich ein Aktionsradius von 400 Kilometern. Nachteil: Für das Mitführen von Erdgas benötigte man ein zweieinhalb Mal so großes Reservoir, was zu Lasten des Kofferraumvolumens ging. Immerhin unterschritt der 523g als Prototyp alle von den Amerikanern als Maßstab gesetzten EZEV-Werte (Equivalent Zero Emission Vehicle). Die Bezeichnung stand für Fahrzeuge, die in ihrer Gesamtenergiebilanz, also vom Energie-Rohstoff bis zum rollenden Rad, nicht mehr Schadstoffe ausstoßen als die Kraftwerke in Kalifornien bei der Stromversorgung für ein Elektroauto. Damit war der Erdgas-Wagen auch einem Brennstoffzellen-Auto überlegen, das mit Methanol betrieben wird. Denn Methanol wird aus Erdgas oder Erdöl erst durch chemische Prozesse gewonnen und muss in Wasserstoff umgewandelt werden. Beim 523g wurde also Primärenergie eingesetzt, ein ökologisch wie ökonomisch günstiger Ansatz. Es folgte ein bivalenter 518g Touring, der sogar mehr als ein Jahr lang in Serie gebaut wurde.
Die Forscher bei BMW waren sich indessen darüber im Klaren, dass ein Erdgas-Auto nur ein Zwischenschritt sein konnte. Das Fernziel lautete: Antrieb durch den Einsatz von Wasserstoff, eine regenerative Energie. Um dorthin zu gelangen, waren weitere Schritte notwendig. Von 1995 bis 1999 vollzog man sie mit aller Konsequenz. Erste Stufen: Einsatz von komprimiertem Erdgas (CNG, abgekürzt für compressed natural gas), möglich geworden durch weiterentwickelte Komponentetechnik. Anschließend folgte ein Konzept zum Einsatz von flüssigem Erdgas (LNG: liquid natural gas). Dann nahm das Wasserstoffauto Gestalt an.

Ganz links: 1987 entstandener BMW 5er Elektro-Versuchswagen (E 34), darunter sein Motor.

Oben: 1992 präsentierte Studie eines Elektro-Sadtwagens.

BMW 518g von 1995-96. Dieses Modell war bivalent auf Erdgasbetrieb umstellbar und wurde in Serie gebaut.

Oben: Eine Flotte von Wasserstoff-Siebenern auf Europatournee im Jahre 2002 (hier in Mailand).

Rechts: Journalisten-Rallye für Automobile mit Clean Energy Antriebskonzept, Mai 2010, mit Start in Berlin-Tempelhof. Die Veranstalung fand in Partnerschaft mit der Firma Total statt.

Mustertankstelle für Wasserstoff-betankung am Münchner Flughafen.

Energiemedium der Zukunft?
Energie aus Wasserstoff wurde von vielen Wissenschaftlern als die Energie der Zukunft bezeichnet. Bei BMW schloss man sich dieser These 1998 an. Und am 5. Mai 1999 nahm unter Mitwirkung von BMW und einem Dutzend weiterer Unternehmen die weltweit erste öffentliche Wasserstoff-Tankstelle ihren Dienst auf, gebaut am Münchner Flughafen. Getankt wurde der flüssige, minus 250 Grad Celsius kalte (die Wissenschaftler bezeichnen diesen Zustand als kryogen) Wasserstoff per Roboter. Für einen Personenwagen beträgt die Tankdauer knapp fünf Minuten. Noch war umweltfreundlich getankter Wasserstoff aber wesentlich teurer als Benzin. Der Wasserstofftechnik auch wirtschaftlich zum Durchbruch zu verhelfen, galt als ein vordringliches Anliegen.

Wasserstoffautos bei der Expo 2000
Die Herstellung von Wasserstoff kann nur durch den Einsatz von Solarstrom rentabel sein. Solarzellen und Sonnenkraftwerke wie das bereits in Kalifornien arbeitende seien ein wichtiger Schritt in diese Richtung, hieß es. 2002 drehten die ersten BMW Serienautos mit Wasserstoffantrieb und Brennstoffzelle ihre Runden. Die als 750hL bezeichneten Siebener taten als Shuttles bei der Expo 2000 in Hannover ihren Dienst. »Wir bringen den alternativen umweltfreundlichen Antrieb vom Labor in die Städte,« führte Dr. Burkhard Göschel aus, Entwicklungsvorstand der BMW Group. Und er gab ein Versprechen ab: »Bis zum 11. Mai des Jahres 2005 wird im Umfeld einer jeden BMW Niederlassung in Deutschland eine Wasserstoff-Tankstelle zur Verfügung stehen.« Die H-Autos waren über permanenten Datenfunk mit dem Servicecomputer in München verbunden; alle übertragenen Werte wurden kontinuierlich wissenschaftlich ausgewertet.
Der 750hL mit seinem V12-Motor, an die 240 PS leistend, beschleunigte von Null auf 100 km/h in 9,6 Sekunden, war 226 km/h schnell und hatte eine Reichweite von 350 Kilometern. Besondere Sicherheitsvorkehrungen sorgten dafür, dass auch bei stärksten Crashs die Stahltanks dicht blieben und selbst bei einem eventuellen Leck keine Explosion stattfinden konnte. Denn in die

Herstellung des BMW Hydrogen 7 im Jahre 2006, wofür speziell ausgebildete Fachleute eingestellt wurden.

BMW warb ab Ende 2009 unübersehbar für das neue Hybridkonzept.

Tanks konnte durch den hohen Wasserstoff-Innendruck keine Luft eindringen. CleanEnergy: Unter diesem Begriff wurde das von BMW so intensiv verfolgte Konzept des Wasserstoffantriebs in enger Zusammenarbeit mit der Linde Gas AG und BP in eine weltweite und viel beachtete Kampagne umgesetzt. Und zwar auf einer Tour rund um die Welt, an der 15 BMW Fahrzeuge teilnahmen. Die globale Initiative sollte die fortgeschrittene Technologie verdeutlichen, zugleich aber auch die noch offenen Aufgaben ins internationale Rampenlicht rücken. Das Finale fand Anfang November 2001 in Berlin statt. Auf dem Wasserstoff-Weltkongress im Juni 2002 in Montreal wurde BMW für sein Engagement, das dem Energieträger der Zukunft gilt, entsprechend gewürdigt.

Das milde Hybrid-Konzept

Im Ringen um den Automotor der Zukunft geriet der Wasserstoffantrieb später ins Hintertreffen. Bei BMW entstanden die Zweifel an diesem Antriebskonzept. Deshalb führten die Münchner ihren Feldversuch mit wasserstoffbetriebenen Luxuslimousinen nicht weiter. Die Automobilbranche steckte in einem Dilemma. Während die Märkte weltweit unter Druck geraten waren, standen Hersteller wie BMW in bedeutenden Entwicklungsprojekten hin zu neuen Antrieben.

BMW und Daimler hatten Wasserstoff- und Elektroantriebe parallel entwickelt, und beiden schien gegen 2009 die E-Mobilität realitätsnäher als die H-Mobilität. Während Daimler Wasserstoff in Brennstoffzellen zu elektrischem Strom für den Antrieb verwandelte, verbrannte BMW den Stoff in herkömmlichen Motoren wie Benzin. Mit dem Concept 7 Series ActiveHybrid präsentierte BMW 2008 den ersten »Mild-Hybrid«. Das Konzeptfahrzeug feierte auf dem Pariser Automobilsalon Premiere. Ab Ende 2009 wurde dieser Siebener in Serie gefertigt. In dieser Limousine kommt neben einem V8-Verbrennungsmotor, der auf dem Twin Turbo mit High Precision Injection aus dem BMW 750i (dort mit 407 PS) basiert, zusätzlich ein Elektromotor zur Unterstützung des Verbrennungsmotors zum Einsatz. Der Elektromotor ist zwischen Motor und Getriebe integriert und hat eine motorische Leistung von 15 kW und 210 Nm Drehmoment bis 2800 U/min. Im Rahmen des Mild-Hybrid-Konzepts steigert der Elektroantrieb das fahrdynamische Potenzial des Achtzylinder-Benzinmotors und reduziert – vorwiegend im Stadtverkehr – durch Rekupertion (Bremsenergie-Rückgewinnung) den Benzinverbrauch und

Ein Bild von 1991: Prinz Leopold von Bayern als offenbar recht zufriedener Testfahrer eines Elektro-BMW.

Rechts: BMW Z13 als Elektro-Versuchswagen in der Münchner innenstadt, aufgenommen 1993.

CO_2-Ausstoß. Seit Oktober 2009 wird auch der Crossover X6 als ActiveHybrid angeboten. Bei ihm unterstützen zwei Elektromotoren mit 91 bzw. 86 PS einen V8-Turbobenziner, der aus dem xDrive 50i stammt. Sein so genanntes Two-Mode-Aktivgetriebe ist ein stufenloses Getriebe und kann in zwei leistungsverzweigten Betriebszuständen arbeiten: ein Modus speziell fürs Anfahren und für niedrige Geschwindigkeiten, der andere für das Fahren bei höherem Tempo. Beim Anfahren arbeitet nur einer der beiden Elektromotoren; bis Tempo 60 kann der X6 rein elektrisch fahren. Wird mehr Leistung abgefragt, startet der zweite E-Motor den Verbrennungsmotor und agiert anschließend als Generator. Dieses Konzept haben auch andere Automobilhersteller als realitätsnah erkannt.

BMW i für eine neue Mobilität

Neue wissenschaftliche Erkenntnisse und ökonomische Berechnungen des Machbaren führten auch bei BMW zu Alternativen – wie den ActiveHybrid. So wurden Anfang 2011 die Weichen gestellt für die Submarke BMW i für nachhaltige Mobilitätslösungen, sie steht für eine neue Art von Premiummobilität. Mit der Einführung der neuen Submarke beabsichtigt die BMW Group ihre Position als innovativer und nachhaltiger Automobilhersteller zu akzentuieren. Die Nachfrage nach alternativen Antriebsformen, wie Elektroantrieb oder Hybriden, nahm mit Beginn des 21. Jahrhunderts progressiv zu. In Megastädten suchen viele Menschen nach Angeboten, die die Vorteile verschiedener Mobilitätsformen intelligent kombinieren. BMW plante zwei Fahrzeuge, den BMW i3 und den BMW i8, ab 2013 unter der neuen Submarke an den Start zu bringen. Darüber hinaus wird die BMW Group zukünftig ihr Angebot an Mobilitätsdienstleistungen ausbauen, wofür die Beteiligungsgesellschaft BMW i Ventures gegründet wurde.

Der BMW i3, in der Planungsphase als Megacity Vehicle bezeichnet, sollte das erste rein elektrisch angetriebene Serienautomobil der BMW Group für das urbane Umfeld sein. Der BMW i8 basiert auf der Konzeptstudie BMW Vision EfficientDynamics und vereint mit seinem Plug-In Hybridantrieb die Fahrleistungen eines Hochleistungssportlers mit dem Verbrauch und dem Emissionsniveau eines Kleinwagens. Beide Fahrzeuge basieren auf einem revolutionären Konstruktionsprinzip, der LifeDrive Architektur, bei welchem ein Chassis aus Aluminium jeweils den Antriebsstrang beherbergt; die aufgesetzte Fahrgastzelle besteht in beiden Autos aus hochfestem, extrem leichtem kohlenstofffaserverstärktem Kunststoff (CFK). Beide Modelle werden im Werk Leipzig produziert, hierfür entstehen dort bis 2013 etwa 800 neue Arbeitsplätze.

Blick in den Motorraum eines BMW 7er mit Wasserstoffmotor.

Auch der chinesische Joint-Venture-Partner Brillance hat sich in die Forschungsarbeiten um alternative Antriebskonzepte eingebracht.

Seit acht Jahrzehnten erfolgreich im Motorsport

Seitdem die Marke BMW existiert, ist sie im motorsportlichen Wettbewerb präsent, auf zwei, drei und vier Rädern. Schon mit den ersten BMW Automobilen wurden 1929 erfolgreich Zuverlässigkeitsfahrten bestritten.

Kaum war BMW Ende der Zwanziger Jahre im Automobilgeschäft, setzte sich ein Privatteam mit dem jüngsten Modell, einem kleinen 3/15 PS Bauart Dixi, in Richtung Monte-Carlo in Bewegung, um in der berühmtesten aller Winterrallyes mitzumischen. Im schneereichen Januar 1929 mit bescheidenen 15 Pferdchen unter der Haube von Königsberg in Ostpreußen durch ganz Europa (und retour, denn damals bewegte man sein Rallyeauto auch auf eigener Achse wieder nach Hause) bis hinunter zum Mittelmeer: Ein kleines, noch nahezu unbekanntes Auto, das so etwas schaffte, musste außerordentliche Qualitäten haben! Auch in der berühmten Alpenfahrt und in diversen Zuverlässigkeitswettbewerben waren BMW Fahrer von Anfang an erfolgreich. Eine Tradition, die auch Solo- und Seitenwagenmaschinen aller BMW-relevanten Kategorien einbezieht, bis hin zu den jüngsten Motorraderfolgen bei der Dakar-Rallye.

Motorsport als publikumswirksames Mittel, Qualitätsbeweise zu erbringen, aber auch den Konstrukteuren und Technikern, die Autos entwickeln und bauen, als Prüffeld zu dienen: Selbst in Zeiten wirtschaftlicher oder anderer Krisen haben sich immer Freunde, Förderer und Exekutive des Rennsports für ihre Sache eingesetzt und stichhaltige Gründe ins Feld geführt, an ihm festzuhalten.

BMW 315/1 und BMW 319/1

Aus dem BMW 315 von 1934 entstand 1935 der 319 mit 1911 ccm Hubraum, und so folgte dem 315/1 auch der 319/1. Beide Strich-Einser waren als Sportwagen konzipiert und hatten unter anderem drei statt zwei Horizontalvergaser. Ihre Fahreigenschaften wurden von den Fahrern und auch von der Presse sehr positiv bewertet. Ihren exklusiven Status verdeutlichen die geringen Stückzahlen: Vom 315/1 wurden nur 242 Stück gebaut, von 319/ nur 102. Äußerlich bis auf we-

nige Details identisch, verkörperten die Zweisitzer mit ihrer schräg abfallenden Heckpartie »den« Sportwagen schlechthin. Besonders der BMW 319/1 mit seinen 55 PS erfreute sich großer Beliebtheit. Der Roadster wog nicht mehr 700 kg und ging an die 135 km/h. Die Liste der mit den flotten Sechszylindern erzielten Sporterfolge wurde von Monat zu Monat länger; im In- und Ausland errungene Platzierungen trugen zur internationalen Bekanntheit der Automarke BMW wesentlich bei. In Bergrennen und Langstreckenprüfungen, Rundstreckenrennen und Rallyes holten sich Profis wie Amateurfahrer ihre Pokale, Medaillen und Lorbeerkränze. Ihre Konkurrenten waren meist italienische, französische oder britische Fabrikate; aus Deutschland kamen in der 1,5-Liter- und in der 2,0-Liter-Klasse keine ernst zu nehmenden Konkurrenten.

Die Sportmodelle 315/1 und 319/1 wurden nur 1935 und 1936 gebaut; die Standardversionen gab es bis Mitte 1937. Noch bis Ausbruch des Krieges sorgte der BMW 315/1 in der 1,5-Liter-Klasse für Schlagzeilen in der Sportpresse. Besonderes Aufsehen hatte der Sieg einer 315/1-Mannschaft bei der Internationalen Alpenfahrt 1934 erregt, als Richard Brenner, Albert Kandt (einer der Direktoren in Eisenach) und Ernst von Delius für ihre Leistungen hohe Auszeichnungen erhielten. In vielen weiteren harten Rennen lieferten die Sportwagen 315/1 und 319/1 immer wieder Beweise, dass sie schnell waren und ein hohes Durchstehvermögen hatten. Ihre Ausfallquoten hielten sich in Grenzen, ihre Rundenzeiten sorgten immer wieder für Gesprächsstoff.

Unschlagbarer BMW 328

»Es hat sich herumgesprochen: Der neue BMW Wagen gibt beim Eifelrennen sein Debüt!« So begann ein Bericht in der Zeitschrift »Motor und Sport«, verfasst vom Reporter Ernst Rosemann. »Wo kann man über die Leistungsfähigkeit eines Sportwagens ein besseres Urteil gewinnen als auf dem Nürburgring? Auf den langen Geraden kann die Geschwindigkeit festgestellt, in den vielen Kurven die Lage des Fahrzeugs beurteilt werden... Wenn dort ein Wagen aushält, was von ihm im Rennen verlangt wird, dann muss er im praktischen Gebrauch erst recht allen Anforderungen genügen!«

Der neue BMW Wagen war der 328. Und das Eifelrennen, bei welchem er seinen ersten öffentlichen Auftritt hatte, zählte zu den bedeutenden Ereignissen im Rennsportkalender des Jahres 1936.

Jenes Jahr wird gemeinhin als Erscheinungsjahr des 328 bezeichnet. Das stimmt insoweit, als die Wettbewerbsausführungen gemeint sind, von denen im April/Mai 1936 zunächst drei Exemplare als Prototypen entstanden; sie nahmen an zahlreichen Rennen teil und schufen damit die Grundlage zu der sich rasch bildenden 328-Legende. Ein weiteres Fahrzeug folgte im Februar 1937. Aber nicht vor Anfang April 1937 setzte im Werk Eisenach die eigentliche Serienherstellung ein. Kein privater BMW 328 ist also vor April 1937 zugelassen worden. Der erste Serien-328 war der mit der Chassisnummer 85004, kommissioniert für das Autohaus Lauterbach & Co. in Liegnitz. Dieses Auto war auch auf der 1937er Automobilausstellung in Berlin zu sehen.

Der 328 wurde während seiner Bauzeit übrigens immer als »BMW 2 Ltr. Sport«, nicht als »Road-

Oben: Drei BMW 315 Roadster am Ziel der 2000-km-Zuverlässigkeitsfahrt durch Deutschland 1934. Insgeamt 58 BMW hatten an der Veranstaltung teilgenommen.

Ganz oben: Nerobergrennen 1931. Ein BMW 3/15 PS Wartburg erstürmt die Anhöhe bei Wiesbaden.

Links: Ernst Henne im BMW 328 Prototyp, der noch keine Türen aufwies, unterwegs zum Sieg im 1936er Eifelrennen.

Oben: Startaufstellung beim Lauf der 2,0-Liter-Sportwagen beim Eifelrennen 1938. Am Lenkrad des Wagens Nr. 10 Paul Greifzu, der spätere Sieger.

Links: Der englische Fahrer Lord Clifford im 328.

ster« bezeichnet, ein Wort, das damals nur in den Vereinigten Staaten verwendet wurde.
Die Väter des BMW 328 sind die Konstrukteure Fritz Fiedler und Rudolf Schleicher. Sie waren die Interpreten der Philosophie des Leichtbaus, dem eigentlichen Geheimnis des 328-Erfolges. Sein Rohrrahmen-Chassis entsprach dem des 315 bzw. 319. Den Karosserie-Entwurf schufen der BMW Karosseriekonstrukteur Wilhelm Kaiser sowie Kurt Joachimsohn, Schleichers Assistent im Fahrzeugversuch. Sie verwendeten Stilelemente des im Februar 1936 vorgestellten BMW 326, was vor allem an der Frontpartie des Wagens erkennbar ist. Alle Entwürfe entstanden in Eisenach; erst 1937 zog die Konstruktionsabteilung wieder nach München.

Eine geniale Motorkonstruktion

Eine Besonderheit des 328 war sein Sechszylindermotor. Ein ohc-Aggregat zu bauen, hätte man sich bei BMW nicht leisten können, aber ein klassischer ohv-Motor war Schleichers Konstruktion auch nicht, eher eine Kombination aus beidem. Die Betätigung der Kipphebel für die Einlassventile erfolgte von einer seitlichen Nockenwelle (Antrieb über eine Duplex-Rollenkette) aus über senkrecht hinaufführende Stoßstangen. Die Auslassventile in dem V-förmigen Aluminium-Zylinderkopf wurden dagegen über kurze, waagerecht liegende Stößelstangen bzw. Umlenkhebel auf der Einlassseite und ähnliche, senkrecht stehende Stößelstangen von der gleichen Nockenwelle betätigt. Somit ließ sich der vorhandene Sechszylinder-Motorblock mit der untenliegenden Nockenwelle beibehalten. Schleicher hatte zuvor für Horch gearbeitet und dort einen Königswellen-

ohc-Motor konstruiert, der in der Autobranche als beispielhaft galt. Gern hätte er auch bei BMW einen solchen Motor realisiert. Aber dazu fehlten die Mittel. Für den später so erfolgreichen 328 stand ein mehr als bescheidener Entwicklungsetat zur Verfügung; vieles musste improvisiert werden.

Mit seinem der Länge nach geteilten Ventildeckel sah der 328-Motor auf den ersten Blick wie ein dohc-Motor aus. Und etliche Hochleistungswagen vergleichbaren Kalibers wie der Alfa Romeo hatten ja auch Motoren mit zwei obenliegenden Nockenwellen. Der ohv-Motor des BMW 328 erfüllte, als er 1936 auf dem Prüfstand lief, durchaus die Erwartungen seiner Konstrukteure. Er wies Qualitäten auf, die ihn mehr als zehn Jahre up to date bleiben ließen. Mehr noch: Die Motorkonstruktion sollte den Wagen, für den sie entstanden war, annähernd zwei Jahrzehnte überleben.

BMW gab die Leistung des Sechszylinders (66 x 96 mm) mit 80 PS bei 4500 Umdrehungen an, und das war sicher etwas tiefgestapelt. Schon bei den ersten drei 1936 in zahlreichen Wettbewerben eingesetzten Wagen betrug die Leistung vermutlich 90 oder mehr PS, allerdings bei einem Verdichtungsverhältnis von 9:1. Das Gemisch wurde in drei 30-mm-Solex-Fallstromvergasern aufbereitet.

Die Zündkerzen saßen in der Mitte der halbkugelförmigen Verdichtungsräume und damit tief zwischen den beiden Hälften der Ventildeckel. Die Kurbelwelle aus Vanadiumstahl rotierte in vier Weißmetall-Hauptlagern; das Schmieröl wurde von einer großdimensionierten Zahnradpumpe gefördert. Vor dem Motorblock befand sich ein Ölkühler, den der Schmierstoff aber erst durchströmen konnte, wenn er seine Betriebstemperatur erreicht hatte eine patentierte Konstruktion des BMW Konstrukteurs Rudolf Flemming.

Prototypen noch ohne Türen

Die zweisitzige Karosserie des BMW 328 wies Türen ohne außenliegende Griffe auf, man öffnete sie durch Hineinlangen von innen. Die ersten drei Prototypen hatten anfangs allerdings noch gar keine Türen, ebensowenig eine Halterung für das Ersatzrad auf dem Heck. Die Windschutzscheibe war bei ihnen einteilig; in der Serie bestand sie aus zwei angewinkelten Hälften, die einzeln umlegbar waren und je einen Scheibenwischer aufwiesen. Das klassische BMW Rohrrahmen-Chassis mit Zentralschmierung, dessen Vorratsbehälter mit gewöhnlichem Motoröl gefüllt wurde, und seiner obenliegenden Querblattfeder vorn sowie den längsliegenden Blattfedern hinten entsprach dem des Modells 319/1. Identisch waren auch die Maße für Radstand und Spur (2400 mm, 1153/1220 mm). Der Wagen besaß Zentralverschluss-Scheibenräder mit Reifen der Dimension 5.25x16. Die Befestigung der Fel-

Links: Rudolf Scholz mit seinem Copiloten Hans Wencher im 328 Spezial, Mille Miglia 1940.

Unten: Freiherr von der Mühle-Eckart von der BMW 328 Mille-Miglia-Crew 1938. Er war ein vielseitig orientierter Sportsmann, der fast 95 Jahre alt wurde, wobei er in den 1930er Jahren zu den besten BMW 319/1- und 328-Fahrern gehörte und sich an nahezu allen wichtigen Rennen beteiligte.

Oben: Die Renn-Limousine 328, gefahren von Lurani/Cortese in der Mille Miglia 1940. Der von Professor Kamm entworfene Wagen musste wegen mangelnder Ölversorgung im Motor aufgeben. Die beiden italienischen Gastfahrer hätten alle Chancen auf den Sieg gehabt, den sie Fritz Huschke von Hanstein und Walter Bäumer auf einem anderen BMW 328 geschlossner Bauart überlassen mussten.

Rechts: Das von Hanstein/Bäumer gefahrene Sieger-Coupé der Mille Miglia 1940.

ge mit vier Bolzen war im Grunde eine Umgehung der Zentralverschluss-Patente der englischen Firma Rudge-Whitworth. Im Übrigen hatte der BMW 328 nicht die antiquierten Seilzugbremsen des 319/1, sondern verfügte über eine hydraulische Bremsanlage.

Die Liste der Sporterfolge des 464 Mal gebauten BMW 328 ist sehr lang. Sie reicht von jenem

Sieg, den Ernst Henne am 14. Juni 1936 im Eifelrennen herausfuhr, bis zum Ersten Platz, den der jugoslawische Fahrer Radic am 6. Oktober 1940 beim Benjica-Rennen bei Belgrad errang. Es war das letzte im kriegserschütterten Europa vor Ende 1945. Zu diesen Hunderten von Erfolgen kommen natürlich jene hinzu, die der 328 und seine Derivate nach 1945 auf ihre Fahnen heften können. Allein im Jahre 1939 erzielten Werks- und Privatfahrer auf dem 328 insgesamt 130 Erst-, Zweit- und Drittplatzierungen.

Wiederbelebung des Motorsports nach 1945

In der frühen Nachkriegsära spielte der BMW 328 noch lange Zeit eine bedeutende Rolle, sein großartiger Sechszylindermotor bildete das Herz so manchen Formel-2-Wagens – zum Beispiel von AFM und Veritas – bis in die Fünfziger Jahre hinein. Dann begann eine andere Spezies von BMW Sportwagen die Szene zu beleben. Das waren die kleinen Heckmotor-Coupés der 700er-Baureihe, die in Berg- und Rundstreckenrennen Siege und Meisterschaften hereinfuhren. Zu den

Links: Im Osten Deutschlands war das Interesse an einer Wiederbelebung des Motorsports nach dem Kriege nicht geringer als im Westen. Hier starten beim Rennen auf der Halle-Saale-Schleife am 25. Juni 1950 überwiegend Wagen mit BMW Motoren: vorne links Helfrich auf Veritas, vorne rechts Niedermayer auf einem Reif-BMW (er wurde Sieger bei den Sportwagen), weiter hinten einige 328. Der Veritas in der Mitte hatte einen Alfa-Romeo-Motor.

prominentesten Fahrern zählten Altmeister Hans Stuck, Sepp Greger, Heinz Eppelein, Dr. Arnulf Pilhatsch und Walter Schneider.
Die Bayerischen Motoren Werke erneuerten, als Motorsport nach Bewältigung großer wirtschaftlicher Fragen für sie wieder ein diskutables Thema geworden war, ihr Engagement und bewiesen in Kooperation mit externen Partnern, Profi- und Amateurteams, Tunern, Sportmanagern, Sponsoren und vor allem exzellenten Fahrern, dass die weiß-blaue Marke nach wie vor für Sportlichkeit stand. Und nicht nur im rein olympischen Geist, bei dem es bekanntlich mehr ums Dabeisein als ums Gewinnen geht. BMW war wieder eine Siegermarke.

Erfolgreich gegen Ford
Die ersten, mit denen ein professionelles Rennsportprogramm erfolgreich durchgezogen wurde, waren ALPINA und Schnitzer, dann folgten Koepchen, Kelleners, GS Tuning, das sehr aktive Ludwig-Linder-Team und andere. Bevor im Frühjahr 1972 die BMW Motorsport GmbH gegründet wurde, oblag es ausschließlich den Firmen Schnitzer und ALPINA, zwei Jahre lang im Werksauftrag die BMW Wettbewerbsaktivitäten im Tourenwagensegment wahrzunehmen. Besonders ALPINA-Gründer Burkard Bovensiepen hatte sich stark engagiert. 1973 bezeichnete »auto, motor und sport« Bovensiepens Betrieb als den professionellsten dieser Branche.
Schnitzer und ALPINA traten in den 1970er Jahren gegen die starke Konkurrenz von Ford Renntourenwagen an, die den Sieg abonniert wähnten. Auch im Rallyesport mischte ALPINA erfolgreich mit. Helmut Bein und Christoph Memel wurden 1970 auf einem BMW 2002 ti Deutsche Rallyemeister. Acht Europatitel gingen 1970 auf das Konto von ALPINA. In Verbindung mit BMW verzeichnet die jüngere Motorsportgeschichte noch viele weitere prominente Namen von Herstellern, Teams und Partnern auch in den Formelklassen. Genannt seien hier Arrows, ATS, Benetton, Brab-

Unten: Alex von Falkenhausen nahm mit einem 502 V8 Werkswagen an einigen Langstrecken-Rallyes in ganz Europa teil – nicht zuletzt aus PR-Gründen für die Marke.

Oben: Hans Stuck, der erfolgreiche Grand-Prix-Fahrer der Vorkriegszeit, gewann im BMW 700 zahlreiche Berg- und Rundstreckenrennen.

Oben rechts: Joachim Lehmann aus Friedberg bestritt auf dem BMW 502 (hier ein Foto von 1962) viele Wettbewerbe.

Rechts: Fürst Alfons Paul von Metternich im BMW 700 bei der Abschlussprüfung der Rallye Monte-Carlo 1961.

ham, March, McLaren, TOJ Williams und Sauber. Konzentrieren wir uns nachfolgend, ohne damit die großartigen Leistungen in den weiter zurück liegenden Epochen zu schmälern, auf das Tourenwagen-Renngeschehen der vergangenen vier Jahrzehnte.

1970-1972

War es 1970 noch der Formel-2-Sport, in welchem BMW als Motorenlieferant und Transfer-Partner, aber auch unter eigener Flagge im Rundstreckengeschäft aktiv war, so vollzog sich gegen 1972 ein Wechsel zum Tourenwagen- und GT-En-

Oben: Dieter Quester, einer der Besten auf BMW.

Rechts: Ein BMW 2002 ti als Teilnehmer am Marathon de la Route 1969 auf dem Nürburgring.

gagement. Rennfahrer mit bekannten Namen wie Gerhard Mitter, Jo Siffert, Dieter Quester, Dieter Basche, Hubert Hahne, Harals Ertl, Ernst Furtmayr, Jody Scheckter, Chris Amon und viele andere fuhren für BMW. Der geniale Motoren-Chefkonstrukteur und AFM-Gründer Alex von

Links: Solch martialische Auftritte des Nullzwei wie hier 1972 auf dem Nürburgring stießen besonders bei einer jüngeren Fangemeinschaft auf lebhaftes Interesse und inspirierte sie zu privatem Tuning von Straßenfahrzeugen bis an die Grenze des Legalen... – nicht unbedingt dem Ruf der Marke förderlich.

Falkenhausen und nach ihm sein ehemaliger Assistent, der Ingenieur Paul Rosche (»Nocken-Paule«) holten aus dem BMW Vierzylindermotor unvorstellbar hohe Leistungen heraus.
Im Tourenwagensport gingen noch überwiegend private Teams an den Start. 1971 errangen sie in 36 Rennen nicht weniger als 56 Klassensiege in der Gruppe 2 sowie 31 in der Gruppe 1. Und in 57 Bergrennen gab es für BMW 182 Klassensiege. Es war die große Zeit des 1600-2 und 2002. Rallye-, Berg- und Rundstrecken-Landesmeisterschaften sammelten BMW Fahrer wie Pilze nach einem regenfeuchten Spätsommertag.

1973-1974
1973 ging in Monza erstmals der 3.0 CSL an den Start. Auf dem Nürburgring stellte Hans-Joachim »Strietzel« Stuck am Lenkrad eines solchen Wagens einen neuen Rundenrekord auf – mit 8 Minuten und 10,9 Sekunden. Neuer BMW Rennchef war Jochen Neerpasch. Erfolgreichste Fahrer der Saison waren Toine Hezemans und Dieter Quester. Erster großer Erfolg auf internationaler Ebene war der Tourenwagen-Gesamtsieg bei den 24 Stunden von Le Mans. Weitere Rennsportaktivitäten überließ das Werk aber noch weitgehend Privatteams. Bester deutscher Privatfahrer war Dieter Basche mit einem BMW 2002.

1975-1976
1975 konzentrierte die BMW Motorsport GmbH ihre Einsätze in den USA, wo Strietzel Stuck, Sam Posey, Ronnie Peterson und Brian Redmann in der IMSA-Serie erfolgreich waren. Mit 3.0-CSL-Coupés – bis zu 470 PS stark – holten die Tunerteams Faltz und Schnitzer die Markenmeisterschaft für Tourenwagen nach München.
Die schnellen, starken und mit Bugschürzen, Breitreifen sowie auffallenden Heckspoilern bewehrten Sechszylinder wurden so gut wie unverändert auch für die Saison 1977 übernommen, als BMW den FIA-Pokal für die Sportwagen-Markenweltmeisterschaft errang. Die Tourenwagen-Europameisterschaft holte sich das belgische Team Jean Xhenceval/Pierre Dieudonné, die Europa-Bergmeisterschaft ging an Nesti/Cebora-BMW. Wo immer die Leichtbau-BMW-Coupés am Start waren, hatte die Konkurrenz nur geringe Chancen.

Oben: Einer der drei BMW 3.0 CSL des BMW Luigi Teams 1974 im 24-Stunden-Rennen von Spa-Francorchamps.

Rechts: ADAC-1000-Kilometer-Rennen 1976 auf dem Nürburgring. Die BMW Teams von Schnitzer, Faltz und Luigi sowie zahlreiche private BMW dominieren die Saison.

Oben: Manfred Winkelhock im BMW 320i 1997. Die Kämpfe um die Deutsche Rennsport-Meisterschaft waren ebenso spannend wie Grand-Prix-Rennen!

1977-1979

Das Sportjahr 1977 brachte BMW zwei weitere Weltmeisterschaften, vier Europatitel und elf Landesmeisterschaften. Dieter Quester wurde auf einem 3.0 CSL Tourenwagen-Europapokalsieger. Besonderen Eindruck machte 1977 das Debüt der BMW Juniorenmannschaft. Mit einer Rennversion des 320 brillierten der damals erst 19-jährige Eddie Cheever, Marc Surer und Manfred Winkelhock. Auf allen bekannten Rennstrecken Europas erkämpften die drei in der Deutschen Rennsportmeisterschaft insgesamt acht Siege. 1978 setzte die BMW Motorsport GmbH fünf Länderteams ein, die in einer neuen 2,0-Liter-Division um die Markenweltmeisterschaft kämpften. Die BMW 320 mit ihren Formel-2-Motoren belegten bei allen Rennen stets den ersten Platz, so dass BMW der Meistertitel sicher war. In der Deutschen Rennsport-Meisterschaft mischte Harald Ertl auf einem 650 PS starken Turbo 320 mit; er wurde 1978 Deutscher Meister.

Für 1979 hatte man sich bei BMW etwas Besonderes ausgedacht: Die Bayern brachten den M1 für die neu geschaffene Procar-Rennserie auf die Piste. Die acht Läufe wurden jeweils vor dem Start der europäischen Grand-Prix-Rennen gefahren. Am Steuer saßen die großen GP-Asse, aber auch talentierte Nachwuchsfahrer. In der Gesamtwertung wurde schließlich Niki Lauda Sieger vor Strietzel Stuck. Pläne für einen Einsatz des M1 außerhalb der Procar-Serie ließen sich nicht realisieren. Mit einem weiteren Titel in der Tourenwagen-EM verabschiedete sich der 3.0 CSL 1979, als die Homologation endete.

1979 hatte BMW eine besondere Attraktion zu bieten: die von ihr geschaffene Procar-Rennserie für das M1 Coupé. Die Läufe gingen allen Formel-1-Rennen in Europa voraus, wie hier in Monaco.

1980-1981
Die Procar-Serie wurde 1980 von einer eigenständige Organisation gemanagt. Als Gesamtsieger qualifizierte sich der brasilianische Formel-Eins-Champion Nelson Piquet. Auch in der deutschen Rennsportmeisterschaft war der M1 zahlreich vertreten. Gegen Ende der Saison wurde Jochen Neerpasch von Dieter Stappert als Rennchef abgelöst, der BMW 1981 auf Einsätze in der Formel 1 vorbereitete. Noch spielte aber der M1 eine große Rolle, mit dem Helmut Henzler in der Gruppe 4 Deutscher Rennsportmeister wurde, während Hans-Joachim Stuck einen M1 mit Turbo-Sechszylinder von 800 PS in der Gruppe 5 fuhr, vorbereitet von Schnitzer in Freilassing. Die Tourenwagen-EM errangen Helmuth Kelleners und Umberto Grano auf einem BMW 635 CSi.

1982-1983
Als 1982 ein neues Reglement für die Gruppe in Kraft trat, konnte BMW mit dem erfolgreichen 635 CSI dort nicht mehr antreten, denn innerhalb von 12 Monaten musste eine Produktion von 5000 identischen Basisfahrzeugen vorgewiesen werden. Dafür kam der 525i/528i in Frage, der durch verschiedene Teams auch mit Erfolg eingesetzt wurde. In acht von elf EM-Läufen hieß der Sieger BMW. 1983 war auch der 635 CSi im Schnitzer-Tuning wieder mit von der Partie; Quester und Winkelhock holten sich viel beachtete Siege, so auf dem Nürburgring und in Spa. Sieger der Deutschen-Rennsportmeisterschaft wurde Harald Grohs auf einem M1.

1984-1985
In der Markenwertung landete BMW angesichts starker Jaguar- und Volvo-Konkurrenz 1984 nur auf Platz 3, lediglich in der deutschen Produktionswagen-Meisterschaft schaffte es Volker Strycek auf einem 635 CSi, sich ganz oben zu platzieren. 1985 liefen die von Schnitzer getunten 635 CSI vor allem in der Tourenwagen-Europameisterschaft; die Fahrer waren Dieter Quester, Roberto Ravaglia, Johnny Cecotto und Gerhard Berger. Dennoch blieb der Doppelsieg bei den 24 Stunden von Spa der einzige spektakuläre Erfolg der starken Coupés. Dafür gab es wieder genügend Landesmeisterschaften, und der Franzose François Dosières gewann die Europa-Bergmeisterschaft für Serienwagen.

1986-1987
Außer dem 635 CSI kamen 1986 auch vom Tuner Ludwig Linder präparierte 351i zum Einsatz. Europameister bei den großen Tourenwagen wurde Roberto Ravaglia. Und nach drei Titelgewinnen war auch für 1987 geplant, noch einmal mit dem 635 CSI zu starten, doch dann legte BMW den Schwerpunkt auf Einsätze in der neu geschaffenen Weltmeisterschaft. Mit dem auf 300 PS gebrachten M3 (2,3-Liter-Vierzylinder) gingen die bekannten Teams – keine Werksmannschaft – an den Start. National und international gab es zahlreiche Bestplatzierungen. Kein anderer Automobilhersteller vermochte 1987 so viele Siege zu verbuchen wie BMW.

Hans-Joachim »Strietzel« Stuck im Schnitzer-BMW, 1984.

1988-1989
1988 setzte der M3 seine beeindruckende Karriere fort. In Deutschland, Frankreich, England und Italien errang BMW erneut nationale Meisterschaftstitel, wobei Schnitzer im Werksauftrag die Tourenwagen betreute. Auch 1989 erwies sich

Rechts: Zu Tausenden fanden solche Aufkleber ihre begeisterten Abnehmer (1988).

Links: Roberto Ravaglia, einer der besten Fahrer auf BMW, wurde 1989 mit einem M3 Deutscher Tourenwagenmeister.

1990: Mit dem BMW M3 Evolution gab es in Spa-Francorchamps einen grandiosen Doppelsieg, errungen von Cecotto, Oestreich und Giroix auf Nr. 25 (Foto) sowie Quester, Danner und Duez auf Nr. 24. Sie fuhren für das Team Schnitzer.

Der Venezolaner Johnny Cecotto war schon Motorrad-Weltmeister, ehe er 1988 zu BMW kam. 2003 beendete er seine äußerst erfolgreiche Karriere.

die Kombination Schnitzer-Ravaglia wieder als erfolgreich – der Italiener wurde erneut Deutscher Tourenwagenmeister. Der Vierventil-M3 war so gut wie unschlagbar. Auch bei der Rallye Monte-Carlo mischte ein M3 erfolgreich mit: der Belgier Marc Duez kam als bester Nicht-Allradler auf den achten Platz. Nationale Tourenwagen-Meisterschaften gab es für BMW in Belgien, Holland, Finnland, Frankreich, Italien, Jugoslawien, Schweden und Spanien. Sowohl für die Teams Linder, Schnitzer – Doppelsieg beim 24-Stunden-Rennen auf dem Nürburgring – und Zakspeed als auch für zahlreiche ausländische Teams war die Saison 1989 hervorragend verlaufen.

1990-1991

Die 1990 für BMW startenden Teams waren das BMW M Team Schnitzer, das M Team Zakspeed, das M Team Linder und das italienische Bigazzi M Team. Ravaglia fuhr in eigener Regie und holte sich abermals den Italienischen Meistertitel – zum fünften Mal. Prinz Leopold von Bayern (stets »Poldi« genannt) startete auf M3 im Isert-DTM-Team. In Rennen und Rallyes erwies sich der M3 nach wie vor als erfolgreiche Waffe auf allen europäischen Strecken. Das setzte sich auch 1991 fort, nachdem Marc Surer die Position von Dieter Stappert als Rennchef übernommen hatte. Besondere Hervorhebung verdient die Leistung des Briten Steve Soper, der seit dem Jahr 1989 für BMW unterwegs war. Er profilierte sich als Langstrecken-Spezialist und sorgte in Hockenheim gleich für zwei sensationelle Siege.

Rechts: In der neu geschaffenen Gruppe N für nicht leistungsgesteigerte Serienwagen fuhr dieser 325i wie einige andere 1993 im 24-Stunden-Rennen auf dem Nürburgring.

1992-1993

1992 trat BMW in der neu geschaffenen Gruppe N für nicht getunte Serienwagen an, auch hier war es der 3er, der für Erfolge sorgte, sogar beim 24-Stunden-Rennen auf dem Nürburgring. Der Renn-M3 hingegen verabschiedete sich gegen Saisonende, nach insgesamt 39 Siegen und zwei DTM-Titeln. François Dosières wurde ein weiteres Mal Europa-TW-Bergmeister (wie 1993), und Landesmeisterschaften gab es für BMW 1992 in

Dänemark, Holland, Luxemburg, Österreich, Spanien, Südafrika und in der Tschechoslowakei. 1993 feierte ein neuer BMW sein Debüt: der M3 GTR mit 325 PS-Sechszylinder. Er erfüllte alle Erwartungen wie auch die hubraumschwachen 318i, mit denen unzählige Klassensiege in aller Welt errungen wurden. Wie schon zuvor gab es auch ein BMW Damenteam, in welchem Sabine Schmitz und Astrid Grünfelder brillierten wie vor ihnen Anne Meeuvissen und Mercedes Stermitz.

1994-1995

1994 stand für BMW im Zeichen der Deutschen Tourenwagen-Meisterschaft (DTM) mit den Fahrern Soper, Ravaglia und Aiello. Ihr Wagen war der 318i in der Zweiliter-Klasse. Rennen in ganz Europa brachten BMW die gewohnten Siege ein; für die Wettbewerber war es fast frustrierend. Der 320i, der 1995 zur Verfügung stand, war mit dem 318i fast identisch, doch der Motor hatte stolze 285 PS. Mit einem solchen Wagen gewann das Team Schnitzer unter anderem die 24 Stunden von Spa, das Team Bigazzi die 24 Stunden vom Nürburgring. Mit drei Fahrzeugen vom Typ McLaren-F1-GTR war BMW auch in Le Mans dabei: Dalmas/Lehto/Sekaya wurden Gesamtsieger.

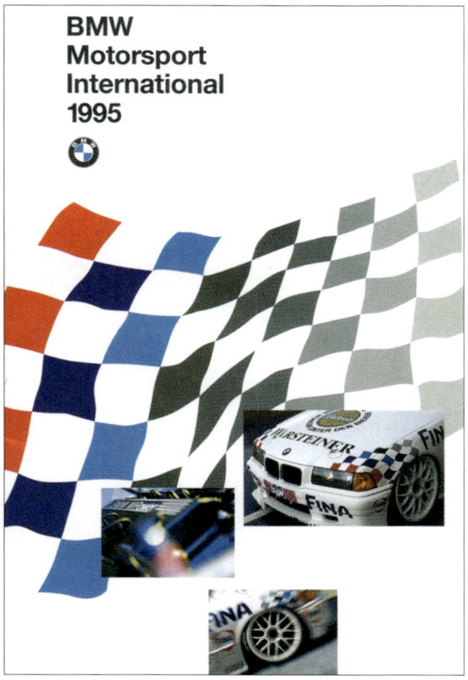

1996-1997

In der Saison 1996 kamen die BMW GTR LM zum Zuge. Sechs Fahrzeuge standen für die Prototypen-Gruppe 7 zur Verfügung. Wieder gab es zahlreiche Siege und Meisterschaften, auch im Ausland, wo Teams der BMW Tochtergesellschaften in Australien, Belgien, Italien und Südafrika existierten. Für 1997 lauteten die Prioritäten Le Mans, die FIA-GT-Meisterschaft, der BMW ADAC Super-Tourenwagencup. In Le Mans verzeichnete man einen grandiosen Doppelsieg mit dem neuen McLaren GTR-F1 70/3 bei den Prototypen (2. und 3. Gesamtplatz), und bei den 24 Stunden vom Nürburgring gewann die Mannschaft Reck/Scheid/Zakowski mit einem BMW M3 die Gruppe-A-Kategorie. In Frankreich wurde erstmals ein BMW Z3 im Wettbewerb eingesetzt: in der Andros-Winterrennserie. Joachim Winkelhock und Johnny Cecotto sicherten BMW in der Cup-Serie den Markentitel. Die Liaison mit McLaren, wo man schon seit zwei Jahren enger mit Mercedes zusammenarbeitete, ging 1997 bereits zu Ende. Als neuer BMW Partner trat jetzt Williams in Erscheinung – gemeinsam diskutierte man die Chancen für einen Formel-1-Einstieg.

BMW 320i Renntourenwagen, wie er 1996-98 von vielen Teams in Läufen um Landesmeisterschaften eingesetzt wurde.

1998-1999

1998 wurde Gerhard Berger Chef der BMW Motorsport GmbH. Wieder standen die Anstrengungen für Le Mans im Vordergrund, und BMW hatte hierfür einen neuen, ultraflachen Roadster entwickelt, den LMR V12, entstanden bei der neuen BMW Motorsport Ltd. in Didcot. Mit zwei Wagen traten die Mannschaften Stuck/Kristensen/Soper sowie Winkelhock/Martini/Cecotto an, aber sie mussten wegen Defekten aufgeben. Dafür gab bei den 24 Stunden vom Nürburgring erstmals ein Diesel-BMW sein Renndebüt: Gesamtsieger auf dem 320d wurden Stuck/Duez/Menzel/Bovensiepen. BMW Fahrer holten sich 1998 zwanzig Titel, unter anderem die Deutsche STW-Rundstreckenmeisterschaft (Schnitzer 320i) durch Cecotto. In der BMW Talentförderung fielen ganz besonders die Junioren Dominik Schwager und Alex Müller (Oreca-Team) auf, die in der Internationalen FIA-Formel 3000 starteten. Ihre Autos hatten 450 PS starke V8-Motoren.

Einer der erfolgreichsten BMW Vertragsfahrer: der Italiener Roberto Ravaglia. Von 1984 bis 1997 war er für BMW unterwegs und errang 52 Siege.

Charly Lamm managte für das Team Schnitzer die Einsätze auf BMW. Hinter ihm, am Lenkrad, Roberto Ravaglia (2000).

Ins Management zur BMW Motorsport Ltd. wurde 1999 Dr. Mario Theissen, zuvor Chef der BMW Technik GmbH, berufen. Er blieb bis 2011. Theissen forcierte die Le Mans-Aktivitäten und ließ den LMR V12 Roadster optimieren. Auch entstand eine Reihe heißer M3 Coupés für die GT-Kategorie für die USA: sieben Starts, fünf Siege!
1999 holte sich BMW in Le Mans mit dem LMR V12 wieder einen Gesamtsieg durch Dalmas, Winkelhock und Martini (366 Runden mit 207 km/h Schnitt, ein neuer Rekord), ebenso wie bei den 12 Stunden von Sebring in Florida (Kristensen, Lehto, J. Müller). Dort gehörte das Rennen zur neuen American Le Mans Series. Auch startete erstmals der neue BMW 320i E46. Es gab für BMW 27 Gruppen- und 52 Klassensiege – ein erfolgreiches Jahr.

Unten: Jörg Müller unterwegs zur Europäischen Tourenwagenmeisterschaft (ETCC) 2002 in Estoril, Portugal.

2000-2001
Der Einstieg von BMW in die Formel 1 band so viel Potenzial, dass der Tourenwagensport 2000 zurückstehen musste. Gleichwohl startete BMW der Le Mans-Spezifikation in der AML Serie und bei der European Touring Car Championship (ETCC). Jörg Müller gewann 2000 den Fahrertitel, BMW die internationale Markenmeisterschaft. Auch 2001 konzentrierte man sich wieder auf die ALM Serie und auf Rennen in Europa nach Le Mans-Regelwerk. Die neue Waffe war der BMW GTR V8 mit 400 PS, dessen Einsätze vom Schnitzer-Team unter Charly Lamm unterstützt wurden. Siege gab es am laufenden Band, in Sears Point/USA sogar einen Vierfachsieg, in Mosport/Kanada einen Dreifachsieg. Zu den Spitzenfahrern des Jahres 2002 zählten Frederik Ekblom, JJ Lehto, Dirk Müller und Jörg Müller. Erfolgreichster Privatfahrer des Jahres 2001 wurde Hans-Joachim Stucks amerikanischer Teamkollege Boris Said.

2002-2003
Für die als FIA-ETCC neu reglementierte Tourenwagen-Europameisterschaft versorgte BMW sechs Länderteams mit Fahrzeugen (in Deutsch-

land, Belgien, Holland, Italien, Großbritannien und Spanien). Das deutsche Team wurde wieder von Schnitzer unter Charly Lamm betreut. Doch diesmal reichte es im Championat nur für Platz 2 hinter Alfa Romeo. Die American Le Mans Series fuhr BMW nicht mehr mit, Reglementänderungen hatten eine Teilnahme seitens BMW sinnlos werden lassen. Dafür hatte sich aus der BMW ADAC Cup-Formel etwas Neues entwickelt, die Formel BMW als »kleine Formel Eins«. Prominentester Einsteiger der Saison: Keke Rosbergs Sohn Nico, der als Pilot ein hervorragendes Debüt gab.

2004-2005

In Kaprun, Österreich, feierten 650 Gäste beim Saisonabschluss 2004 den erneuten Gewinn der Tourenwagen-Europameisterschaft, Doppelsiege beim 24-Stunden-Rennen auf dem Nürburgring und beim Guia-Race in Macau und ehrten siegreiche BMW Privatfahrer mit dem auf insgesamt 241.000 Euro dotierten BMW Sportpokal. Gefeiert wurden Tourenwagen-Asse wie Macau-Sieger Jörg Müller und Tourenwagen-Europameister Andy Priaulx aus Großbritannien, der seinen ersten BMW Werksfahrervertrag für die neue FIA World Touring Car Championship (WTCC) 2005 bekam. An dieser Meisterschaft nahm 2005 auch wieder das Schnitzer-Team mit zwei BMW 320i E46 teil; Fahrer waren Jörg Müller (6. Gesamtklassement) und Dirk Müller (2. Gesamtklassement). Bei den 24 Stunden vom Nürburgring siegten Lamy/Huisman/Said/Priaulx vor Müller/Müller/Stuck) auf zwei Werkswagen M3 GTR, Baureihe E46.

2006-2007

Für die WTCC der Saison 2006 standen die neuen 3er BMW 320si der Baureihe E90 parat. Für Schnitzer starteten wieder Jörg Müller, der Vizemeister wurde, sowie Dirk Müller. Jörg war auch 2007 wieder dabei, Dirk wurde durch den Brasilianer Augusto Farfus ersetzt. Jörg Müller kam 2007 aber nur auf Platz 7, Farfus auf Platz 4. Und Andy Priaulx war der alte und neue Tourenwagen-Weltmeister. Beim Saisonfinale der FIA World Touring Car Championship in Macau feierte der Brite vom BMW Team UK im ersten Lauf den Sieg und belegte im zweiten Rennen Platz 5. Mit insgesamt 73 Punkten sicherte er sich zum zweiten Mal in Folge den WM-Titel. Jörg Müller musste sich seinem Markenkollegen nur um einen Punkt geschlagen geben. In der Herstellerwertung hat-

Jörg Müller, seit 1995 Vertragsfahrer für BMW.

Jörg Müller (vorn) und Dirk Müller (neben dem Alfa Romeo) vom BMW Team Deutschland im ETCC-Rennen 2003 in Monza.

Dr. Mario Theissen war bis Jahresmitte 2011 Renndirektor bei BMW und damit für alle Motorsporteinsätze verantwortlich.

Rechts: Nächtlicher Boxenstopp: Ein 320is der BMW Armada beim 24-Stunden-Rennens auf dem Nürburgring.

Oben: Andrew »Andy« Priaulx (BMW 320si, 2009) begann als Zehnjähriger mit dem Kartsport und war bisher drei Mal Tourenwagen-Weltmeister und einmal Europameister.

te BMW zum Saisonende 254 Punkte auf dem Konto und einen Vorsprung von 19 Punkten auf den Verfolger SEAT. Auch in dieser Meisterschaft gelang somit die Titelverteidigung.

Priaulx war der erste Tourenwagenfahrer seit Roberto Ravaglia, dem späteren Teamchef von BMW Team Italy-Spain, der drei Mal in Folge eine offizielle FIA-Tourenwagen-Weltmeisterschaft für sich entscheiden konnte.

2008-2009

Schnitzer nahm auch 2008 wieder mit zwei BMW E90 an der WTCC-Serie teil, abermals mit Jörg Müller, der Siebenter wurde, und Farfus, der sich als Sechster platzierte. Die Saison 2009 verlief insoweit etwas besser, als Farfus auf Platz 3 landete.

Die Tourenwagen-WM WTCC verlief 2009 indes anders als BMW erhofft hatte. Besonders zu Saisonbeginn vermochte man gegen die starken Diesel-SEAT wenig auszurichten, erst nach mehreren Rennen wurde bekannt, dass die Spanier mit einer derart hohen Toleranz in Sachen Ladedruck ausgestattet waren, dass sie offenbar über einige zusätzliche Pferdestärken verfügten. Auch wenn es danach deutlich besser lief und BMW in der zweiten Hälfte der Saison einige Rennen gewinnen konnte, gewann SEAT am Ende beide Meisterschaften.

Recht gut verlief die Saison 2008-2009 für Privatfahrer: In der Independents' Trophy der Tourenwagen-WM kamen vier BMW Fahrer unter die besten Fünf. Der Spanier Félix Porteiro musste sich lediglich Tom Coronel (SEAT) geschlagen geben. Franz Engstler stand in Pau kurz vor einer Sensation und hatte im BMW 320si WTCC in Führung liegend die Chance auf den Sieg. Eine spektakuläre Kollision mit dem Safety-Car verhinderte jedoch den Triumph des Routiniers, der in der Privatfahrerwertung hinter Coronel, Porteiro und Stefano d'Aste (ebenfalls BMW) Vierter wurde.

Links: In grellem Grün trat ALPINA im Mai 2009 beim 24-Stunden-Rennen um den VLN-Pokal (Langstrecken-Meisterschaft Nürburgring) an.

Links: Der BMW GT2 von Jörg Müller, Augusto Farfus und Uwe Alzen (auch häufig auf Porsche unterwegs) bei den 24 Stunden von Le Mans, 2010.

2010-2011

Bei den 24-Stunden-Rennen von Spa-Francorchamps, auf dem Nürburgring und in Le Mans waren Schnitzer-Autos ebenfalls am Start. Am Nürburgring konnten die Fahrer Müller/Alzen/Farfus/Lamy auf einem Werks-M3 GT2 E90 den Sieg erringen. Einmal mehr durfte BMW auf eine erfolgreiche Rennsport-Saison zurückblicken – mit dem M3 GT2 auf Langstrecken, dem 320si WTCC in der Tourenwagen-Weltmeisterschaft und mit Fahrzeugen aus dem BMW Kundensport-Programm. Im Zuge der strategischen Neuausrichtung des Motorsport-Engagements weitete BMW 2010 seine Präsenz im GT-Sport aus. Zum zweiten Mal in Folge trat das BMW Rahal Letterman Racing Team mit zwei M3 GT2 in der GT-Klasse der American Le Mans Series an und konnte nach einem dramatischen Finale in Road Atlanta die Titel in der Hersteller- und der Teamwertung erringen. Auch die Premiere des M3 GT2 bei einem 24-Stunden-Klassiker in Europa geriet triumphal. Andy Priaulx errang insgesamt sechs Saisonsiege, so viele wie noch nie zuvor in seiner erfolgreichen WM-Karriere.

Die Saison 2011 nahm für BMW einen viel versprechenden Anfang: Beim traditionsreichen 12-Stunden-Rennen von Sebring der American Le Mans Series (ALMS) siegte ein BMW M3 GT, gefahren von Dirk Müller, Joey Hand und Andy Priaulx nach 312 Runden. Dirk Werner, Bill Auberlen und Augusto Farfus machten in einem identischen Wagen als Zweite den Doppelsieg für BMW perfekt.

Unten: BMW M3 GT. Die Spuren auf dem Asphalt reden eine deutliche Sprache, wohin die Reise unter unglücklichen Umständen gehen kann.

BMW in der Formel 2 und Formel 1

Die Grand-Prix-Szene sah im Jahre 2000 einen Debütanten am Start: Williams-BMW. Als Motorenlieferant renommierter Formel-1-Teams und als langjähriger Formel-2-Herausforderer verfügte BMW über beste Voraussetzungen für den Einstieg in die Königsklasse.

Schon zur Zeit des BMW 700 gab es Versuche, mit dem kleinen Zweizylindermotor Formel-V-Wagen zu bestücken. Dann erschien der BMW der »Neuen Klasse«, und deren Vierzylindermotoren regten etliche Konstrukteure an, diese ebenfalls in Formelwagen einzubauen. So war der britische Hersteller Lola 1966 mit einem BMW Zweiliter am Start (Fahrer: Ahrens, Hahne, Quester, Siffert) zahlreicher Formel-2-Rennen zu sehen, und der potente Vierzylindermotor wurde sogar in Rennen der 3,0-Liter-Formel-1 verwendet.

Vier Ventile, drei Kerzen pro Zylinder
1968 stieg BMW mit verstärktem Engagement in die Formel 2 ein. Der Zweilitermotor war durch Ingenieur Ludwig Apfelbeck in einen Vierventiler mit zwei Nockenwellen und zwölf Zündkerzen verwandelt worden. Der 240 bis 250 PS starke Formelwagen trug die Bezeichnung 268 und im Folgejahr 269. BMW hatte es aber nicht leicht, sich auf internationalem Parkett zu behaupten. Das Chassis war eine Konstruktion von Lennart Terry, entstanden waren die fünf Monoposti bei den Dornier-Werken in Oberpfaffenhofen.
Ab 1972 wurden BMW Motoren in March-Rennwagen implantiert. Alex von Falkenhausen hatte die Vierzylinder auf 275 PS gebracht. Als Fahrer engagierte Rennleiter Jochen Neerpasch die Franzosen Jean-Pierre Jarier und Jacques Coulon, den Italiener Vittorio Brambilla und den Briten Roger Williamson. Mit elf Siegen in 16 Rennen wurde Jarier Europameister.

Rechts: Formel-2-Monoposto mit 240 bis 250 PS starkem BMW Vierzylinder-Einspritzmotor; er hat drei Kerzen pro Zylinder.

1978 konzentrierte sich das Engagement der BMW Motorsport GmbH auf das Formel 2 Juniorteam mit Bruno Giacomelli, Marc Surer und Manfred Winkelhock. Bis einschließlich 1982 war dieses Team außerordentlich erfolgreich.
Ende 1980 verkündete BMW, als offizieller Motorenlieferant in die Königsklasse einzusteigen. Ein Vierzylinder mit gusseisernem Block aus der Pkw-Serienproduktion mit elektronischem Zünd- und Einspritzsystem – das war ein Novum in der Formel 1. Im Brabham-Monocoq fuhren BMW Motoren 1981-1985 zwölf Siege, sieben Zweit- und fünf Drittplatzierungen ein. Mit Nelson Piquet errang Brabham-BMW 1983 die Weltmeisterschaft – als erster im Turbo-Zeitalter.

Oben links: Hans-Joachim Stuck 1976 in einem Formel-2 March-BMW, konstruiert von Robin Herd.

Oben: Marc Surer (Mitte) mit Helfern vom BMW Junior Team. 1979 wurde der aus Basel stammende Surer Formel-2-Europameister.

Links: Der Belgier Thierry Boutsen im Arrows-BMW A8, 1985. Partner im Team war der österreichische Rennfahrer Gerhard Berger.

Formel-1-Einsätze mit BMW-Motoren 1981 - 1988

Fahrzeug	Rennen	1. Platz	2. Platz	3. Platz
1981-82 Brabham-BMW BR50	13	1	1	-
1983 Brabham-BMW BT52	15	7	3	3
1984 Brabham-BMW BT53	16	3	1	2
1984 Arrows-BMW A7	14	-	-	-
1984 ATS-BMW D7	15	-	-	-
1985 Brabham-BMW BT54	16	1	2	-
1985 Arrows-BMW A8	16	-	-	-
1986 Brabham-BMW BT55	16	-	-	-
1986 Arrows-BMW A9	16	-	-	-
1986 Benetton-BMW B186	16	1	-	3
1987 Brabham-BMW BT56	16	-	-	2
1987 Arrows-Megatron A10	17	-	-	-
1987 Ligier-Megatron JS29	9	-	-	-
1988 Arrows-Megatron A10B	16	-	-	-

Rechts: Pablo Montoya 2001 in Monte-Carlo. Den Grand Prix von Monaco beendete er schon nach zwei Runden durch einen Dreher...

Unten: Start zum Großen Preis von Australien, 2001. Das Rennen beendete Ralf Schumacher auf dem dritten Rang. Der BMW Motor vom Typ P80 leistete 850 PS.

Neuer Start mit Williams

Zu Beginn der Saison 2000 kehrte BMW nach zwölfjähriger Abwesenheit in die Formel 1 zurück. Die Vorbereitungen zu diesem Schritt hatten gut drei Jahre gedauert. Und man hatte einen starken, kompetenten Teampartner für den Wiedereinstieg gewählt: Frank Williams in Großbritannien.

Mit einem Zehnzylindermotor beschritt BMW Neuland. Man fuhr zunächst auf Ankommen, nicht auf Sieg. Aber mit Michael Schumachers jüngerem Bruder Ralf hatte BMW einen ausgezeichneten Fahrer im Team; schon beim ersten Rennen in Melbourne holte er einen ehrenvollen dritten Platz heraus, und in Spa-Francorchamps sowie in Monza wiederholte er diesen Erfolg. Aber auch sein Teamkollege, der Brite Jenson Button, sammelte Punkte. Platz Drei in der Konstrukteurs-Weltmeisterschaft gleich in der ersten Grand-Prix-Saison, das war ein viel versprechender Start!

P80 nannte sich das Kraftpaket für den BMW Formel-1-Wagen, der 2001 zum Einsatz kam, eine Neukonstruktion, leichter als sein Vorgänger, 850 PS stark. Auch das Getriebe und der überwiegende Teil des Chassis waren neu.

Jenson Button war durch den Kolumbianer Juan Pablo Montoya ersetzt worden (Formel-3000-Meister 1998), und das deutsch-kolumbianische Duo zeigte ein meisterhaftes Können. Denn in der Grand-Prix-Saison 2001 gab es gegen harte Konkurrenz seitens Ferrari und McLaren-Mercedes vier Siege (in San Marino, Kanada und Deutschland durch Schumacher, in Italien durch Montoya), drei Zweit- und eine Drittplatzierung. Trotz der insgesamt übers Jahr verteilten 18 Ausfälle blieb genügend Grund zum Feiern.

Kleiner Bruder – ganz groß

Ausfälle trug das BMW-Williams-F1-Team mit Humor. In Imola (San Marino GP) rollten die beiden FW23 im Training mit der Aufschrift »Keep your Distance« am Heckflügel aus der Box. Und ausgerechnet in Imola errangen die Weißblauen ihren ersten Sieg. Besonders imponierend an die-

sem Sieg war die Souveränität, mit der Ralf Schumacher vom dritten Startplatz aus die beiden McLaren-Mercedes abhängte, die Führung übernahm und sie bis zum Schluss nicht mehr abgab. Das war der 21. Grand Prix nach dem Wiedereinstieg in die Formel 1.
Beim Großen Preis von Frankreich in Magny-Cours schlug Ralf Schumacher seinen Bruder Michael um eine Hundertstel Sekunde im Kampf um die Pole Position beim Start, am Ende war er der

Rechts: Sieger Ralf Schumacher bei der Champagner-Dusche in Magny Cours 2001. Sein Bruder Michael (links im Ferrari-Overall) wurde ausnahmsweise einmal Zweiter.

Sieger. Schönstes Ergebnis aber war das in Hockenheim beim GP von Deutschland erzielte, wo beide Williams-BMW von der vordersten Position aus starteten – zum ersten Mal standen sie in der vordersten Reihe! Als Ralf mit 46 Sekunden Vorsprung auf Rubens Barrichello die karierte Flagge gezeigt bekam, freute sich ganz Deutschland. Montoya hatte 22 Runden lang führen können, bevor eine defekte Tankanlage seine Chancen zunichte machte (und sein Wagen dann mit einem Motorschaden stehen blieb). Seinen dritten Platz bei den Konstrukteuren hatte BMW-Williams in der Rennsaison 2001 halten können.
So gut die Grand-Prix-Saison 2001 für BMW-Williams zu Ende gegangen war, so schwierig gestaltete sich die darauf folgende. Ab Monza war der neue BMW Motor P82 zum Einsatz gekommen, jetzt 900 PS stark bei mehr als 19.000 Touren. Mit dieser Power fuhr Montoya beim GP Italien die schnellste Qualifying-Runde der Formel-1-Geschichte. Und das BMW-Williams-Team durfte sich zugute halten, das einzige Team ge-

Pablo Montoya beim Grand Prix von Monaco 2002. Leider fiel er mit einem Motordefekt aus, während sein Teamkollege Ralf Schumacher Dritter wurde.

Oben und rechts: Großer Preis von Italien 2002. Montoya absolvierte die schnellste Qualifyingzeit der Formel-1-Geschichte, kam auf die Pole Position – doch der Sieger hieß Rubens Barrichello auf Ferrari; sowohl Pablo Montoya als auch Ralf Schumacher waren ausgefallen.

wesen zu sein, das den dominanten Ferrari wenigstens phasenweise etwas entgegen zu setzen gehabt hatte. Am Ende gab es für BMW-Williams immerhin einen zweiten Platz in der Konstrukteurs-WM; nach dem 16. Lauf von 17 war es klar, dass BMW-Williams diesen Platz einnehmen würde (bei Ferrari hatte aber bereits nach dem elften Saisonrennen der Meistertitel festgestanden). BMW und Williams sprachen davon, ein wichtiges Etappenziel erreicht zu haben.
Schon im September begannen in Barcelona die Probeläufe mit einem noch weiter optimierten Motor, dem P83. In Tausenden von Testkilometern wollte man sich für die Saison 2003 noch besser vorbereiten. Nun, 2002 hatte kein anderes Grand-Prix-Team so viele Runden absolviert. Die offiziell FW24 genannten Monoposti waren im Vergleich zu 2001 auch nur vier Mal ausgefallen, zwei Mal durch Kollision, zwei Mal durch Motordefekte.

Großer Preis von Europa: Doppelsieg!
Für die Grand-Prix-Saison 2003 stand der neue BMW FW25 zur Verfügung. Der Wagen hatte 130 mm weniger Radstand, eine neue Drehstabfederung und neue Radaufhängungen vorn. Der Zehnzylindermotor hatte noch mehr Leistung, drehte noch höher als 2002. Beim ersten Rennen der Saison (Australien) verpasste Montoya knapp seinen ersten Sieg – durch einen Dreher langte es nur für Platz Zwei. Dann hatten es Schumacher und Montoya mit der Vier: Vierter Platz für Ralf in Brasilien, in Imola und in Monaco sowie für Montoya in Spanien... Und in Brasilien hatte sich der Kolumbianer von der Strecke verirrt, sonst hätte er gute Chancen für eine vordere Position gehabt. Dafür fuhr er in Monaco einen ersten Saisonsieg ein. In Kanada kam Schumacher auf Platz Zwei, und beim nachfolgenden Großen Preis von Europa auf dem Eifelkurs siegten Schumacher und Montoya zur Freude einer großen Fangemeinde im Eins-Zwei-Gefolge (ein Triumph, der BMW bewog, den Vertrag mit Williams bis zum Jahr 2009 zu verlängern). Beim französischen Grand Prix, nur acht Tage nach dem

Rechts: Montoya 2002 im Rennen um den Grand Prix von Malaysia. Nach Ralf Schumacher wurde er Zweiter.

Oben: Boxenstopp beim Großen Preis der USA 2003 in Indianapolis. Pablo Montoyas Williams-BMW wird versorgt. Leider kam er nur auf Platz 6 ins Ziel.

Links: Formel BMW ADAC Meisterschaft 2003 auf dem Nürburgring.

Rechts: Ralf Schumacher im Williams-BMW beim Großen Preis von San Marino, 2003.

Francis Owen »Frank« Williams, Gründer des Williams-Teams. 1977 hatte er seinen Rennstall seinem Partner Walter Wolf verkauft und die Firma Williams Grand Prix Engineering in Didcot bei Oxford gegründet. Bei einem Autounfall im März 1986 wurde Williams schwer verletzt und blieb seither querschnittsgelähmt. Für seine Verdienste um den Grand-Prix-Sport wurde Williams 1999 von der englischen Königin geadelt. Sir Francis zog sich später aus dem Geschäftsleben zurück.

Europa-GP veranstaltet, wiederholten die beiden BMW-Williams-Piloten ihren Coup. In der Rangliste der Konstrukteure folgte BMW-Williams 2003 mit 108 Punkten dicht dem Leader Ferrari (113 Punkte).

Formel-1-Rennen BMW-Williams 2000 - 2005

Jahr	Motor	Rennen	1. Platz	2. Platz	3. Platz
2000	E41	17	-	-	3
2001	P80	17	3	5	1
2002	P82	17	1	3	7
2003	P82	16	4	6	2
2004	P82	18	1	2	2
2005	P82	19	-	2	3

In den Jahren 2004 und 2005 sah es für BMW-Williams weniger gut aus. 2004 schaffte es lediglich Montoya, beim 18. und letzten Lauf (GP Brasilien) einen Sieg einzufahren; mit 1:11,473 hatte er auch die schnellste Rennrunde absolviert.

Das BMW-Sauber F1-Team

Zum 1. Januar 2006 ging BMW eine neue Partnerschaft ein: mit Peter Sauber. Die Bayern erwarben die Mehrheit an diesem traditionsreichen Schweizer Unternehmen. Peter Sauber überließ BMW den Betrieb in Hinwil, auch wurde ein Großteil der Sauber-Mannschaft von BMW übernommen. Peter Sauber blieb beim BMW-Sauber F1-Team weiterhin als Berater tätig. Als erster Fahrer wurde Nick Heidfeld aus der bisherigen Partnerschaft mit Williams verpflichtet, und als zweiten Fahrer nahm man Jacques Villeneuve, den ehemaligen Sauber-Fahrer und Weltmeister von 1997, unter Vertrag. Testfahrer des Teams war Robert Kubica. Der Pole übernahm beim GP von Ungarn das Steuer von Villeneuve und bestritt

Nick Heidfeld und Jacques Villeneuve mit ihrem Sauber-BMW, 2006.

danach alle weiteren Rennen der Saison 2006. Bei seinem Debüt wurde Kubica leider disqualifiziert, da sein Auto zwei Kilogramm zu leicht war. Das Team verlor damit Platz Sieben und zwei WM-Punkte. Nick Heidfeld kam als Dritter ins Ziel und feierte so den ersten Podiumsplatz des Teams. Nach diesem Rennen wurde der laufende Vertrag mit Villeneuve mit sofortiger Wirkung im gegenseitigen Einvernehmen aufgelöst und Kubica für die folgenden Rennen als zweiter Fahrer eingesetzt.
Beim GP von Italien 2006 kam Kubica für das BMW-Sauber F1-Team erneut aufs Podium. Heidfeld auf dem achten Platz holte einen weiteren WM-Punkt für das Team. Im Verlauf seiner ersten Saison fuhr das BMW-Sauber F1-Team 2006 insgesamt 15 Mal in die Punkteränge. Mit 36 WM-Zählern belegte das Team den fünften Platz in der Konstrukteurswertung.
2007 fuhr das BMW-Sauber F1-Team ebenfalls mit Heidfeld und Kubica und konnte sich in den ersten Rennen als drittes Top-Team etablieren.

Triumph – und Ausstieg
Mit einer verbesserten Chassiskonstruktion trat das deutsch-schweizerische Team 2008 an. Das erste Rennen der Saison konnte Nick Heidfeld auf dem zweiten Platz beenden. Robert Kubica, der in der Qualifikation noch einen sensationellen zweiten Rang errungen hatte, musste das Rennen nach einer Kollision vorzeitig beenden. Im zweiten Rennen bestätigte das BMW-Sauber F1-Team dieses Resultat und belegte mit Kubica wiederum den zweiten Rang. Beim Qualifying zum dritten Saison-Rennen in Bahrain errang das BMW-Sauber F1-Team mit Kubica seine erste Pole Position, doch am Ende langte es für Kubica nur für Rang 3, Nick Heidfeld kam auf Rang 4. Immerhin rückte das Team in der Konstrukteurswertung dank seiner Konstanz erstmals vorläufig auf den ersten Platz vor.
Am 8. Juni 2008 beim Grand Prix von Kanada in Montreal gelang Robert Kubica der erste Sieg für das BMW-Sauber F1-Team, Zweiter wurde Nick Heidfeld. Das Team beendete die Saison als Dritte in der Konstrukteurswertung mit 135 Punkten. Doch 2009 vermochte das Team nicht mehr an die starken Vorjahresleistungen anzuknüpfen und holte sich in den ersten acht Läufen lediglich acht Punkte.
Am 29. Juli 2009 gab BMW daraufhin den Ausstieg aus der Formel 1 zum Ende der Rennsaison 2009 bekannt. Als offiziellen Grund gab BMW an, das Unternehmen plane einen konzerninternen Strategiewechsel. Das Thema Nachhaltigkeit sollte in Zukunft die entscheidende Rolle bei allen Aktivitäten der Marke spielen. BMW Motorsport-Chef Mario Theissen meinte: »Gerne hätten wir alle dieses ambitionierte Projekt weitergeführt und gezeigt, dass die aktuelle Saison nach drei erfolgreichen Jahren ein Ausrutscher war. Aus Sicht des Unternehmens kann ich diese Entscheidung aber nachvollziehen«. Nach dem Abschied aus der Formel 1 intensivierte BMW das Engagement im GT- und Tourenwagensport mit Produktionsfahrzeugen, eine Domäne, in der BMW im Verlauf seiner langen Rennsport-Geschichte unzählige Triumphe gefeiert hat.

Cockpit des Sauber-BMW, wie er in der Saison 2007 eingesetzt wurde.

Formel-1-Rennen BMW-Sauber 2006 - 2009

Jahr	Motor	Rennen	1. Platz	2. Platz	3. Platz
2006	P86	16	-	-	2
2007	P86	17	-	1	2
2008	P86	18	1	7	3
2009	P86	17	-	2	-

Robert Kubica, geboren in Krakau, im Rennen um den Grand Prix von Kanada, 2008. Sein erstes Formel-1-Training bestritt er 2005, ein Jahr später holte man ihn ins BMW-Sauber-Team.

BMW in der Motorpresse: Autotester haben das Wort

Mehr denn je treffen potenzielle Autokäufer heute ihre Entscheidung – oder zumindest Vorentscheidung – über die Anschaffung eines bestimmten Modells nach der Beurteilung durch einen bzw. mehrere Profi-Tester, deren Berichte sie in der Presse oder im Internet lesen. Doch noch vor ein paar Jahrzehnten lasen sich deren Berichte etwas anders als heute.

»BMW hat es verstanden, diesem Hecktriebler eine klare Untersteuerungstendenz zu verleihen ... erst bei ausgesprochenen Grenzgeschwindigkeiten in langsamen oder mittleren Kurven verliert sich die Untersteuerungstendenz zu einem praktisch neutralen Verhalten...«

In jeder Ausgabe einer Autozeitschrift findet der Leser mehrere Test- und Fahrberichte, Vergleiche und Kaufberatungen. Früher fand man dergleichen selten. In der Vorkriegszeit wurden nur gelegentlich Testberichte veröffentlicht, die Herstellerwerke verfügten nur in Ausnahmefällen über Fahrzeuge, die sie an die Motorpresse ausliehen. So mancher Bericht entstand daher auch nach einer Probefahrt mit einem privaten Wagen oder einem Händler-Vorführauto. Das »Testen« von Serienwagen gewann erst Anfang der 1960er Jahre an Bedeutung als Orientierungshilfe, als Kaufberatung. Die Test- und Messmethoden wurden seither immer perfekter, die Maßstäbe strenger, die Ansprüche höher.
Aus der unendlichen Fülle von Berichten über neu auf den Markt gekommene oder vom Werk angekündigte BMW Fahrzeuge, aus Tausenden von Beiträgen, die im Verlauf der vergangenen Jahrzehnte in aller Welt erschienen sind, seien nachfolgend eine Handvoll auszugsweise zitiert; sie stehen stellvertretend für viele weitere, die aber fast ohne Ausnahme alles eines gemeinsam haben: ein positives Fazit. Im Rückblick sind Beurteilungen, die vor langer Zeit erfolgten, mitunter recht interessant.

Blick in den Rückspiegel: 700 und 507

Als das Motorrad, der Roller oder Klein- und Kleinstwagen für die Mehrzahl der Bundesbürger die einzig infrage kommende Dimension individueller Mobilität darstellten, galt auch das Interesse der Motorjournalisten vorrangig solchen Fahrzeugen. Die ausführliche Beschäftigung mit ihnen ging einher mit Markterfolgen der Isetta und des BMW 700, die dem Unternehmen bis zum Erscheinen der »Neuen Klasse« das Überleben sicherten. Über die großen Sechs- und Achtzylinder wurde indes selten berichtet. In der Bielefelder Zeitschrift »Radmarkt« erschien im Juli 1960 ein von Helmut Hütten verfasster Testbericht über das BMW 700 Coupé.

Ein ideales Kurvenverhalten

Der Verfasser hatte eine Fernreise nach Genf unternommen (zum Automobilsalon vermutlich) und konstatierte: »Nur Vorzüge, kein Handicap. Die Türen sind von einer Porsche-ähnlichen Breite... infolge versenkter Griffe sind sie außen völlig glatt, und die zuschlagenden Türen verursachen nicht das blechern-hohle Scheppern, das für manche Kleinwagen typisch ist, sondern das gedämpfte, satte Geräusch gediegener, ausgewachsener Karosserien. Das Lenkrad steht für ein sportgerechtes Coupé eine Idee zu flach, aber die Lenkung ist leichtgängig und exakt.
BMW hat es verstanden, diesem Hecktriebler eine klare Untersteuerungstendenz zu verleihen... erst bei ausgesprochenen Grenzgeschwindigkeiten in langsamen oder mittleren Kurven verliert sich die Untersteuerungstendenz zu einem praktisch neutralen Verhalten, und der kleine Wagen schiebt völlig gleichmäßig und spurtreu vorn und hinten weg, ohne Überraschungsmoment – ein vorbildliches, ja ideales Kurvenverhalten. Eigenartig, besser noch einzigartig ist die Begleiterscheinung, dass der BMW im Gegensatz zu allen bekannten Untersteuerern und zu den herkömmlichen Anschauungen betont willig in jede Kurve

Mercedes-Benz 300 SL-Roadster

Wie sie beschleunigen

Ein Vergleich der beiden großen deutschen Tourensportwagen

Nachdem der BMW-Sportwagen 507 serienmäßig geliefert wird, erreichen uns häufig Fragen, wie sich dies Modell leistungsmäßig gegenüber dem schon klassisch gewordenen deutschen Sportwagen, dem Mercedes-Benz 300 SL-Roadster, verhält. Zunächst einmal seien die Verhältnisse geklärt: Sportwagen im Sinne von Fahrzeugen, die sich für sportlichen Einsatz eignen, sind weder der Mercedes noch der BMW, weil sie die Fahrleistungen der in den jeweiligen Gran Turismo-Klassen vorhandenen Gegner einfach nicht erreichen. Bei den 3 Liter-Wagen ist das der Ferrari 250 GT und bei den Gran Turismo über 3 Liter der Jaguar XK 150. Unsere beiden deutschen Gran Turismo-Wagen nennen sich deshalb auch zu Recht Touren-Sportwagen, was zum Ausdruck bringen soll, daß es sich bei ihnen um eine mildere, sozusagen für den Hausgebrauch gezähmte Ausführung jener Vollblüter handelt, die Lorbeeren auf Rennbahnen erringen.

Im Rahmen unserer Teste für die MOTOR REVUE haben wir beide Wagen exakt gemessen und sind dabei zu recht interessanten Werten gekommen, die wir in nebenstehenden Kurven graphisch aufgetragen haben. Beide Wagen wurden in geschlossenem Zustand gemessen, der 300 SL mit seinem Roadster-Verdeck, der BMW 507 mit dem serienmäßigen Coupé-Aufsatz. Für die Leser, denen die technischen Daten der verglichenen Tourensport-Wagen nicht gegenwärtig sind, tragen wir sie noch einmal in Kurzform vor:

	BMW 507	MB 300 SL-Roadster
Motor	V 8 Zyl. 3168 ccm	6 Zyl. 2996 ccm
Ventilsteuerung	Stoßstangen	obenlieg. Nockenwelle
Kraftstoff-Zuführung	2 Doppelfallstrom-Vergaser	Einspritzpumpe
Leistung	150 PS bei 5000 U/min	215 PS bei 5800 U/min
max. Drehmoment	24 mkg bei 4000 U/min	28 mkg bei 4800 U/min

Die höhere spezifische Leistung des 300 SL von 71,5 PS/Liter gegenüber den 47,4 PS/Liter des BMW sowie sein höherer Drehzahlbereich lassen von vornherein auf eine wesentlich höhere Spitzengeschwindigkeit schließen. Tatsächlich ergaben sich bei ihm im Mittel mehrerer Stoppungen 221,5 km/st gegenüber 196,5 km/st beim 507. Auch die Beschleunigung beim Durchschalten muß rechnerisch trotz dem 90 kg höheren Gewicht des 300 SL wegen des viel günstigeren Leistungsgewichts (6,7 : 8,85 kg/PS) besser sein. So legt denn der SL-Roadster den Kilometer mit stehendem Start, das beste Kriterium für die Beschleunigung, in 29,2 sec mit einem Durchschnitt von 122 km/st zurück, während der BMW dafür 31,5 sec mit einem Durchschnitt von 114,2 km/st benötigt.

Da der Drehzahlbereich des 300 SL viel weiter gezogen ist, macht sich seine überlegene Beschleunigung ganz besonders stark im oberen Geschwindigkeitsbereich bemerkbar. Hier ein Vergleich der beiden Fahrzeuge:

	BMW 507	MB 300 SL-Roadster
0–100 km/st	11,1	8,8 sec
0–120 km/st	15,2	12,0 sec
0–140 km/st	20,8	15,3 sec
0–160 km/st	28,2	20,2 sec
0–180 km/st	40,3	27,0 sec

Wir haben interessehalber auch die Beschleunigung im IV. (direkten) Gang aufgenommen. Dabei ergab sich, daß bei den ziemlich steif übersetzten Hinterachsen der Tourensportwagen (BMW 3,7, Mercedes 3,64) die niedrigste Geschwindigkeit, aus der der Wagen im direkten Gang zu beschleunigen war, beim Mercedes-Einspritzmotor bei 20, beim BMW-Vergaser-Motor bei 30 km/st lag. Der Einspritzer gibt eben

BMW 507 Sportcoupé

geht, er ist kurvenfreudig bei immer noch ausreichenden Rückstellkräften am Lenkrad und bei einwandfreier Kursstabilität geradeaus, eine seltene Kombination... Die Bremsen sind nicht nur ungewöhnlich groß bemessen, sondern auch mit selbstzentrierenden Backen ausgestattet, die eine feine Dosierung vom weichen, gleichmäßigen Anfassen bis zum brüsken Gewaltstop unmittelbar vor der Blockiergrenze der Räder gestatten.«

Wenn Helmut Hütten etwas zu kritisieren hatte, dann betraf dies die Motorleistung. Er bezeichnete das kleine Coupé als »untermotorisiert, wenn man von den Qualitäten des Fahrwerks ausgeht«, und weil man das bei BMW wohl ebenso sehe, habe das Werk eine 40-PS-Ausführung (statt der serienmäßigen 30 PS) für sportliche Wettbewerbe bei der FIA homologieren lassen. »Damit werden die Reserven deutlich, die noch im Motor und Triebwerk schlummern, ebenso die Belastbarkeit des Fahrwerks.«

Vergleich BMW 507 – Mercedes 300 SL

In Heft 4/1958 von »auto, motor und sport« findet sich ein Vergleich der beiden deutschen Supersportwagen jener Ära. Chefredakteur H. U. Wieselmann kam es vor allem auf einen Vergleich der Beschleunigungswerte an. »Wir haben beide Wagen exakt gemessen und sind zu interessanten Werten gekommen. Beide Wagen in geschlossenem Zustand; der 300 SL mit seinem Roadster-Verdeck, der BMW 507 mit dem serienmäßigen Coupé-Aufsatz. Da der Drehzahlbereich des 300 SL viel weiter gezogen ist, macht sich seine überlegene Beschleunigung ganz besonders stark im oberen Geschwindigkeitsbereich bemerkbar:

0-100	507	11,1 sek	300 SL	8,8 sek
0-120		15,2 sek		12,0 sek
0-140		20,8 sek		15,3 sek
0-160		28,2 sek		20,2 sek
0-180		40,3 sek		27,0 sek

Wenn der BMW vom Stand aus scharf beschleunigt wird, der 300 SL Roadster aber im selben Moment die Startlinie im IV. Gang mit 30 km/std überrollt und zügig beschleunigt, läuft er dem BMW davon – aber nur 3 sek lang, die beide Wagen brauchen, um 40 km/std zu erreichen. Nun zieht der in seinen Gängen hochgedrehte BMW dem im direkten Gang beschleunigten SL weit davon, so weit, dass er 10 sek vor ihm die 130 km/std-Marke erreicht. Aber nun wird die Beschleunigung des SL im IV. Gang besser als die des BMW im III. Gang, der Abstand verringert sich von dem Moment an, wo auch der BMW im IV. Gang angelangt ist, zunehmend, bis die beiden Kurven sich bei 184 km/std nach 44 sek schneiden. Das ist der Moment, wo der SL den BMW überholt.«

Dazu muss man wissen, dass der BMW V8-Motor 150 PS leistete, der Sechszylinder-Einspritzer im 300 SL Roadster 215 PS, und sein Drehmoment lag ebenfalls höher als beim bayerischen Leichtmetall-V8.

BMW 02-Reihe: Nur lobende Worte

Über den BMW der »Neuen Klasse« und den ihm nachfolgenden Typ 02 sind nicht nur zu »seiner Zeit« viele Testberichte erschienen, sondern auch in späteren Jahren, denn die Fahrzeuge dieser Baureihe avancierten ja inzwischen zu gesuchten Sammlerwagen.

Der zweitürige 1600 alias 1600-2 erschloss für BMW einen zusätzlichen, neuen Markt: die USA. Im ersten vollen Produktionsjahr wurden 2153 Autos nach Nordamerika geliefert. 1968 waren es

»Die Bremsen sind nicht nur ungewöhnlich groß bemessen, sondern auch mit selbstzentrierenden Backen ausgestattet.«

»Wer die 85 Pferdestärken optimal nutzen möchte, wird die Maschine kräftig drehen lassen. Zwischen 5000 und 6000 Touren ist allerhand drin...«

»Ein Auto lässt Sie immer wissen, wie es gefahren werden möchte – und dieses hier sagt Ihnen, dass es hart hergenommen werden will.«

aber schon mehr als zweieinhalb Mal so viele (dazu 4489 Exemplare des hinzugekommenen 2002). Zwar hatte der New Yorker Importeur Max Hoffmann mit dem Roadster 507 die Marke in den Staaten in Kreisen ambitionierter Liebhaber bereits eingeführt, doch ansonsten waren die Bavarian Motor Works bis dahin höchstens einigen amerikanischen Motorradfahrern ein Begriff gewesen. Das Blatt »Car and Driver« schrieb begeistert: »Der BMW 1600 ist die beste kleine Limousine, die wir je gefahren haben... Er besitzt die Kraft eines Stiers und ist unglaublich gut gebaut.«

1600-2 – ein Wagen der Spitzenklasse
Die Attribute, mit denen man die Eigenschaften des 1600-2 zu beschreiben versuchte, reichten vom »Sprinter im Frack« (Heiner Emde im BMW Journal) bis »Sportler im Sonntagsanzug« und »Bestes Auto deutscher Produktion«. Viele solcher Komplimente basierten natürlich auf subjektiven Einschätzungen oder Betrachtungsweisen aus bestimmten Blickwinkeln. Profilierte Motorjournalisten jener Zeit wie Helmut Hütten, Götz Weihmann, Klaus Freund, Georg Bohlender, Manfred Jantke, Wolfgang Hocke, Reinhard Seiffert, Dieter Korp, Dr. Paul Simsa oder Heinz Kranz freilich urteilten jedoch immer objektiv. Ihrer Arbeit gingen sie sogar mit einem hohen Maß an verbaler wie praktizierter Kreativität nach. Deshalb begrüßte BMW die Berichterstattung über den 1600-2 wie in »hobby« sicher ganz besonders. Heinz Kranz und seine Kollegen hatten einen Wagen nach Sardinien chauffiert und ihn dort sieben Tage lang auf unbefestigten Bergstraßen schonungslos hergenommen. Anschließend testeten sie das Auto auf der Rennpiste von Monza. Der Wagen verhielt sich ihrer Aussage nach vorbildlich – trotz seiner einfachen Diagonal- statt Gürtelreifen und fehlendem Querstabilisator. Daheim zerlegte man den Motor unter DEKRA-Aufsicht; die Ingenieure attestierten dem Vierzylinder nach seinen 10.000 Kilometern keinerlei Verschleißspuren. Der 1600-2 sei ein Wagen der Spitzenklasse, heißt es im Fazit. Knapp geschlagen musste sich ein Audi geben, den man zu Vergleichszwecken mitgenommen und den gleichen Erprobungen unterzogen hatte.

Vereinigt Solidität mit Finesse
Dr. Paul Simsa und sein Team von der Zeitschrift »mot«, bekannt für ihre Kritikfreudigkeit, brachten dem 1600-2 ebenfalls große Sympathien entgegen. »Der Wagen vereinigt Solidität mit Finesse, Fahrkultur und Sportlichkeit wie kein anderer Typ der Preis- und Leistungsklasse. Beschleunigung und Spitze entsprechen dem 1800. Das Plus an Handlichkeit und Harmonie, ergänzt durch die besonders glückliche Anlage von Bedienungsorganen und Armaturen, macht den 1600-2 fahrerisch reizvoller.« Allerdings: Im Innenraum sei der Wagen ganz auf die bequeme Unterbringung für Fahrer und Beifahrer auf den Vordersitzen angelegt. Der Rücksitzraum entspreche nur einem Wagen der unteren Mittelklasse. »Wenn ein langbeiniger Fahrer den Sitz weit zurückstellen muss, ist der BMW 1600-2 nur ein Dreisitzer.«
Einen Testwagen überantwortete BMW im Juni 1966 der Redaktion des Trendmagazins »twen«. Der für automobile Belange zuständige Mitarbeiter Halwart Schrader gehörte seit 1962 zum Lager engagierter BMW Fans und hatte eine Reihe von 1500, 1800 und vor allem etliche Fahrzeuge der 700er Reihe strapaziert und über sie berichtet. »Die starke Seite des Münchner Kraftkindls ist sein Temperament,« schrieb Schrader über den neuen Zweitürer, lobte aber zunächst den Sitzkomfort und tadelte zugleich die Federung: »Der Wagen ist zwar mit all jenen Fahreigenschaften gesegnet, die eine gute Straßenlage ausmachen, doch lässt die harte Federung den Fahrer schlechte Straßenbeschaffenheit um so deutlicher spüren. Die Federwege sind zu kurz. Mancher mag das vielleicht gern, wer jedoch in dieser Beziehung vom 2000 tilux oder gar von französischen Limousinen her verwöhnt ist, braucht ein paar hundert Kilometer, um auf den sportlichen Geschmack zu kommen.«
Man dürfe in dem Auto recht schaltfaul sein, befand der Autor ferner, der drehfreudige Vierzylinder lasse sich ruckfrei von 40 km/h an im vierten Gang beschleunigen. »Wer indessen die 85 Pferdestärken optimal nutzen möchte, wird die Maschine kräftig drehen lassen. Zwischen 5000 und 6000 Touren ist allerhand drin... erst bei 6200 beginnt der rote Bereich. Nur brutale Tester lassen die Maschine bis 7500 orgeln (sie machen das gern mit Autos, die ihnen nicht gehören)«.

Bis zu 19 Liter...?
Zum Verbrauch: »Wer D-Zug fährt, muss Zuschlag zahlen. Kommt der BMW 1600/2 bei vernünftiger Fahrweise durch Stadt und Land knapp mit 12 Liter Super aus, so steigert sich der Spritkonsum bei zunehmendem Tempo sehr. Bei Parforcetouren um 160 km/h lassen sich bis zu 19 Liter je 100 km/h durch den Vergaser gurgeln.« Besonders ausgeprägt beim 1600/2 (die Schreibweise mit Schrägstrich fand man damals häufiger) sei die »Innere Sicherheit«. Es gebe keine harten Kanten im Interieur, die Türen seien im Fall eines Unfalls gegen Aufspringen gesichert, es gebe Halterungen für Dreipunkt-Sicherheitsgurte (die gesetzlich noch nicht vorgeschrieben, in Testwagen aber vorhanden waren), allerdings keine arretierbaren Vordersitzlehnen. Und: »Der Schalthebel liegt griffgünstig, nur sind die Bedienungsknöpfe am Armaturenbrett weit entfernt. Mit angelegtem Gurt lassen sich weder Licht-

schalter noch Lüftung bedienen.« Denn die damaligen Gurte pflegten noch keine Aufrollautomatik aufzuweisen.

Reife Renner

In einem Report über die gesamte 02-Modellreihe fasste das Magazin »mot« im Mai 1973 zusammen, die Autos seien allesamt »reife Renner«. An Pluspunkten wurden genannt: kultivierte, ausgereifte und elastische Motoren mit Drehzahlbegrenzer; einwandfreie Straßenlage mit guter Stoßdämpfung und Spurstabilität, Karosserie mit guter Rundumsicht, gut ablesbare Instrumente, reichliche Ablagen, gute Heizung mit exakter Dosierung, erstklassige Betriebsanleitung, gut eingearbeitete Werkstätten, Motoren 1602 und 1802 besonders sparsam, extrem hohe Leistung beim 2002tii-Einspritzmotor ohne Empfindlichkeiten, große Kraftreserven beim 2002 aus dem Hubraum und spurtkräftig auch mit Automatik. Aber man fand auch Kritikpunkte, so den knapp bemessenen Durchstieg zu den Fondsitzen, Tendenz der Karosserie zu Windgeräuschen, ungenügendes Scheinwerferlicht, etwas zu kleiner Tank, zu schwache Lüftung. Dennoch: »Für die BMW 02-Modellreihe spricht die Kombination von feinen Motoren mit besonderter Handlichkeit und sicheren Fahreigenschaften... der Verkauf läuft so gut, dass BMW es mit einem Nachfolger nicht sonderlich eilig hat.«

Das stimmt aus der Sicht von 1973: Der BMW 3er als Nachfolger des 02 erschien nicht vor Juli 1975.

Die amerikanische Zeitschrift »Road and Track« resümierte nach einer Testfahrt mit dem BMW 2002 (mit Getriebeautomatik): »Ein Auto lässt Sie immer wissen, wie es gefahren werden möchte – und dieses hier sagt Ihnen, dass es hart hergenommen werden will.« Der BMW sei temperamentvoll und aggressiv – und diese Eigenschaften nehme auch der Fahrer an, der in einem solchen Wagen am Lenkrad sitzt.

Der BMW 5er im Spiegel der Presse

»Der 530d fährt noch unaufgeregter und satter über Unebenheiten aller Art. Da kommt kein Konkurrent mit....«

Fahrzeuge der 5er-Reihe gehörten zu den beliebtesten Testobjekten der Motorpresse. Besonderer Zuwendung in Form zunächst skeptischer Betrachtungen erfreute sich der 1983 erschienene 524td mit seinem in Steyr produzierten Sechszylindermotor. Aber auch dessen Nachfolger standen immer wieder im Spotlight der Journalisten.

Der Diesel-BMW, ein solides Stück

Am Anfang hatte es Zweifel gegeben: Verträgt die Marke BMW einen Diesel? »ams« beantwortete die Frage im Juli 1995, zwölf Jahre nach dem BMW Diesel-Debüt, einmal mehr positiv: »Dieser 5er BMW ab Baujahr 1983 kann nach Anlaufschwierigkeiten auch als Diesel als solides Stück gelten.... mit 143 Turbo-PS und elektronischer Einspritzung wurde der BMW 525tds zu einem sportlichen Dieselfahrzeug...« Denn speziell der Wechsel auf die vollelektronische Einspritzung, der im Herbst 1987 erfolgte, »ließ den Umgang mit dem temperamentvollen Selbstzünder zur angenehmen Begegnung werden... Die Leistung der neuen Motoren blieb dabei gleich. Der BMW Diesel war salonfähig geworden, als er 1991 auf die neue Motorengeneration umgestellt wurde. Der neue Kat-Diesel mit Abgasrückführung war von Anfang an schadstoffarm... Ladeluftkühlung und weitreichende Modifikationen im Brennraum verhelfen jetzt zur beachtlichen Höchstleistung von 143 PS bei 4500 Umdrehungen pro Minute, was

»Ladeluftkühlung und Modifikationen im Brennraum verhelfen jetzt zur beachtlichen Höchstleistung von 143 PS bei 4500 Umdrehungen pro Minute, was den Ruf des Diesel-BMW als Sprinter weiter festigt.«

WIR STELLEN VOR:

der neue BMW 700 als limousine

Erst vor wenigen Wochen wurde der Öffentlichkeit das neue BMW 700 Coupé vorgestellt, dem jetzt der neue BMW 700 als viersitzige Limousine folgt. Mit diesen Neuerscheinungen setzt BMW die Tradition der sportlich-eleganten BMW Wagen fort. Es erscheint angebracht, zunächst ein wenig Rückschau zu halten: Vor zwei Jahren kam der Kleinwagen BMW 600 auf den Markt, der überall dort ungeteilte Zustimmung fand, wo man die optimale technische Lösung des bequemen Transportes von vier Personen bei geringsten Bauabmessungen, minimalem Verkehrsbedarf, erschwinglichem Preis, sehr guten Fahrleistungen und wirtschaftlichem Betrieb zu würdigen verstand. Seine Form mußte sich technischen Bedingungen unterordnen und unterlag demzufolge der Kritik jener schönheitshörigen Menschen, die einen Wagen nur nach modischen Gesichtspunkten beurteilen. Da der BMW 600 ohne jeden Zweifel eine technisch vorbildliche Lösung eines Zweckfahrzeuges ist, bleibt er auch weiterhin im Fabrikationsprogramm als ein wendiges, bequemes und insbesondere preisgünstiges Fahrzeug, für das im In- und Ausland unvermindert rege Nachfrage besteht.

Es war kein Geheimnis, daß BMW — seit 1928 anerkanntermaßen formschöne Wagen bauend — den BMW 600 nicht etwa als Endstufe des Kleinwagenprogramms betrachten würde. Vielmehr sah man die Aufgabe darin, mit einem Mindestmaß an technischem Aufwand ein Fahrzeug zu schaffen, das vier Personen preisgünstig, fahrsicher, bequem und straßenraumsparend befördert. Zur Entwicklung eines „kleinen Wagens" liefen daher schon frühzeitig vielerlei Überlegungen und Untersuchungen in der Richtung, wie sich modisches Bedürfnis, wirtschaftliche Herstellbarkeit und technische Vollendung in Übereinstimmung bringen ließen. Die Erkenntnisse und Erfahrungen aus verschiedenen Prototypen und ...zigtausenden von Versuchskilometern stellen sich nun im BMW 700 dar. Gleich dem Coupé, das inzwischen die Bewunderung der Fachwelt fand, zeigt das Äußere der BMW 700 Limousine eine neuzeitliche, gestreckte Form in flüssigen, das Temperament unterstreichenden Linien. Scheinwerfer und Blinkleuchten sind gekonnt in die Karosserie einbezogen. Die Schlußleuchten sitzen in kurzen Heckstummeln, die den hinteren Radhäusern entwachsen, und trotz strömungsgünstiger Form, die in der Höchstgeschwindigkeit bei verblüffend niedrigem Verbrauch ihren Niederschlag findet, ist der Aufbau so gestaltet, daß alle vier „Peilpunkte" für das Rangieren vom Fahrersitz aus klar anvisiert werden können. Die einladende Geräumigkeit und breite, bequeme Türen sind hervorstechende Merkmale für einen bis ins letzte Detail auf Komfort abgestimmten Wagen. Die Vorderachse ist ein bewährtes BMW Bauelement. Die an je zwei geschobenen Schwingen aufgehängten Vorderräder verändern weder beim Durchfedern noch beim Lenk-

Formschön, zweckmäßig und mit überraschend großen Innenmaßen präsentiert sich die neue BMW 700 Limousine.

den Ruf des Diesel-BMW als Sprinter weiter festigt. Die Fahrleistungen stehen denen gleich starker Benzinmotoren kaum nach, in Elastizität und Verbrauch ist er durchweg überlegen.«

»Mit diesem Wagen haben die Münchner ein heißes Eisen im Feuer... Der Wagen gehört zu den am besten liegenden Limousinen.«

Schlägt Audi und Mercedes...
Ende 1998 widmete »ams« dem weiß-blauen Diesel ein weiteres Mal eine eingehende Betrachtung: »Der neue Sechszylinder verfügt über das Hochdruck-Speichersystem Common Rail, das umso mehr Vorteile bietet, je höher die Zylinderzahl ist. Mit 184 PS ist der neue BMW Direkteinspritzer der stärkste Personenwagen-Diesel in Serie, sein maximales Drehmoment von 390 Newtonmeter entspricht dem eines großvolumigen V8 – bei niedriger Drehzahl (1750/min). Mit dieser Zugmaschine im Motorraum schlägt der 530d seine direkten Dieselkonkurrenten von Audi und Mercedes auch in den Fahrleistungen.... was er jedoch unbedingt braucht, ist die geschwindigkeitsabhängige Servotronic-Lenkhilfe (390 Mark Aufpreis), erst damit lässt sich der BMW Dieselkomfort ohne Reue genießen.« Gert Hacks Fazit: »Das zusätzliche Gewicht des Wagens hat auf die Federung einen positiven Einfluss: Der 530d fährt noch unaufgeregter und satter über Unebenheiten aller Art. Da kommt kein Konkurrent mit. Wie beim Motor übrigens auch nicht. Vorläufig jedenfalls, denn das Rennen geht weiter.«

»Schlechte Nachricht für alle, die mit den Ohren fahren: In den neuen Dreiern flüstern die Motoren!«

Dezenter Luxus
Man möge sich die Schlüsselnummer 320 gut merken, riet der »mot«-Tester Käufern eines BMW 535i in einem BMW Sonderteil, veröffentlicht 1996. »Die Nummer betrifft den kostenlosen Entfall des Schriftzuges. Denn erst ohne dieses Kürzel ist die Tarnung perfekt: ein Modell mit potentem Achtzylinder, der rein optisch kaum vom knapp 22.000 Mark günstigeren Einstiegs-Fünfer 520i zu unterscheiden ist. Keine breitere Niere verrät wie schon beim Vorgänger auf zwanzig Meter Entfernung den Achtzylinder unter der Haube, kein doppeltes Auspuff-Endrohr signalisiert eine leistungsstarke Version. Nur ein einziges, dezentes Merkmal erlaubt die Identifikation auf den zweiten Blick: die senkrechten Kunststoffstreben in der Niere sind beim Sechszylinder schwarz belassen, bei den V8 jedoch silbern lackiert.«
Weiter: »In der Praxis erweist sich der 535i trotz seines Leergewichts von 1,6 Tonnen als ausgesprochen agiles Auto. Der Fahrer hat die Wahl, entweder M5-like die Gänge auszudrehen und wahre Beschleunigungsorgien zu veranstalten, oder im großen Gang die Kraft und Laufruhe des Motors zu genießen, ohne dabei auf die bei Überholvorgängen nötigen Leistungsreserven verzichten zu müssen. Beide Rollen, die des Sportwagens und die der Luxuslimousine, spielt der 535i nahezu vollkommen...«

Was man über den 3er lesen konnte

Auf den Leib geschneidert
In »mot« konnte man lesen, der neu erschienene BMW Dreier sei ein Feinschmecker-Auto: »Leichte Bedienung, Instrumente und Sitzposition tadellos, Straßenlage auch bei voller Belastung sicher, Insassen-Sicherheit auf neuestem Stand... mehr ein Spaß- als ein Familienwagen.« Und 1978 schrieb dasselbe Blatt über den 323i: »Mit dieser Hochleistungs-Limousine dürften alle Erwartungen übertroffen werden... die spontane Art, mit der die Maschine ab 1000 U/min willig Leistung abgibt, und ab 1500 U/min kräftig zulegt... sehr viel Vergnügen bereitet es, den 323i flott über kurvenreiche Landstraßen zu bewegen. Kein anderer Typ des BMW Programms ist sportlichen Fahrern so perfekt auf den Leib geschneidert wie der 323i.«
Als es an Deutschlands Tankstellen noch Tankwarte gab, die dem Kunden den Sprit ins Reser-

voir flößten, schrieb die »Motor-Reise-Revue«, das Organ des AvD: »Rollt man mit einem BMW 320 an die Zapfsäule, gehört es zur ersten Bürgerpflicht, den vorschnellen Griff des Tankwarts zu Super mit einem lauten ‚Normal bitte!' abzuwehren. Die unwillkürliche Einordnung des Münchner Benjamins in die erfolgreiche 5er Reihe ist verständlich, ähnelt das Blechkleid doch stark dem der nächst höheren Modellreihe.«

100.000 Dieselmotoren – nur ein Anfang

Ausführlich befasste sich Georg Kacher in einem Beitrag, der im März 1982 in der »Süddeutschen Zeitung« erschien, mit der Situation bei BMW und ging auch auf die geplante Einführung des Dieselmotors im BMW E30 ein. »BMW möchte zum Großproduzenten von Dieselmotoren werden... Mit der in Steyr neu erworbenen Produktionskapazität von 100.000 Diesel- und ebenso vielen Benzinmotoren pro Jahr festigt BMW seine Position als einer der ersten Anbieter auf diesem sich rasch etablierenden Weltmarkt für Aggregate. Die 100.000 BMW Dieselmotoren, die 1983-1985 über den großen Teich zu Ford USA verschifft werden sollen, sind nur der Anfang in einer Reihe von Motorenlieferungen an die Autoindustrie der Welt.« Richtig: Ein bedeutender Abnehmer für die Selbstzünder aus Graz war unter anderem die deutsche GM-Tochter Opel, von 1994 bis 2003.

Ein Motor erster Güteklasse

Über den E30, den 3er der zweiten Modellgeneration, schrieb »auto, motor und sport« 1983: »Ein erfolgreiches Modell durch ein noch besseres zu ersetzen, gehört zu den schwierigsten Aufgaben im Automobilbau... Der neue Dreier hinterlässt einen wohl ausgewogenen Eindruck... Mit dem Zweiliter-Triebwerk ist den BMW Technikern ein Motor erster Güteklasse gelungen, der samtig und seidig bis in höchste Drehzahlregionen läuft wie kaum ein anderer Sechszylinder... ein ausgesprochen harmonisches Auto. Sportlich veranlagte Fahrer werden an ihm ihre helle Freude haben.» Und »mot« schrieb über den 325i: »Mit diesem Wagen haben die Münchner ein heißes Eisen im Feuer. Das oft zitierte turbinenartige Hochdrehen des kurzhubigen Sechszylinders und die Geschmeidigkeit und Leichtigkeit des Autos schlechthin vermitteln die berühmte Freude am Fahren. Der Wagen gehört zu den am besten liegenden Limousinen.«

Auch der 115 PS starke Turbodiesel fand bei »ams« hohe Anerkennung: »Zu begeistern vermag der 324td nicht nur durch kontinuierliche Kraftentfaltung und das für Dieselverhältnisse herzerfrischende Temperament, sondern vielmehr, weil in Sachen Geräusch und Laufkultur gegenüber den benzingetriebenen BMW Sechszylindern keine großen Abstriche gemacht werden müssen.«

Neue deutsche Welle

»Schlechte Nachricht für alle, die mit den Ohren fahren: In den neuen Dreiern flüstern die Motoren. Sonst sind die neuen BMW einfach zu beschreiben: Alles ist besser,« stand in der Dezemberausgabe 1982 in »Motorsport aktuell« über den E30. Und der »Sonntagsblick« schrieb: »Wirklich toll, was die Neue Deutsche Welle alles an Land spülen kann: etwa die neue BMW 3er Reihe. Was da alles unter dem neu gestylten Blechkleid verbessert wurde, entspricht den Kundenwünschen in fast allen Punkten: mehr Komfort, erhöhte Sicherheit, komplettere Ausstattung, gedrosselter Benzinverbrauch.«

Technik

Optimierung von Fahrzeugkomponenten im BMW-Akustikwindkanal*

Von W. Geib und N. Lindener, BMW Technik GmbH, München

»...ein harmonisches Auto. Sportlich veranlagte Fahrer werden an ihm ihre Freude haben.«

AUTO AKTUELL

BMW compact 316i

Wovon die Fans geträumt haben

Zur rechten Zeit das richtige Modell: BMW reagiert auf den enger werdenden Markt flexibel. Ein kleiner BMW hat bisher gefehlt. Im April kommt der compact als 316i zu den Händlern, im Herbst als 318is mit dem Vierventilmotor.

Vom Lieblingskind seiner Ingenieure spricht Dr. Wolfgang Reitzle, Technik-Vorstand von BMW. Gern stellt er das „kleine Traumauto" den technisch interessierten Lesern der KFT vor. Es ist ein 3er BMW, wie es ihn noch nicht gab: mit zwei Türen, großer Heckklappe und einem Einstiegspreis von 33000 Mark. Dieses vierte Modell vervollständigt die 3er Baureihe, zu der neben Limousine schon Coupé und touring (Kombi) zählen. Gegen das ... Abschneiden des Limousinen-Hecks als neuem Karosserie-Konzept geht Reitzle auf Protest: „So leicht war das wirklich nicht." Er versichert: „Der Wagenkörper ist von der B-Säule an völlig neu und eigenständig." Mit bloßem Auge sieht man es kaum: Der compact unterscheidet sich in der Dachkontur um „Nuancen" von der Limousine.

Option: Sportlenkrad mit Kompakt-Airbag.

Sicherheitsstruktur: Sechseckträger im Heck.

Test BMW touring

Die schnellste Kombilimousine

Eigentlich die Ideallösung, dieser touring. Man kann ihn als Coupé betrachten (zwei Türen, Schrägheck), aber er ist auch ein Kombi (Hecktür, klappbarer Rücksitz). Also optisch ein Kombi-Coupé, nach Sitzraum eine viersitzige Kombilimousine, nur der Gepäckraum ist knapper als beim Stufenheck-Modell. Die touring-Reihe 1600/1800/2000/2000 tii läuft neben den Stufenheckmodellen 1602/1802/2002/2002 tii, touring ab 10940 DM. Mehrpreis gegenüber Stufenheck 690 DM bis 2000, 910 DM beim tii.

PLUSPUNKTE

MINUSPUNKTE

Fortbewegung, die nicht zuletzt darauf beruht, dass in München unbeirrt am Hinterradantrieb festgehalten wird… er hat unbestrittene Vorzüge, ganz abgesehen vom größeren Fahrspaß.«

»Die Heckansicht mit wieder mehr klassischer Kofferraumhaube und breiten Flanken wirkt dagegen kompakt, harmoniert aber bestens mit der Gesamtoptik des Fahrzeugs.«

Sequentielles Getriebe im M3

Im Rahmen eines »BMW spezial«, veröffentlicht im August 1996 in »mot«, schrieb die Redakteurin Petra Haack über eine Testfahrt im M3 mit sequentiellem Getriebe: »Der Motor ist gestartet, sanft drücke ich den großen, gut in der Hand liegenden Schalthebel nach links in die S-Ebene, um die Gänge selbst sortieren zu können. Also Gas. Die Drehzahl geht hoch und ich ziehe den Schalthebel nach hinten, um in den Zweiten zu wechseln.

Wie von Geisterhand kuppelt das sequentielle M-Getriebe (SMG) aus. Die Zeitspanne, bis der nächste Gang eingelegt ist und das SMG wieder einkuppelt, kommt mir subjektiv recht lang vor. Die Zugkraft-Unterbrechung vermittelt das Gefühl, als habe sich der Motor kurz verschluckt. Doch das Vertrauen, dass das SMG nicht nur aus-, sondern auch wieder einkuppelt, wächst bei den ersten Überholvorgängen. Alles Gewöhnungssache also, ebenso, dass ich während des Schaltvorgangs das Gaspedal niedergedrückt lassen kann und dass die Schaltrichtung genau umgekehrt wie bei der Steptronic verläuft. Mein Fazit: Das SMG macht Spaß und passt zu einem fahraktiven Auto wie dem M3…«

Bayerische Harmonielehre

So betitelte die in Bern erscheinenden »Automobil Revue« im August 1998 einen Beitrag über die Modelle BMW 318i und 328i. »Der seit Mai dieses Jahres lieferbare 3er BMW der vierten Generation ist seiner Rolle als Kompaktsportler endgültig entwachsen. Neu präsentiert er sich als Vollwert-Limousine mit hohem Sicherheits- und Komfortanspruch.« Der neue 3er koste zwar viel Geld, aber »dafür bekommt man eine außergewöhnliche Kombination von Kraft, Handlichkeit und Komfort, eine extrem harmonische Art der

Pressestimmen zum 7er BMW

Ausgezeichnete Noten

Im November 1994 veröffentlichte die Schweizer »Automobil Revue« einen Fahrbericht über den 750i, ein Auto, das in der Motorpresse nicht häufig behandelt wurde. Damals führte BMW auch als erster Autohersteller ein Navigationssystem ein, es hieß »Carin« und kam von Philips.

Gelobt wurden die Laufkultur des Zwölfzylinders, die Verbrauchsökonomie, der gute Abrollkomfort. Besonders gute Noten verdiene das Flaggschiff in Bezug auf Abstimmung von Federung und Dämpfung: »Zusammen mit den so genannten Komfortsitzen, deren Lehnenoberteil separat verstellbar ist, bringt der 750i gute Voraussetzungen mit, um den Insassen auch lange Tagesetappen so angenehm wie möglich zu machen… Fest steht, dass BMW die alles andere als leichte Aufgabe, den bisherigen 750i durch ein noch besseres Auto zu ersetzen, bemerkenswert gut gelungen ist.«

Noch sportiver und eleganter

»Eine Neuinterpretation von Stil, Luxus und Fahrerlebnis – so beschreibt Entwicklungsvorstand Dr. Draeger die fünfte Generation des 7er BMW, die ab Mitte November bei den Händlern steht und die Mercedes S-Klasse endlich von der Spitzenposition in der Oberklasse verdrängen soll. Ob das dem nur geringfügig auf 5,07 Meter Länge gewachsenen Münchener Flaggschiff gelingt, wird die Zukunft zeigen.« So stand es im Juli 2009 in »auto, motor und sport«.

Eines sei aber nach ersten Testfahrten mit Vorserienwagen auf dem BMW Testgelände im französischen Miramas klar: noch nie seien die Chancen, die S-Klasse zu übertrumpfen, so günstig

gewesen, weil sich nämlich der große BMW nicht nur in einem dynamischeren und eleganteren Blechkleid als der Vorgänger präsentiert, sondern auch in punkto Fahrerlebnis, Komfort und Bedienbarkeit nochmals zugelegt habe.
»Die große, aufrecht stehende und besonders tief angeordnete BMW-typische Niere dominiert die Frontpartie und verleiht dem Fahrzeug eine souveräne Präsenz, während eine von den Frontscheinwerfern über die Türöffner bis in die Heckleuchten hinein reichende Schulterlinie eine flache, gestreckte Seitenansicht ergibt. Die Heckansicht mit wieder mehr klassischer Kofferraumhaube und breiten Flanken wirkt dagegen kompakt, harmoniert aber bestens mit der Gesamtoptik des Fahrzeug.«

Der 1er macht auf sich aufmerksam

»Der neue Einstiegs-1er 116d ist der sparsamste BMW überhaupt. Reichen seine 115 PS aber für die Freude am Fahren?« fragte »ams« im April 2009.

BMW 1er für Sparfüchse

»Da beide neue Modelle auf den gleichen Zweiliter-Turbodieselmotor (116d mit weniger Ladedruck) setzen, liegen die Reibung und der Wirkungsgrad auf fast gleichem Niveau. Bremsenergie-Rückgewinnung, Schaltpunktanzeige und Start-Stopp-System sind sowieso beiden BMW 1ern serienmäßig eigen. In der täglichen Fahrpraxis zählt die Leistung aber sehr wohl, und so unterschreitet der BMW 116d mit 5,7 Liter Testverbrauch die schon guten Werte seines stärkeren Bruders um einen vollen Liter. Alle, die kräftig sparen wollen, bedient das 115-PS-Aggregat also perfekt.
Mit seinem kräftigen Drehmoment von 260 Nm zieht der kleinste BMW 1er zudem ausreichend zügig unter 2000 U/min heraus – zumindest erheblich überzeugender als zum Beispiel der müde Antritt des bisherigen BMW 116i. Was dem laufruhigen Antrieb fehlt, ist Elastizität, besonders im spritsparend lang übersetzten sechsten Gang. Wer sicher überholen will, muss runterschalten – immerhin eine Freude mit dem präzisen Sechsgang-Schaltgetriebe.«

Top-Bremsleistung beim BMW 1er

Allerdings lasse sich die überraschend deutliche Untersteuerungstendenz des BMW 118d nicht wegschalten. »Seine Michelin-Energiesparreifen knapsen zwar ein paar Zehntel Verbrauch ab, aber mit der Nebenwirkung, dass das Auto in zügigen Kurven deutlich mehr Platz braucht. Hart packt das ESP in solchen Situationen zu. Ein unrühmliches Verhalten, besonders für einen BMW. Die Bremsleistungen sind mit bis zu 37 Meter (warm) aus 100 km/h dagegen top. Ansonsten ist auch der Einstiegsdiesel mit seiner direkten Lenkung und dem straffen, eher sportlich gedämpften Fahrwerk ein typischer 1er.«

Journalisten-Lob für den 6er BMW

Ein Auto wie ein Privatflugzeug

Von Anfang an waren sich die Tester einig: der 6er BMW war ein Traumwagen. »Benutzen Sie ihn so, wie dieser schnelle Wagen in Europa benutzt wird,« riet das amerikanische Magazin »Car and Driver« seinen Lesern bei der Vorstellung des BMW 635 CSI im Februar 1985: »Wie ein kleines Flugzeug!« Er sei in vieler Hinsicht ein Wagen der Superlative, schrieb Larry Griffin. »Er ist außerordentlich schnell, handlicher als die früheren 6er-Modelle, ergonomisch exzellent, ein hervorragendes Stück Werkarbeit... aber es ist auch nicht zu übersehen, dass sein Design inzwischen

»Was dem laufruhigen Antrieb fehlt, ist Elastizität, besonders im spritsparend lang übersetzten sechsten Gang. Wer sicher überholen will, muss runterschalten - immerhin eine Freude mit dem präzisen Sechsgang-Schaltgetriebe.«

»Er ist der BMW mit dem besten Handling seit dem M1, hervorragend ausbalanciert, so dass auch sehr hohe Reiseschnitte über lange Strecken nicht zu Ermüdungen führen.«

September. Wir stellen sie Ihnen vor.............17
hat die Mobilität erlangt.....................19

Bayerische Harmonielehre

TEST 45/98: BMW 318i/328i Der seit Mai dieses Jahres lieferbare 3er-BMW der vierten Generation ist sein Kompaktsportler endgültig entwachsen. Neu präsentiert er sich als Vollwertlimousine mit hohem Sicherhe Komfortanspruch. Wir prüften die vorläufigen Eckpfeiler des Programms mit 1,9 bzw. 2,8 Liter Hubraum.

AR-TEST-TEAM

Wer noch mehr Raum verlangt, muss in einer höheren Klasse einkaufen

AutomobilRevue Nr. 15 / 12. April 2001

SCOOP AKTUELL 3

Die neue Münchener Freiheit

ANGRIFF AUF BREITER FRONT Nach dem Abwerfen des Rover-Ballasts strotzt BMW nur so von neuem Elan. Das vergangene Geschäftsjahr brachte Rekordergebnisse (vgl. AR 14/2001), und die Entwicklungsabteilungen haben den Rücken frei für eine ganze Palette von neuen Modellen.

MAX NÖTZLI

X3 Schon auf Grund der kompakten Aussendimensionen des als Basis dienenden Dreiers darf mit einem sportlich-bulligen Auftritt im Freizeitlook gerechnet werden, der dem Zeitgeist optimal entspricht.

1ER ROADSTER Mit seinem Hinterradantrieb entspricht er konzeptmäßig dem Mazda MX-5. Vierzylindermotoren bis über 200 PS.

»Der BMW 1600 ist die beste kleine Limousine, die wir je gefahren haben... Er besitzt die Kraft eines Stiers und ist unglaublich gut gebaut.«

acht Jahre alt ist.« Schnell sei der 635 CSi dank seiner Muskelkraft, nicht weil er aerodynamisch ausgefeilt sei. Zu klein schienen dem Fahrer der Signalknopf im Lenkrad und die Lautsprecher des Audiosystems. »Aber er ist der BMW mit dem besten Handling seit dem M1, hervorragend ausbalanciert, so dass auch sehr hohe Reiseschnitte über lange Strecken nicht zu Ermüdungen führen.«

Einem der elegantesten Coupés der Siebziger Jahre bescheinigte auch das Sammlermagazin »Oldtimer-Markt« echte Qualitäten. »Ein faszinierender Wagen, der wie kein zweiter die rasante Elektronik-Entwicklung unter der Haube hatte über sich ergehen lassen müssen, auch die Einführung des Bordcomputers, des Anti-Blockier-Systems, die neue Service-Intervall-Anzeige sowie elektronische Fahrwerks- und Automatik-Systeme,« wie Thomas Müller schrieb. »Der Sechszylinder-Reihenmotor überzeugte durch seidenweichen Lauf und großes Durchzugsvermögen.«

Schöner Offener aus München

Als es wieder einen neuen 6er gab, dazu eine Cabrioversion, die beim E24 nicht zur Verfügung gestanden hatte, hieß es im »Auto-Plenum«: Die lange Motorhaube, der zurückversetzte Fahrgastraum, eine flache Gürtellinie – all das stehe ihm gut, wirke optisch leichter als beim Vorgänger. »Vorne bestimmen die Karosse der konzentrierte Blick (Xenon-Scheinwerfer und LED-Tagfahrlicht Serie) und die groß dimensionierte, leicht nach vorn geneigte BMW Niere. Mit Chromelementen, die weit außen in der Frontschürze angeordnet sind, wird die Breite des Fahrzeugs betont. Am Heck erkennt man: Der Bangle-Höcker (erdacht von Ex-BMW Designchef Chris Bangle) ist nicht mehr da. Der nun leicht nach innen gewölbte Abschluss des Gepäckraumdeckels erzeugt Licht- und Schatteneffekte, die der Heckansicht mehr Leichtigkeit verleihen – für jeden sichtbar. Das neue BMW Cabrio ist steifer und größer als das alte. Die Länge und der Radstand wuchsen um 74 auf nun 4894 und 2855 mm, die Fahrzeugbreite um 39 auf 1894 mm, bei um 9 mm reduzierter Bauhöhe (1365 mm). Trotzdem ist es um die Kopf- wie um die Beinfreiheit, nach BMW Angaben, im Fond besser bestellt als im Vormodell.

Die Ausstattung ist exklusiv, allerdings in Hausmanier auch noch ausgiebig komplettierbar: Sitzbelüftung, Nachtsichtsystem, Parkassistent, Head-Up-Display ... Serienmäßig ist die Fahrdynamik-Control im Auto, optional die Wankstabilisierung Adaptive Drive. Statt der elektromechanischen Servolenkung kann die optionale Integral-Aktivlenkung geordert werden. Sie verbindet die bereits für das Vorgängermodell angebotene Aktivlenkung für die Vorderräder mit einer lenkbaren Hinterachse. Im fahrerorientierten

BMW 2002 AUTOMATIC

Cars tell you how they want to be driven—and this one tells you it wants to be driven hard

CARS TELL YOU how they want to be driven. If you're in a big family type car with featherbed suspension, numb steering and have only the vaguest idea where the extremities are, you drive one way. If you're in a tautly suspended small sedan with sharp steering and can see where everything is, you drive another way. In the BMW 2002 Automatic, the car tells you it wants to be driven hard. You can see where you're going, it goes where you direct it, it responds eagerly to your impulses and it stops when it's told to stop.

If you'll permit another generalization, we'll also say that drivers reflect the characteristics of their cars. To most drivers of American cars, BMW drivers rank as impertinent and impatient. Because the car is eager and aggressive, the driver is eager and aggressive. Even our kindly old editor found himself impatient with the great passenger barges basking around in traffic. Ordinarily the gentlest of men, he had to resist the temptation to intrude himself on their normal state of somnolence by flashing his lights and nipping in and out around them.

BMWs want to go. Around corners (because the suspension is excellent), accelerate briskly (because the engine is eager and the gearbox works right), cruise as fast as the road will permit (because it's comfortable going fast) and stop (because the brakes are fully up to the job). BMWs, it seems to us, do everything a car should—and do it better.

Our test car is the BMW 2002 Automatic which is the 2002 equipped with the 3-speed ZF automatic already available in the 2000. This transmission works equally well in the 2002 and while the shifts aren't as silky as with a great U.S.-designed automatic, the engine does have sufficient torque to avoid the ski-slope feeling common to many small-engined automatics where you build up a great stack of revs only to fall into the next gear (and off the torque curve) with a lurch and take forever to get back up again. There's also a safety override on the automatic that prevents over-revving on manually selected downshifts.

You give away a little performance with the automatic, as you would expect. The 4-speed manual we tested earlier covered the standing quarter in 17.6 sec and our automatic took 17.9. It is still plenty lively, of course, and goes about the job with a delightful eagerness.

Other refinements that have been made in the 2002 Automatic include an automatic choke, a worthwhile improvement in convenience. Our test car also had the optional anti-roll bars front and rear, which reduce body lean and give a crisper handling feel. There's still considerable body lean in hard cornering but this is well controlled and upsetting to neither driver nor passengers.

62 ROAD & TRACK

Reprinted from Car and Driver, February 1985

ROAD TEST

BMW 635CSi

Use it as a fast car is used in Europe: as a small plane.

• In many ways, the 635CSi is a superlative car. It produces prodigious speed, thanks to its new 3.4-liter engine. It exhibits much better handling than BMW's early 6-series coupes. It is put together with rare care. Its ergonomics are generally excellent. And now it has Bosch ABS anti-lock braking equipment for help during emergency stops. All told, the 635CSi is a very accomplished piece of work.

On the other hand, it's not perfect.

BMW's glassy coupe has been around for eight years. The 635 remains a very clean design, but flush glass and headlights, integral drip channels, and aerodynamic wheels do not yet grace its charms. The speed it makes is due to muscle, not aerodynamic slickness. This year, the 635CSi does appear more determined, thanks to a body-colored air dam that houses two fog lights.

The rolling stock has also been upgraded to handle the larger engine. Fat Michelin TRX tires, size 220/55VR-390, are mounted on 6.5-by-15.4-inch alloy wheels (a move from 70-series tires on 6.5-by-14-inch wheels). We found that the new combination is worth 0.79 g on the skidpad, a clear improvement in adhesion.

The engineers have also tuned the driveline for a more aggressive attack on the competition. Unfortunately, the 635's Getrag 260 five-speed gearbox is plagued with notchiness, and second gear balks when cold. BMW long ago dumped smoother-shifting, weaker-synchroed ZF gearboxes in favor of the notchier Getrags. This transmission asks for a heavy hand on the lever, and even the 635's clutch demands extra attention for smooth shifts. (For minimal disruption, a ZF four-speed automatic is optional, for $795.) Lighter shifting is available with Detroit's five-speed, high-output V-8s, which deliver much more torque than the big BMW.

Still, we're talking 3.4-liter, high-revving, seven-league boots here. BMW has punched out the 3.2-liter's bore from 89 to 92mm, and the torque has increased from 195 to 214 pounds-feet. This single-overhead-cam six is old, but it remains atop the pack in basic design. Its aluminum hemi head is fed by Bosch Motronic fuel injection. Crossflow intake and exhaust ports handle the breathing, and a new, adaptive Lambda-sensor control sets the fuel-air mixture more precisely through a wider range of operation. To allow maximum spark advance at all times, BMW has not yet resorted to a knock sensor, and the 3.4-liter motor's compression ratio remains a relatively low 8.0:1. The added displacement has bumped up the horsepower only from 181 to 182. Tuned instead for midrange response, the big six's power peaks at 5400 rpm, 600 rpm earlier than in the 3.2-liter. A 3.45:1 final-drive replaces the 633's taller 3.25 gear, boosting the throttle response throughout the rpm range, but a rev limiter clips the power smartly at 6200 rpm.

Additional power or no, stepping hard on the throttle will hang the 635's tail out with ease. BMWs were once known for hanging out their tails for altogether different reasons. Lift-throttle oversteer whipped the cars sideways if you suddenly backed out of the throttle when cornering hard. Their semi-trailing-arm independent rear suspensions provided supple adhesion over poor roads, but criticisms leveled against their ultimate instability finally motivated BMW into a partial redesign: the semi-trailing arms were angled less so they

PHOTOGRAPHY BY DICK KELLEY

45

»Die Ausstattung ist exklusiv, allerdings in Hausmanier auch noch ausgiebig komplettierbar: Sitzbelüftung, Nachtsichtsystem, Parkassistent...«

»Am Heck erkennt man: Der Bangle-Höcker (erdacht von Ex-BMW Designchef Chris Bangle) ist nicht mehr da....«

WHEN FAST ISN'T FAST ENOUGH:

Building a BMW Berserker

BY MICHAEL JORDAN

• We tend to regard the hot-rod store as an exclusively American institution, a cultural center for jacked-up Heavy Chevys, but a European hot-rod tradition also exists. If you are German and you own a BMW, the hot-rod store you hang around is called Alpina, and instead of discussing Chevys, Fords and Mopars, you talk about BMWs and Porsches.

As the official purveyor of road-racing Bimmers and BMW speed equipment, Alpina doesn't market bolt-on pot metal. German law requires that all aftermarket automotive modifications must be reviewed by the TUV, a government testing laboratory. Alpina therefore takes its own specifications to the manufacturers of specialty equipment and builds complete cars with the pieces.

Alpina parts have occasionally been available in this country through various semi-secret outlets, but complete cars have been unobtainable. However, recently two gents in Berkeley, California convinced Alpina that the U.S. market lusted after ready-made, fast BMWs. As a result, Allen Hardy and Hans Beck established Alpina/West (1790 5th Street, Berkeley, California 94710; phone 415-526-5489) as the sanctioned Western distributor of Alpina equipment. Alpina/West builds and markets complete cars to selected BMW dealers like the German firm, but it is able to alter the cars of private citizens as well.

In accordance with BMW's intentions, this 320i prepared by Alpina/West bespeaks a finely drawn balance between comfort and performance. A close-ratio five-speed Getrag gearbox is mated to a limited-slip differential. Dunlop 205/60 tires are substituted for the original 185/70 Continentals, and the rear set of Alpina alloy wheels have 6.5-inch rims, one inch wider than stock. A leather-rimmed Momo steering wheel with widely splayed spokes, revealing all the instruments at a glance, replaces the bus-size stock item. The Scheel sports seats not only provide premium support, but the seatbacks also recline fifteen degrees. In the suspension department, Alpina-specification Bilstein MacPherson struts with altered spring rates (five percent stiffer in front, fifteen percent stiffer in the rear) and shock valving replace the standard BMW items. A larger front sway-bar is accompanied by an adjustable rear anti-sway bar.

Stage I: Beyond the Q-Ship

PHOTOGRAPHY: RICHARD GEORGE

ALPINA

Cockpit blickt der Sechser-Pilot (wie der Fahrer eines 7ers) auf in Black-Panel-Technologie visualisierte Instrumente. Die Steuerung der Navi-, Telefon- und Entertainmentfunktionen erfolgt via iDrive, dessen Monitor erstmals als freistehendes Flatscreen-Display ausgeführt ist (Format: 7 x 10,2 Zoll). Und formvollendet wird man an die Luft gesetzt. Das elektrische, mit Finnen auslaufende Textilverdeck öffnet sich in 19 Sekunden (Verschließen: 24 s). Auch bis 40 km/h geht das. Die Akustikeigenschaften und die Wärmedämmung der mehrlagigen, in drei Farben lieferbaren Verdeckhülle und die Steifigkeit des Gestänges wurden verbessert. Bei geöffnetem Dach bemisst sich das Gepäckraumvolumen auf 300 Liter (zwei 46-Zoll-Golfbags plus ein Businesskoffer), bei geschlossenem kommt, wenn der variable Verdeckkasten mit einem Handgriff nach oben geklappt wird, etwas mehr unter: 350 Liter. Abgesichert wird die elegante Offenfahrt durch das hinter den Fondkopfstützen installierte pyrotechnisch auslösende Überrollschutzsystem.«

Kein Auto verkauft sich von selbst

Der mediale Auftritt von BMW war zu keiner Zeit konservativ oder bieder oder unprofiliert. Auch ohne die Abbildung eines Emblems würde man ein Inserat oder den Cover eines Prospekts von BMW stets als markenspezifisch identifizieren können – ein Faktum, das schon in den Dreißiger Jahren bestand.

Den Begriff »Werbung« einzugrenzen fällt schwer. Zumindest, wenn es um Automobile geht. Das Image einer Marke optimal, also verkaufsfördernd zu kommunizieren, emotional wie rational, ist im Laufe der Jahrzehnte zu einer komplizierten Angelegenheit geworden. Man verwendet den übergeordneten Begriff Marketing für eine Vielzahl einzelner Maßnahmen, die auf einander abzustimmen in einem Konzern wie BMW einen hohen Aufwand bedingen. Über allem steht die »corporate identity«, womit gemeint ist, dass sämtliche Aktivitäten öffentlicher Auftritte immer und überall kennzeichnend und unverwechselbar für BMW zu stehen haben.
Sammler von BMW Katalogen und anderer Werbe- bzw. Verkaufspublikationen können, wenn sie ihre Kollektionen auf diesen c.i.-Wert hin analysieren, die Feststellung machen, dass vor allem von den frühen Achtziger Jahren an der BMW-typische Widererkennungswert eine zunehmende Rolle spielt. Der Slogan von der »Freude am Fahren« etabliert sich, Wertbegriffe wie Prestige, Sportlichkeit und technische Perfektion erfahren

Inserat von 1929. »Innen größer als außen« – ein Slogan, den sich ein anderer Hersteller 1959 einmal »ausgeliehen« hat.

immer stärkere Betonung. Später kommen vor allem Aussagen zur Sicherheit, zum Umweltschutz und zur Nachhaltigkeit hinzu.
Die Marke BMW gehört zu denen, die einen betont sportlichen Charakter haben, und Erfolge im motorsportlichen Wettbewerb sind seit jeher eine starke verkaufsfördernde Komponente im Marketing. Und mit sportlichen Leistungen dem Absatz spürbare Impulse zu verleihen, war schon immer ein Anliegen der Automobilwerbung, in den Medien, auf Ausstellungen und in Public-Relations-Veranstaltungen. Bei BMW bediente man sich dieses Instrumentariums stets auf überzeugende Art und Weise. Beim Studium von Werbemitteln zurückliegender Epochen wird deutlich,

Links: Seite aus einem BMW Prospekt von 1937. Über den 328 brauchte man nicht viele Worte zu verlieren.

Oben: Ein zweifarbiger BMW Prospekt von 1935. In der Schweiz waren die Nummernschilder damals fast so groß wie das Reserverad des 315.

Rechts: Interessiert sich Madame wirklich für die Technische Maßzeichnung? Aber nicht nur die Reißschiene des Ingenieurs wird sie überzeugt haben: Der 507 passt zu ihr!

dass die mit deren Gestaltung und der Formulierung verbaler Aussagen beauftragten Agenturen stets darauf bedacht waren, den sportlichen Charakter der Produkte mit dem weiß-blauen Markenzeichen herauszustellen. Die großen Reise- und Repräsentationslimousinen machten da keine Ausnahme. Doch die Einbeziehung von Aussagen zu Komfort und Design war genauso eine Vorgabe für die Werber.
Künstlerischer Einfallreichtum in der BMW Werbung stand nicht immer an vorderster Stelle. Nicht spektakuläre grafische Effekte, sondern Understatement und noble Unauffälligkeit »verpackten« zu manchen Perioden die Information.

Schlicht und sachlich. Der Begriff »Neue Klasse« war gewählt worden, um den Wagen oberhalb der Mitteklasse zu positionieren – ihn also in einer eigenen Klasse einzuordnen. Wer diese Idee der Namensgebung hatte, ist nicht überliefert.

BMWs Geheimnis? Das halten wir unter dem Deckel...

Ganz rechts der Prospekt für den 2002 turbo, der mit einer zweifarbigen Frontschürze abgebildet ist, ohne den provozierenden Schriftzug in Spiegelschrift.

Ganz links: Prospekt für den 323i von 1978.

Links: Werbung für das 3er Cabriolet 1993.

Der Zeitgeist lässt grüßen... er gab mitunter nebelgraue Fonds und fotografische Finsternis vor, wobei die Darstellung des Produkts aber umso brillanter kontrastierte. So spiegelt eine Revue der medialen Präsenz, bezogen auf BMW, auch ein Stück Markengeschichte wider.
Im Zeitalter der elektronischen Kommunikation und Informationsvermittlung verschwinden visuelle Dokumente ebenso schnell wieder wie sie ins Netz gestellt werden. Der Betrachter wird mit einzelnen Bildern konfrontiert, kann sie auch stundenlang »scrollen« und speichern, doch schon

Aus einem Prospekt für den 316i compact von 1996.

Rechts: Vorstellung des BMW 315 in Berlin, 1934. Die Version mit den Scheinwerfern innerhalb des Kühlergrills blieb eine stilistische Spielerei. BMW mit Punkten zu schreiben war ein Einfall der Messeleitung...

Links: BMW Ausstellungsstand 1954 in Paris. Auf großkarierten 80 Quadratmetern zwei 502 und ein Chassis.

Unten: Einsam steht ein nicht fahrbereiter 501 auf dem Ausstellungsstand von BMW auf der Frankfurter IAA von 1951. Es war der erste öffentliche Auftritt des neuen großen Reisewagens.

kurze Zeit später lässt die Übermittlung neuer Informationen sich neuen Gegebenheiten anpassen, und paralleles Vergleichen ist kaum mehr möglich. Gedrucktes hingegen hat zeitlich beinahe unbegrenzten Bestand, und sich die gesamte Wohnzimmerfläche mit Autoprospekten auszulegen, um sie zu vergleichen, ihre Aufmachung, ihre Inhalte und Optik in konkurrierender Gegenüberstellung auf sich wirken zu lassen – das hat den gleichen Reiz wie ein Bummel durch die Hallen einer Automobilausstellung (nur dass es weniger Stress verursacht).

Viele Tonnen Papier, Milliarden von Megabytes, Marketingbudgets in hoher zweistelliger Millionenhöhe – und ein immenser Aufwand an Kreativität, Fleiß und Fachwissen sind Jahr für Jahr erforderlich, um ein Unternehmen wie BMW in einem globalen Wettbewerb erfolgreich am Markt zu positionieren. Gute Autos zu bauen allein genügt nicht; es bedarf auch erheblicher Anstrengungen für ihren Absatz...

Oben: Glas und BMW auf einem gemeinsamen Ausstellungsstand, Amsterdam 1967.

Links: Revue der Nostalgie auf der Essen Motor Show 2003.

IAA in Frankfurt am Main, 2007. Der neue BMW 1er steht im Rampenlicht.

Die schnellsten Kunstobjekte der Welt

Die Idee, eine Automobilkarosserie durch einen prominenten Künstler zu individualisieren, hatte ein Franzose. Es war der Auktionator und Amateur-Rennfahrer Hervé Poulain.

Auf Hervé Poulains Initiative bemalte 1975 der amerikanische »Mobile«-Erfinder Alexander Calder ein BMW 3.0 CSL Le-Mans-Rennsportcoupé und legte damit den Grundstein für eine wachsende Kunstsammlung. Das Experiment wurde fortgesetzt: Ein Jahr nach Calder überzog der New Yorker Frank Stella einen BMW mit dem für ihn typischen Rastermuster – so irritierend wie faszinierend.

1986 trat Frank Stella in Aktion und verfremdete dieses BMW 3.0 CSL Renncoupé.

Alle Stilrichtungen vertreten

Es folgte eine Reihe namhafter Pop-Art-Künstler wie Roy Lichtenstein, Andy Warhol und Robert Rauschenberg. Bis auf Rauschenbergs Art Car nahmen die von diesen Künstlern gestalteten Fahrzeuge am 24-Stunden-Rennen von Le Mans teil und waren auch recht erfolgreich. Zu Beginn der Achtziger Jahre wurde der Charakter der Art Car-Sammlung vielseitiger: Künstler anderer Nationalitäten und anderer Stilrichtungen kamen hinzu, so der Österreicher Ernst Fuchs, die Australier Ken Done und Michael Jagamara Nelson,

der Japaner Matazo Kayama und der Spanier César Manrique. Auch das Spektrum der ausgewählten Modelle wurde breiter. Nicht mehr nur Rennsportfahrzeuge wurden bemalt, sondern Fahrzeuge aus der Serienproduktion. Zum Beispiel ein BMW Z1, den A.R. Penck im Frühjahr 1991 als erster Deutscher unter den Art Car-Künstlern bemalte. Das zwölfte Kunstauto, zugleich das erste von einer Frau gestaltete, ent-

Oben: Von Andy Warhol gestalteter BMW M1; das Werk entstand 1979.

Oben: M.J. Nelsons Art Car 1989, ein BMW M3.

1991 bemalte die Afrikanerin Esther Mahlangu als zwölfte Künstlerin diesen BMW 525i in folkloristischer Manier.

stand ein halbes Jahr später in Südafrika; Esther Mahlangu aus dem Transvaal gab einem BMW 525i eine neue Erscheinung. Der Italiener Sandro Chia folgte 1992 mit der Bemalung eines Prototyps eines BMW Renntourenwagens der 3er Reihe. 1995 kam als vierzehnter Künstler der Engländer David Hockney hinzu, der einen BMW 850 CSi gestaltete.

Oben: Sandro Chias 3er BMW, Wettbewerbsausführung 1992, war das Art Car Nr. 13.

Oben BMW Z1, gestaltet 1991 von A. R. Penck.

Rechts: BMW 850 CSi, 1995 bemalt von David Hockney.

Die amerikanische Konzeptkünstlerin Jenny Holzer gestaltete diesen LMR V12 BMW im Jahre 1999.

1999 kehrte die Art Car Idee zurück an den Ursprung ihrer Entstehung, nach Le Mans. Die amerikanische Konzeptkünstlerin Jenny Holzer hat einen BMW V12 Le Mans Rennsportwagen mit ihrer Wortkunst »beschrieben« und damit das 15. Fahrzeug der BMW Art Car Collection geschaffen. 2010 entstand Art Car Nr. 16 durch Jeff Koons. Er dynamisierte einen BMW M3 GT.

Die Art Cars reisen um die Welt; auf ihrer großen Tournee haben sie unter anderem in großen Museen Station gemacht. Einige Beispiele: Louvre und Centre Pompidou in Paris, Whitney Museum of American Art in New York, Fine Arts Museum in Dallas, Palazzo Grassi in Venedig, Powerhouse Museum in Sydney, Empresshouse in Singapur, Museum of Fine Arts in Taipei, Cultural Centre in Hongkong, Royal Academy in London, Museum Ludwig in Köln, Guggenheim Museum in New York, Haus der Kunst in München sowie Eremitage in St. Petersburg.

Links: Jeff Koons' BMW M3 GT2 von 2010.

Unten: Ausstellung aller BMW Art Cars im neuen BMW Museum, 2010.

Lebendige Geschichte: BMW Erlebniskosmos

Nur Herkunft hat Zukunft. Diesen Ausspruch schreibt man dem Philosophen und dreifachen Ehrendoktor Hans-Georg Gadamer zu, der in Leipzig, Frankfurt und Heidelberg lehrte. Ob der Professor je einen BMW besaß, ist nicht überliefert...

Die Traditionspflege zur Institution zu machen, sowohl aus marketingpolitischen Erwägungen als auch zum Nutzen Zehntausender von Oldtimer-Enthusiasten in aller Welt, war BMW bereits in früheren Jahren ein Anliegen gewesen. Zur Chefsache bündelten sich diesbezügliche, bisher aber mehr sporadisch durchgezogene Projekte im Sommer 1972, als neben dem BMW Hochhaus am Münchner Petuelring das neue BMW Museum seine Pforten öffnete. Dem Besucher nicht durch die Anhäufung einer Fülle historischer Exponate zu imponieren, sondern ihn durch lebendige Konfrontation mit Themen zu faszinieren, die Mobilität, Kommunikation und gesellschaftlichen Strukturwandel zum Inhalt haben – das war das Anliegen mehrfach wechselnder Ausstellungen und Aktivitäten im BMW Museum. Im Verlauf von gut drei Jahrzehnten haben sich Millionen von Besuchern für sie interessiert.

Ein zunehmendes Engagement des Hauses BMW in motorhistorischer Hinsicht und der Stellenwert, den ein verbrieftes Bekenntnis zur Automobilgeschichte – nicht nur der eigenen – ausmacht, führte 1994 zur Gründung der Sparte BMW Mobile Tradition unter der Leitung des für seine kreative Dynamik geschätzten Marketingexperten und Strategen Christian W. Eich.

Für seine Sparte BMW Mobile Tradition, die sich seit 2008 BMW Classic nennt, rekrutierten Eich, der »Zukunft braucht Herkunft« zu seinem Mot-

Bei BMW ist man stolz auf die Herkunft, die auch ein Stück deutscher Motorsportgeschichte verkörpert.

Oben links: Werkstatt-Idylle aus den 1930er Jahren, aufgebaut im Haus der Sparte BMW Classic.

Oben: Internationales BMW Treffen auf dem Münchner Olympiagelände, 2001.

to erkoren hatte, und sein Manager Dirk Henning Strassl eine Gruppe von Spezialisten und Enthusiasten, die es sich zur Aufgabe machten, nicht nur die Produkt- und Unternehmensgeschichte der Bayerischen Motoren Werke zu pflegen und aufzubereiten, sondern auch eine neue Archivsystematik aufzubauen, Recherche-Aufträge zu koordinieren, Dokumente und Archivalien zu sammeln, eine neue Kultur der Medienarbeit zu entwickeln, interne und auch externe Buchprojekte zu fördern, Ausstellungen und Präsentationen zu organisieren.

Auftritte in Pebble Beach, beim Festival of Speed in Goodwood oder der Concours d'Elegance in Villa d'Este am Comer See gehören inzwischen gleichermaßen zum Aufgabenbereich der Historischen Sparte wie auch das Deponieren von Prototypen oder Autos, die als »last-of-a-line« ein Band bei BMW verlassen. Mit jedem Jahr wuchs die Zahl der Aufgaben und auch deren Dimension. Wenn BMW heute auf der alljährlichen Techno Classica in Essen, bei der Mille Miglia oder bei den internationalen Biker Meetings signifikant vertreten ist, dann dank des Engagements der Mobilen Tradition.

Vielfältige Aktivitäten

In enger Zusammenarbeit mit BMW Markenclubs in mehr als dreißig Ländern ebenso mit Museen, Zulieferern, Historikern und auch allen Sparten des eigenen Unternehmens leistet die Mobile Tradition einen wichtigen Beitrag für einen wirkungsvollen Markenauftritt und stellt ihr Potenzial täglich erneut unter Beweis.

Kernstück der Historischen Sparte bildet die Sammlung von Fahrzeugen, Motoren, Memorabilia und Dokumenten. Diese Sammlung versteht sich nicht zuletzt auch als Träger diverser Dienstleistungen: Ein große Zahl von Exponaten steht für Präsentationen, Ausstellungen, Projekte und Einsätze zur Verfügung und kann für private und geschäftliche Anlässe ausgeliehen werden. Die Leistung dazu steht ebenfalls bereit: Beratung, Ausstattung, Wartung, Service, Transport, Chauffeure – aber auch Kauf, Verkauf, Tausch und Vermittlung klassischer Fahrzeuge. Im Vordergrund stehen detaillierte Informationen sowie hieb- und stichfeste Beratung und die Pflege einer intensiven Kommunikation mit den Clubs, mit den Medien, mit Verkehrsbehörden, Institutionen und internationalen Organisationen rund ums klassische Automobil und Motorrad.

Die Restaurierung und Wiederinbetriebnahme des alten Kasernenbaus an der Schleißheimer Straße, in unmittelbarer Nähe zum BMW Forschungs- und Innovationszentrum (FIZ), war ein besonderes Anliegen der Traditionsmänner – ein

Unten: Zwei BMW Mille-Miglia-Wagen von 1940 vor der Villa d'Este, 2002.

Der 1949er Prototyp 531 im neuen BMW Museum. Viele Jahre befand sich das Auto in der Privatsammlung des schwedischen Importeurs Alan Söderström in Malmö.

Rechts daneben: Chris Bangles 2008 entstandene Hommage an das Mille Miglia Coupé von 1940.

50-Millionen-Mark-Projekt, das beim Vorstand durchzusetzen eine Meisterleistung gewesen sein dürfte. Hier gibt es auch einen Leseraum für Kunden, Tagungsräume und andere Serviceeinrichtungen. Als bekannt wurde, dass Christian Eich und seine Familie beim Absturz der Concorde nördlich von Paris im Juli 2000 zu den Opfern zählte, ein Unglück, das die ganze Welt erschütterte, trauerte nicht nur die Sparte Mobile Tradition um ihren spiritus rector. BMW hatte einen seiner fähigsten Manager verloren. Eichs Nachfolger wurde Holger Lapp, ein erfahrener BMW Mann, der 2007 von Karl Baumer abgelöst wurde.
Die 2007 präsentierte Neukonzeption des BMW Museums legt den Schwerpunkt auf die Bedeutung als Markenmuseum, auf die Faszination der Marke BMW und ihrer Produkte. In sieben »Häusern« setzt die über 90-jährige Historie über chronologische Darstellungen hinaus vor allem thematische Akzente. Entwicklungen aus der Vergangenheit werden bis in die Gegenwart nachgezeichnet und Ausblicke in für BMW relevante Zukunftsthemen gegeben.
Dem innovativen, dynamischen Charakter der Marke BMW entsprechend, macht das Museum die BMW Geschichte mit allen Sinnen erlebbar. Dem Spektrum an Themen sind in besonderer

Rechts: Eine frühe BMW Isetta und einer der ersten Nullzwei. Zeitzeugen wichtiger Epochen für BMW.

Die BMW Welt, gebaut von 2003 bis 2007, gedacht als Marktplatz und Kommunikationszentrum, so wie es der Wiener Architekt Professor Wolf D. Prix ausdrückte.

Weise die Museumsarchitektur sowie die Ausstellungs- und Mediengestaltung verpflichtet.
Als weiterer Architektur-Meilenstein ist der Gebäudekomplex BMW Welt zu betrachten, der vom Sommer 2003 bis 2007 erbaut wurde, als eine kombinierte Ausstellungs-, Auslieferungs-, Erlebnis-, Museums- und Eventstätte in direkter Nähe zum Vierzylinder am Petuelring.

Treffpunkt für den Wissenstransfer
Ende der 1990er Jahre hatte der Vorstand der BMW AG beschlossen, ein Auslieferungszentrum auf dem ehemaligen Oberwiesenfeld zu bauen; hierfür wurde ein Architekturwettbewerb ausgeschrieben. 275 Architektenteams reichten Vorschläge ein. Eine Expertenjury ließ 28 dieser Vorschläge zu einem Auswahlverfahren zu, die Ende 2001 dem Entwurf des Wiener Professors Wolf Dieter Prix und dem Architektenbüro Coop Himmelblau den Ersten Preis zuerkannte. Die Bauvorbereitungen begannen im August 2003 mit dem Abriss des damaligen Olympia-Parkhauses und dem Aushub einer 14 Meter tiefen Baugrube. Die Grundsteinlegung für die BMW Welt fand am 16. Juli 2004 im Beisein des damaligen bayerischen Ministerpräsidenten Edmund Stoiber statt. Auf dem Dach befindet sich eine Solaranlage mit 800 kW Leistung.
»Das Gebäude hat nicht die Langeweile einer Messehalle, ist auch nicht etwa nur Tempel, sondern Marktplatz und Kommunikationszentrum und Treffpunkt für den Wissenstransfer«, sagte Professor Prix Architekt bei der Eröffnung.
Am 28. März 2010 konnte die BMW Welt bereits den fünfmillionsten Besucher begrüßen. Verantwortlich für die BMW Welt zeichnet Karl Baumer, dem auch die Sparte BMW Classic untersteht.

Automobilgeschichte erleben kann man besonders intensiv an Bord eines 326 von 1938 – BMW Classic bietet ihn im Mietservice an.

BMW Geschichte: Zeittafel 1916 - 2012

1916	Gründung der Bayerische Flugzeug-Werke AG (BFW)
1917	Beginn der Flugmotorenfertigung unter Franz Joseph Popp. Gründung der Firma BMW
1918	Ende des 1. Weltkrieges. Abbruch der Flugmotorenproduktion
1919	Franz Zeno Diemer erreicht mit einem BMW Flugmotor die Rekordhöhe von 9760 m
1920	Martin Stolle und Max Friz entwerfen einen Motorradmotor
1921	Baubeginn eines Motorrad-Kleinmotors in Boxerbauweise (M2B15) für Victoria
1922	Eingliederung der BFW in BMW. Produktion des Lastwagen- und Bootsmotors 45/60 PS
1923	Aufnahme der Fertigung des ersten BMW Motorrades R 32 mit Kardanantrieb
1924	SHW in Böblingen baut einen Frontantriebs-Versuchswagen mit BMW Motor
1925	Bei BMW entsteht ein Versuchs-Chassis mit V8-Motor und Vorderradantrieb
1926	Internationale Flugrekorde durch Maschinen mit BMW Motoren
1927	Dixi in Eisenach beginnt mit dem Lizenzbau des Austin Seven
1928	Übernahme der Fahrzeugfabrik Eisenach und der Dixi-Produktion
1929	Aus dem Dixi 3/15 PS, Lizenz Austin Seven, wird der BMW 3/15 PS
1930	In der Weltwirtschaftskrise praktizieren BMW und Daimler-Benz eine Vertriebsgemeinschaft
1931	Ein BMW 3/15 PS erringt den Klassensieg bei der Rallye Monte-Carlo
1932	Der BMW 3/20 PS wird Nachfolger des 3/15 PS
1933	Vorstellung des BMW 303 mit Rohrrahmen. Bau des Flugmotorenwerkes München-Allach
1934	Einführung der Modelle 309 und 315 mit Sechszylindermotor
1935	Einführung der Sechszylinder-Sportwagenmodelle 315/1 und 319/1
1936	Vorstellung des BMW 326. Der Sportwagen BMW 328 beginnt seinen Siegeszug
1937	Vorstellung des BMW 320 mit Tiefbett-Kastenrahmen
1938	Albert Fane gewinnt ohne Ablösung auf BMW die Mille Miglia
1939	Vorstellung des großen BMW 335. Beginn des 2. Weltkrieges
1940	BMW gewinnt erneut die Mille Miglia durch Walter Bäumer und Huschke v. Hanstein
1941	Aufnahme der Produktion der Gespann-Militärmaschine R 75
1942	Während der Kriegsjahre produziert BMW vorrangig Flugzeugtriebwerke
1945	Werk Eisenach in der SBZ wird nach Kriegsende zu einer russischen Aktiengesellschaft
1946	Beschlagnahme und Demonatge sämtlicher Werksanlagen durch die Alliierten
1947	Reparationsleistungen an 45 Staaten
1948	Das erste Nachkriegs-Motorrad entsteht in München: BMW R 24
1949	Bau des ersten Nachkriegs-Zweizylindermotorrads: BMW R 51/2
1950	Präsentation des Awtowelo-BMW 340 Sportwagens (Prototyp) auf dem Nürburgring
1951	BMW stellt auf der IAA in Frankfurt/M. die Sechszylinder-Limousine 501 vor
1952	Beginn der Automobil-Serienproduktion in München mit dem BMW 501
1953	Die 1948 gegründete Marke Veritas (Sportwagen mit BMW Motoren) gibt auf
1954	Debüt des Achtzylinders BMW 502. Noll/Cron werden auf BMW Gespann-Weltmeister
1955	BMW Isetta, 503 und 507 werden vorgestellt
1956	Im Oktober wird die Isetta mit neuer (Export-)Karosserie gezeigt
1957	Vorstellung des BMW 600
1958	Hans Stuck fährt mit einem 507 neuen Freiburger Bergrekord
1959	Serienbeginn des BMW 700. Abwendung der Übernahme von BMW durch Daimler-Benz
1960	Nach dem 700 Coupé folgt die Fertigung der Limousine
1961	Vorstellung des BMW 1500 Neue Klasse auf der IAA
1962	Fertigungsbeginn des BMW Neue Klasse und des 3200 CS Bertone
1963	Der BMW 1800 folgt dem BMW 1500
1964	Debüt des BMW 700 LS
1965	Konstruktionsbeginn BMW 02, Typ 114. Präsentation des BMW 2000 Coupés
1966	Übernahme der Hans Glas GmbH in Dingolfing. Premiere des BMW 02
1967	Erscheinen des BMW GT 1600 auf der Basis eines Glas Coupés

1968 BMW wird erstmals Marken-Europameister
1969 BMW wird durch Dieter Quester zum zweiten Mal Marken-Europameister
1970 Das Modell 02-Touring (Kombicoupé) entsteht. Eberhard von Kuenheim übernimmt Vorstandsvorsitz
1971 Eröffnung des BMW Mess- und Versuchsgeländes in Ismaning
1972 Vorstellung des 520 und des Turbo-Coupés (Bracq). Gründung der BMW Motorsport GmbH
1973 Weltweite Energiekrise. BMW reagiert mit dem ökonomischen 1502
1974 Vorstellung des BMW 518
1975 Einführung der 3er Reihe
1976 Einführung der 6er Reihe
1977 Einführung der 7er Reihe
1978 Debüt des Rennsportcoupes M1 (Procar)
1979 3 Millionen BMW Pkw seit 1952. Marc Surer wird auf BMW Formel 2 Europameister
1980 Inbetriebnahme BMW Dieselmotorenwerk in Steyr/Österreich
1981 1 Million BMW 3er in sechs Jahren
1982 Startvorbereitung für den BMW 5er mit Dieselmotor
1983 Erster Weltmeistertitel für einen Turbo: BMW-Brabham Formel 1
1984 Grundsteinlegung für ein neues BMW Werk in Regensburg
1985 Werk Regensburg wird gebaut. Auch der 3er ist jetzt mit Dieselmotor erhältlich
1986 Roberto Ravaglia wird auf BMW 635CSI Tourenwagen-Europameister
1987 Präsentation des ersten deutschen V12 seit 1939: BMW 750i. Einweihung des FIZ
1988 Roberto Ravaglia wird zum dritten Mal Tourenwagen-Europameister
1989 Premiere des BMW 850i als Nachfolger des 6er
1990 BMW und Rolls-Royce vereinbaren Joint Venture im Flugmotorenbau
1991 Ab September Ausstattung aller BMW Serienfahrzeuge mit ABS
1992 Vorstellung des BMW 3er Coupés. Neues Werk in Eisenach
1993 Eberhard von Kuenheim wird Aufsichtratsvorsitzender, Bernd Pischetsrieder Vorstandschef
1994 Vorstellung des BMW 3er compact. Übernahme der Rover Group
1995 Bau eines Werkes in Spartanburg, USA
1996 Einführung eines neuen Sportwagens: BMW Z3
1997 BMW garantiert Rücknahme gebrauchter Automobile zur Recycling-Verwertung
1998 BMW erwirbt Rolls-Royce Markenrechte. In der Formel 1 Partnerschaft mit Williams geplant
1999 Einführung der neuen 3er Generation E46 und des X5. BMW gewinnt die 24 Stunden von Le Mans
2000 Serienanlauf des BMW Z8. Vorstellung des neuen MINI One. Prof. Milberg übernimmt Vorstandsvorsitz
2001 Vier Siege in der Formel 1 für BMW-Williams
2002 Einführung des Z4 und des neuen 6er. Präsentetaion des ersten neuen Rolls-Royce Phantom
2003 Einführung des SAV X3
2004 Einführung des 645 CSi Cabriolets und des 1er Fünftürers
2005 Der MINI ist jetzt auch als Cabrio erhältlich
2006 Sechszylinder-Limousine und Touring mit xDrive verfügbar. Norbert Reithofer übernimmt Vorstandsvorsitz
2007 Start des BMW 1er als Dreitürer. Eröffnung der BMW Welt
2008 BMW 1er Cabriolet wird vorgestellt
2009 Das iDrive-Bedienkonzept des 7er wird ab Herbst in allen Baureihen eingeführt
2010 Vorstellung des BMW 7er ActiveHybrid. BMW erzielt 60,5 Mrd. Euro Umsatz
2011 Neues BMW 6er Coupé in Genf vorgestellt. Launch der Submarke BMWi (alternative Antriebe)
2012 Geplanter Bau von Dreizylindermotoren im BMW Werk Steyr

LITERATUR UND QUELLEN

Aus der großen Zahl von Publikationen namhafter Autoren, die sich mit dem Unternehmen BMW und dessen Produkten beschäftigen, seien auszugsweise einige Titel nachfolgend aufgelistet. Ausdrücklich auf sie verwiesen sei deshalb, weil sie je nach Thematik weitaus mehr ins Detail gehen als es in dem vorliegenden Werk möglich ist.

Hans-Hermann Braess: BMW 3er, das Original, BMW Mobile Tradition, München 2000.
Industriegeschichte der Stadt Dingolfing, herausgegeben von der Stadt Dingolfing 2001.
Horst Ihling: Autoland Thüringen gestern und heute, Schrader Verlag, Stuttgart 2002.
Fred Jakobs: BMW Motorräder aus München, BMW Mobile Tradition, München 1997.
Fred Jakobs: BMW Motorräder aus Berlin 1923-1969, BMW Mobile Tradition, München 1998.
Denis Jenkinson: The Le Mans Replica Frazer Nash, Leatherhead, GB 1968.
Ralf J. F. Kieselbach: BMW Sondertypen, Motorbuch Verlag, Stuttgart 1995.
Eberhard Kittler / Werner Oswald: Alle BMW Automobile seit 1928, Motorbuch Verlag, Stuttgart 2000.
Stefan Knittel: BMW Motorräder – 75 Jahre Tradition und Innovation, Motorbuch Verlag, Stuttgart 1997.
Stefan Knittel: Formel-Rennsport 1966-2000, BMW Mobile Tradition, München 2000.
Karlheinz Lange: BMW - Geschichte des Motors, Motor der Geschichte, BMW Mobile Tradition, München 1999.
Börry Lauenstein: BMW Typenkunde, Verlag Delius Klasing, Bielefeld 2009.
Uwe Mahla: 630 Days to the TOP, BMW AG, München 1996.
Horst Mönnich: Der Turm (u. drei andere Bände), Econ Verlag, Düsseldorf 1986.
Thomas G. Müller: BMW 02 – Die Neue Klasse. Motorbuch Verlag, Stuttgart 1996.
Thomas G. Müller: Das erste Nullzwei-Buch, Selbstverlag, Hamburg 1989.
Jochen Neerpasch und Jürgen Lewandowski: BMW M1, The Story, Verlag Delius Klasing, Bielefeld 2010.
Jan P. Norbye: BMW, Bavaria's Driving Machines, Publications International, Skokie, Illinois, USA, 1984.
Hanns-Peter Rosellen: Die Veritas Story, Motorbuch Verlag, Stuttgart 1983.
Hanns-Peter Rosellen: Das weißblaue Wunder - BMW Geschichte und Typen, Seewald Verlag, Stuttgart 1983.
Hans-Jürgen Schneider: BMW 5er Technik + Typen, Schneider Text 2007.
Hans-Jürgen Schneider und Halwart Schrader: Legende BMW 02, Schneider Text 2009.
Hans-Jürgen und Valentin Schneider, Halwart Schrader: BMW Sportwagen, Schneider Text 2003.
Halwart Schrader: BMW Isetta, Schrader Verlag, Stuttgart 1995.
Halwart Schrader: BMW Sportwagen, Schrader Verlag, Stuttgart 1996.
Halwart Schrader: BMW Automobile, Motorbuch Verlag, Stuttgart 2003.
Halwart Schrader: BMW Typenkompass, Motorbuch Verlag, Stuttgart 2010.
Stefan Schrahe und Hans F. Andexer: Das Große BMW Coupé-Buch, Heel Verlag, Schindeleggi 1990.
Reinald Schumann: Motorsport in Deutschland, Motorbuch Verlag, Stuttgart 1992.
Andy Schwietzer: Eisernes aus Eisenach, Bodensteiner Verlag 2002.
Derio Secen und Heike Bartsch: BMW 320si WTCC, Bayerische Motoren Werke, München 2006.
Manfred Seehusen und Andy Schwietzer: Isetta – ein Auto bewegt die Welt, Bodensteiner Verlag 2004.
Georg Seeliger: BMW 503/507, Motorbuch Verlag, Stuttgart 1993.
Jürgen Seidl: Die Bayerischen Motoren Werke (BMW) 1945-1969, Histor. Archiv der BMW AG, München 2002.
L. J. K. Setright: Bristol Cars and Engines, Motor Racing Publications, Croydon, GB 1974.
Rainer Simons: BMW 328 – vom Roadster zum Mythos, BMW Mobile Tradition, München 1996.
Rainer Simons und Walter Zeichner: Die Entwicklungsgeschichte der BMW Automobile 1918-1982.
BMW Mobile Tradition, München 2004.
Wolfgang Thierack: Rennsportlegende Willi Martini, Schneider Text 2004.
Walter Zeichner: BMW 02er Reihe – das Kultauto, BMW Mobile Tradition, München 1998.

Periodika:
auto, motor und sport, div. Ausgaben und Jahrgänge
Automobil Revue, div. Ausgaben und Jahrgänge
Auto Zeitung, div. Ausgaben und Jahrgänge
BMW Journal, 1962-1982
BMW Geschäftsberichte und Pressemitteilungen
CN – Clubnachrichten des BMW Veteranen Club Deutschland e.V. 1994-2003
mot, div. Ausgaben und Jahrgänge
bmwgroup.com – offizielle Webseite der BMW Group
7-forum.com – redaktionelles BMW Portal

STICHWORTVERZEICHNIS